城市防洪治涝现状及策略研究

广东省水利电力勘测设计研究院有限公司
徐辉荣　文　艳　黄兆玮　编著
刘　霞　主审

中国建筑工业出版社

图书在版编目（CIP）数据

城市防洪治涝现状及策略研究/徐辉荣，文艳，黄兆玮编著．—北京：中国建筑工业出版社，2021.5

ISBN 978-7-112-25922-9

Ⅰ.①城… Ⅱ.①徐… ②文… ③黄… Ⅲ.①城市—防洪规划—研究—广东②城市—治涝规划—研究—广东 Ⅳ.①TV212.2

中国版本图书馆CIP数据核字（2021）第034501号

本书对广东省各地市主要的城市洪涝区作现状系统评价，分析存在问题及提出治理策略。全书共分为18章，包括：研究背景、国内外城市洪涝研究现状、广东省气象特征及城市分类、基于ArcGIS的广东省暴雨洪涝灾害风险研究、基于现状灾害类型的广东省内涝风险评价体系、典型城市内涝现状分析、广东省城市洪涝现状评价与建议、国内外城市洪涝治理进程与方向、城市防洪治涝策略、8个典型案例以及广东省城市防洪治涝策略与建议等。

本书内容全面，理论结合实际，具有较强的指导性，可供从事城市水系及防洪规划的相关人员参考使用。

责任编辑：王砾瑶
责任校对：赵　菲

城市防洪治涝现状及策略研究

广东省水利电力勘测设计研究院有限公司
徐辉荣　文　艳　黄兆玮　编著
刘　霞　主审

*

中国建筑工业出版社出版、发行（北京海淀三里河路9号）
各地新华书店、建筑书店经销
唐山龙达图文制作有限公司制版
北京建筑工业印刷厂印刷

*

开本：787毫米×1092毫米　1/16　印张：14¾　字数：367千字
2021年10月第一版　2021年10月第一次印刷
定价：**69.00**元

ISBN 978-7-112-25922-9
(37200)

序

随着全球气候变化和城市化推进，城市强暴雨事件不断增加；下垫面变化改变了产汇流规律，导致暴雨洪水峰高量大，城市洪涝问题越来越突出。

我国国民经济的发展和城镇化的推进，城市的高强度集中式开发，使得城市应对灾害的能力得到一定提升，但城市却更为脆弱，一旦承灾，带来的影响及涉及面更为深广，城市洪涝是每一座城市无法回避的课题。

我国是一个洪涝灾害频发的国家，有 640 多座建制城市受到不同类型洪涝灾害的威胁，每年都有百余座城市遭受洪水侵袭，城市防洪排涝工作任重道远。党中央、国务院高度重视城市防洪工作，2011 年先后出台中央一号文件、召开中央水利工作会议，明确指出要"加强城市防洪排涝工程建设，提高城市排涝标准"。

近年，我国有 60%以上的城市发生了不同程度的洪涝灾害，并伴有城市内涝发生范围较广，积水深度大，积水时间长的特征。从 2007 年 7 月 18 日济南特大暴雨 26 人死亡，到 2010 年 5 月 7 日广州洪涝死亡 6 人，北京 2011 年 6 月 23 日暴雨全城瘫痪、2012 年 7 月 21 日暴雨造成 79 人死亡，再到 2013 年上海暴雨洪涝灾害，洪涝频发造成了巨大的经济损失，严重威胁城市安全。

我国城市洪涝问题是气候变化和大规模、高强度的人类开发活动的共同影响的结果，也是城市排水设计标准严重偏低，除涝管理体系不健全的必然产物。建设性能优越、能适应复杂条件和需求的城市洪涝应急管理系统，是科学应对城市突发性洪涝灾害的迫切需要。

国外的洪涝应急管理值得我国城市防洪排涝管理工作借鉴。如：澳大利亚、日本、欧盟成员国、美国等国家和地区均有雨水影响评价和雨洪风险评估制度、洪涝灾害分布图，以表达排水系统遭遇不同暴雨频率下内涝发生的可能性、淹没时间、淹没范围以及淹没深度，识别城市开发建设给城市雨水排放带来的影响，并在此基础上进行洪涝灾害区划，进行规划和用地管理工作。

洪涝防治是一项复杂的系统工程，一是要加强城市的基础设施建设，提高城市本身抵御洪涝灾害的能力；二是加强城市的科学规划、建设和管理，提升城市应急管理能力；三是加快建立先进的洪涝灾害监测和预警系统，科学调度决策，提升城市的防灾减灾能力。这本书的出版是非常及时和有价值的，结合大量的城市防洪治涝规划案例，为广东省及全国的城市防洪治涝提供了良好的参考。

笔者有幸作为《城市防洪治涝体系建设研究》科研项目的咨询专家，见证了编著者及其技术团队在项目完成过程中的努力和认真，结合广东省几十年大量技术成果及经验，为广东省防洪治涝作出了突出的贡献，今著成此作，将成为广东省城市防洪治涝技术的新里程碑。值《城市防洪治涝现状及策略研究》专著出版之际，谨表祝贺，以为序。

王浩

中国工程院院士，中国可持续发展研究会理事长

流域水循环模拟与调控国家重点实验室主任

2021年3月于北京

前言

中国是全球暴雨事件发生最多的国家之一，强降水是引发我国洪涝灾害的直接和主要原因。我国南方地区（秦岭—淮河一线以南地区）年降水量大，降水季节分配不均匀且雨季长，多暴雨和连续性降雨，故平原地区和河谷地区易发洪涝灾害。我国的洪涝灾害主要发生在黄淮海平原、长江中下游平原、珠江流域、四川盆地、东北平原等地，主要集中在我国东部和南部。广东省季风气候显著，水资源时空分布极不均匀，造成短历时高强度暴雨或受北上台风的影响而形成的长历时连续降水，省内河网密布，山区、平原、滨海城市众多，除了受暴雨影响、山洪与潮水顶托、流域洪峰、风暴潮等各种综合因素多方面组合影响，洪涝成灾因素复杂，因此本书尝试对广东省内洪涝城市进行分类及对应策略研究，希望对国内其他相关类似城市提供参考与借鉴。

城市是我国社会经济建设精华的汇聚之地，也是防洪减灾的重点和难点。城市是人口和财富高度集聚地，是一定地域的政治、经济、文化中心，是现代社会发展的引领核心，城市一旦受灾，损失巨大。洪涝灾害是目前我国城市面临的最主要灾害之一，广东省大多数城市都滨水而建，均面临洪水淹没和雨后内涝问题。

广东省大部分属珠江流域，靠近南海，属于湿热多雨的亚热带气候，由于汛期雨量多、强度大，因此容易形成峰高、量大、历时长的洪水。随着全球气候变暖，水循环发生变化，大气环流出现异常，极端暴雨天气的频次、强度有增多和增强的趋势。近年来极端天气气候事件造成我国各大城市洪涝灾害频发，给人民生命财产造成严重的威胁。

近年来，城市防洪治涝作为重大的民生工程之一，得到了政府部门和社会各界的强烈关注与大力推动。习近平总书记在《关于开展中央财政支持海绵城市建设试点工作的通知》中提出“加强海绵城市建设”，从而对雨水“吸放自如”。城市的扩张，改变了区域自然肌理，地面过度硬化导致地表径流剧增；“重污水，轻雨水”雨污合流排洪效率降低，城市水面调蓄能力严重不足，地下管网建设缺乏常规管理和质量监督，面对暴雨城市应急管理脆弱；应急系统和风险意识薄弱。由此可见，城市防洪治涝显然已经不是某一个城市的问题，它是中国城市集体面对的现代性难题。因此如何科学分析城市防洪治涝现状及建设城市防洪治涝系统迫在眉睫。针对不同类型城市的防洪治涝问题，寻找成因，制定对策，以期切实有效地解决城市困境。

2015 年 3 月，广东省水利电力勘测设计研究院有限公司承担了《城市防洪治涝体系建设研究》科研项目。该研究课题包括五项内容：（1）广东省城市防洪治涝体系现状调查分析；（2）变化环境下的城市洪涝灾害规律防洪治涝体系建设标准研究；（3）城市洪涝灾害实时预报与管理系统研究；（4）城市洪涝风险管理及应用技术；（5）城市防洪治涝体系建设策略研究。

在集合第一项《广东省城市防洪治涝体系现状调查分析》及第五项《城市防洪治涝体系建设策略研究》专题报告基础上，结合相关论述及分析，形成本书。

如何认识和做好城市防洪治涝，是非常重要的课题，它需要打破传统的治水思路，站在城市可持续发展的高度来认真思考广东省各城市防洪治涝的问题。

开展广东省各个城市防洪治涝体系建设研究，首先需对广东省水文气象特征及城市分类，以及目前广东省各城市洪涝灾害分布及特点进行摸底，对城市洪涝风险作出评估，深入分析存在的问题，梳理出主要存在的短板，有针对性地提出行之有效的治理策略。

本书对广东省各地市主要的城市涝区作现状系统分析评价，分析存在的防洪治涝问题。根据地形地势、水文气象特征，区分出山区型、平原型及滨海型三种类型的城市分类，并根据城市的发展情况分为旧城区与新城区，把广东省 21 个地级市划分为各类城市分类，选择出两个典型城市——广州市及中山市，深入分析其防洪排涝存在的风险，基于 MIKE 模型，将一维河网模型、二维地表汇流模型和一维管网模型进行耦合，建立城市雨洪模型，模拟外江潮汐涨退水、内河湖泊调蓄、地面积水和管网排水过程，并应用模型计算来分析评价城市洪涝风险，评估方法可作为其他城市防洪治涝风险评估的借鉴。

在研究国内外城市防洪治涝建设与发展的基础上，根据上述对广东省 21 个城市的分类，对于各种类型选取了一到两个典型城区进行分析，总结出对应城市类型的防洪治涝策略。

本书主要的特点：（1）按照广东省城市特点分类，分为山区、平原、滨海、新城区、旧城区等类型，选取典型城市进行案例研究。（2）对于个别典型城市（广州市、中山市）通过建立市政管网、城市河道、水利工程与城市地形联合的一、二维数学模型进行分析，更为全面深入地研究城市水文水动力全过程，提出有针对性的治理策略。（3）在南沙新区起步区案例中，提出水利设计理念与市政设计理念相融合的设计理念，创新提出打造安全、美观、多功能的水环境、航运、城市竖向、防洪治涝多专项协同治理策略。

在此，特别鸣谢提供案例资料的相关同事，同时也对项目业主、各领导及合作单位在项目开展过程中给予本单位的充分信任与大力支持，再次深表感谢。

限于笔者水平和时间有限，书中存在遗漏或不足之处，恳请广大读者批评指正。

目录

第1章　研究背景

广东省地处中国内地最南部。全省陆地面积17.98万km^2。广东省下辖21个地级市，划分为珠三角、粤东、粤西和粤北四个区域，其中珠三角城市包括广州、深圳、佛山、东莞、中山、珠海、江门、肇庆、惠州等市；粤东包括汕头、潮州、揭阳、汕尾等市；粤西包括湛江、茂名、阳江等市；粤北包括韶关、清远、云浮、梅州、河源等市。广东省2016年年末常住人口1.1亿人，广东省以中国第一经济大省的地位，在许多经济指标上都位列各省第一，其中珠江三角洲地区所占比重更大，珠江三角洲地区人口达5998.49万人，经济总量占全省的78%。

广东省属于湿热多雨的亚热带气候，由于汛期雨量多、强度大，因此容易形成峰高、量大、历时长的洪水。随着全球气候变暖，水循环发生变化，大气环流出现异常，极端暴雨天气的频次、强度有增多和增强的趋势。近年来，极端天气气候事件造成广东省各大城市洪涝灾害频发，给人民生命财产造成严重的威胁。

据城市水灾危险性评价结果：我国水灾高危城市主要分布在长江流域、海河流域、珠江流域和黑龙江流域。其中水灾最危险的城市为天津、武汉和广州；极高度危险的城市有12个，都是我国各大城市群的核心城市[1]。

2008年6月13日，深圳市发生特大暴雨，暴雨重现期接近一百年一遇，且遇天文大潮海水倒灌大部分河流。此次涝灾造成深圳市8人死亡，6人失踪，转移受灾人口十多万人，全市出现1000多处内涝或水浸，直接经济损失约12亿元。

2010年5月7日，广州市发生特大暴雨，造成32166人受灾，中心城区118处地段出现内涝水浸，其中44处水浸情况较为严重。广州市近万个地下停车场中，有35个遭受不同程度的水淹，1409台车辆受淹或受到影响；其中天河区地下空间受淹情况最为严重，有24个停车场1139辆车受淹。6人因洪涝次生灾害死亡。据统计，此次涝灾造成广州市经济损失约5.438亿元。

城市洪灾所造成的损失不可估量，其数字可谓触目惊心，因此对于城市防洪治涝体系的研究工作迫在眉睫。

开展广东省各个城市防洪治涝体系建设研究，首先需对广东省水文气象特征及城市分类，以及目前广东省各城市洪涝灾害分布及特点进行摸底，对城市洪涝风险作出评估，分析存在的问题，梳理出主要存在的短板，有针对性地提出行之有效的治理策略。

广东省城市防洪治涝体系建设策略研究，主要针对典型城市，研究变化环境下城市防洪治涝的工程措施与非工程措施，综合利用防洪治涝工程以及应急管理、洪泛区管理、土地利用管理、防洪治涝应急预案、洪（涝）水保险等非工程措施，降低城市洪涝灾害风险和损失；确定城市防洪治涝体系建设策略，结合广东省实际情况，提出城市防洪治涝体系建设的建议。

本书的内容包括：

（1）对广东省各地市主要的城市洪涝区作现状评价，分析存在的防洪治涝问题。

（2）根据广东省地形地势、水文气象特征，区分出山区型、平原型及滨海型三种类型的城市分类，并根据城市的发展情况细分为旧城区与新城区，将广东省 21 个地级市按上述类型进行分类，并选择典型城市深入研究。

（3）选择出两个典型城市——广州市及中山市，分析其城市现状防洪治涝存在的风险，并进行风险评估，评估方法可作为其他城市防洪治涝风险评估的参考。

（4）针对广东省典型城市（包括山区型、平原型、滨海型、旧城区、新城区）分别研究相应的防洪治涝策略。

（5）提出广东省防洪治涝策略及建议，可为广东省其他城市提供借鉴。

第2章　国内外城市洪涝研究现状

2.1　全球变化下的洪涝灾害研究概述

气象灾害变成社会广泛关注的原动力来自频繁发生的各种天气和气候极端事件及其对社会经济的严重破坏[2]。目前关于极端事件的变化仍处于初步的研究阶段，最主要的结果为：

（1）极端暖日的概率增加，同时极端冷日的概率减少；

（2）夏季中纬大陆腹地的干旱发生机会增加；

（3）许多地区出现更强的降水事件（如暴雨）；

（4）热带气旋最大风速强度增加。

相关报告进一步指出即使 EI Nino（厄尔尼诺）的振幅不变或变化更小，全球变暖仍然可能会导致干旱和暴雨具有更大的极端值，并且许多地区在 EI Nino（厄尔尼诺）事件发生时期会增加旱涝出现的风险。

众多研究结果显示，随着全球气候的变暖，全球和区域水资源循环速度明显加快，进而与水资源变化有关的极端事件的频率也出现了增多的趋势。多数学者认为，人类社会经济向脆弱区/带的集中是造成灾害经济损失上升的主要原因。

关于洪水的系统研究工作，在我国已有 80～90 年的研究史。中国科学院“八五”重点研究项目有“全球变化与中国自然灾害趋势”项目。在承灾体的自然灾害脆弱性方面，我国的研究大致始于 20 世纪 90 年代，相继开展了大量全球变化/气候变化下的自然灾害脆弱性研究，杨桂山等[3-5] 对全球变化下的海岸易损性研究等较具代表性。

2.2　城市洪涝灾害研究现状

城市作为巨大的承灾体，人口集中及财富集中使其日益脆弱，城市灾害为城市科技工作者提出了新课题——重新认识城市，探索城市规划设计的新思路，协调城市与灾害的关系。从 1990 年联合国提出“国际减灾十年计划”，全球统一行动适应全世界频繁发生的灾情，到 1996 年“国际减灾日”的口号明确提出“城市化与灾害”，可以看出在全球范围内，城市灾害已经成为减灾重点。

城市化使原有的水循环发生显著变化，造成洪涝灾害频繁发生，20 世纪中叶美国已发现了这一现象。美国在 20 世纪中叶城市发展过程中遇到的水循环系统变化、洪水频发的问题今天在我国也已出现。目前，我国城市化快速发展加剧了城市防灾的严峻态势，不仅对城市灾害损失估计不足，更未进行工程项目灾害风险经济评估，如城市防洪治涝建设严重不足，“八五”期间城市防洪投入仅占年均城建固定资产投入的 1.2%～1.5%。从 20

世纪 50 年代至今，我国城市水灾呈持续上升趋势，洪涝灾害对城市发展构成了严重的威胁。我国大部分城市是沿江河湖海分布，不少城市本身就处于洪泛区内。

气候学家认为，由于城市热岛效应、混浊岛效应和摩擦阻挡效应三个因子的共同作用，往往使城市降水多于郊区[6]。

城市水文问题的研究起源于 20 世纪 60 年代，城市水文主要研究了下垫面的改变对径流和洪水过程的影响，分析比较城市化前后径流量的改变。众多的研究结果显示，城市化使得径流系数增大，洪水总量增加，流速增大，汇流过程历时缩短，城市流量曲线急升急降，峰值增大、出现时间提前。

在灾害学的研究中，除了重视城市化对降水和径流的影响外，还从城市的地理位置、土地利用结构、人工改变河道、防洪治涝标准、防洪规划和建设、防洪管理和意识等角度论述了城市水灾加重的原因，大多数学者都把城市社会经济系统对洪涝灾害的敏感性作为城市灾害损失加剧的主要原因之一，特别是与生命线系统关联的间接经济损失比重加大，城市经济类型的多元化及资产的高密集性使城市的综合承灾能力变弱，经济损失加重。

2.3 洪涝灾害风险管理研究现状

20 世纪 70 年代，日本开始实行“城市综合治水对策”，从水灾害预防、水环境保护等几个方面综合治水。城市化水平高的美国，也是受洪涝灾害影响较大的国家之一，20 世纪 50～70 年代，开始建造雨水贮留设施以应付因城市化而增大的暴雨径流，取得了明显的效果。另外，研究人员提出了很多好的建议，涉及洪水灾害风险管理、城市雨洪调蓄、防洪标准、公众参与、洪水保险、防洪投入、城市规划、法规建设等[7]。

美国大力推广和发展非工程防洪措施，并制定了与防洪相应的法律法规。1960 年美国制定了《防洪法》，在全国范围内实行。主要措施有制定防洪法规、洪水预警、实施洪水保险、加强防洪法制建设和完善防洪规划以及推广防洪水利新技术等方面。经过多年防洪，国外先进城市根据实践情况形成了一种有效对策，以工程措施为主，非工程措施为辅，建设综合完善的防洪体系，达到城市安全度汛的目的[8]。

近年来，在自然灾害管理领域强调进行风险综合分析并进行灾害风险管理已经成为趋势，目前已有不少研究成果，如日本京都大学防灾研究所的 Okada Norio 教授针对城市灾害综合风险管理提出五层塔风险诊断模型，同时他采用 PDCA 循环模式来描述风险管理的实际过程，PDCA 是由四个英文单词的开头字母组成的，P 代表（Plan），D 表示做（Do），C 表示检查（Check），A 表示行动（Action）。我国学者史培军教授等人针对我国城市化带来的防洪问题，提出了一个综合风险管理模式——BFV 模式（图 2-1）。

在 BFV 模式中采用三种风险管理策略：

（1）调整城区的土地利用模式来降低洪水水位。图中的 h_1 与 h_2 分别表示自然状态下的水位以及泛滥区土地利用模式改变带来的洪水水位变化；

（2）平衡城区上游、中游、下游水土保持以及用水之间的矛盾。图中的 f_1 与 f_2 为与自然和社会因素相关的洪水量；

（3）平衡政府、家庭与企业以及保险公司之间的利益关系。

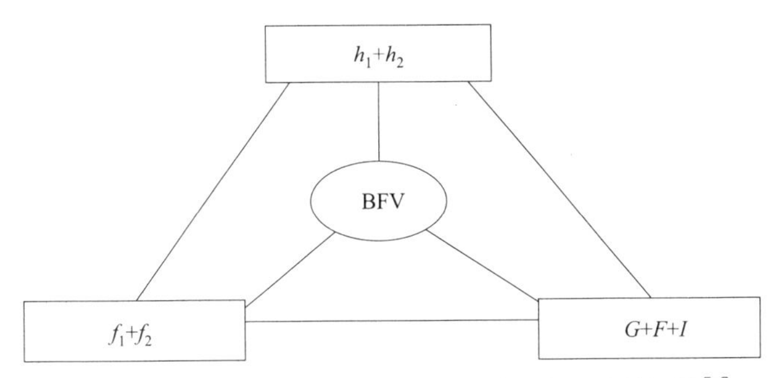

图 2-1　城市综合洪水风险管理 BFV 模式（据：史培军等[9]）

2.4　洪涝标准研究现状

目前世界各国对城市防洪都比较重视，城市的防洪工程标准也比较高，为了进一步提高防洪能力，不少国家正在发展非工程防洪措施，特别强调对洪水的有效控制和管理，通过加强洪灾预警、建立统一的调度中心，用电子系统进行控制和调度，以及实行洪水保险等措施，实现一方面降低洪涝灾害对城市造成的损害，另一方面充分利用水资源，建设人水和谐城市的新目标。

国外城市为了应对城市内涝，制定了很高的城市排水标准[10]，日本东京排水管网的排水能力能满足五至十年一遇降雨的排水要求。德国汉堡在地下建有大容量的调蓄库，在雨季可以大规模蓄水，有效预防了城市内涝风险。荷兰鹿特丹市海拔较低，处于海平面以下，地区洼地众多，但由于其独特的排水防涝及雨水利用系统，有效地解决了城市内涝问题，我国在 2010 年的上海世博会提出了城市雨水综合利用的概念，对城市雨水利用、高效排水进行了尝试和试验。

2.5　灾害风险研究新趋势

近年来，灾害风险研究呈现出一种新趋势：国外部分专家学者开始从社会学、经济学、心理学等角度探索灾害利益相关者对不同灾害风险的理解或认识，试图揭示灾害所造成的社会、经济与心理效应，并积极探索针对各种新兴风险以及（风险）不确定性等科学问题的分析方法，最终为风险防范提供科技支撑。当前，虽然从社会学、心理学与经济学角度分析量化灾害风险、灾害产生的社会效应、各种新兴风险以及（风险）不确定性的理论与方法尚不成熟，但相关研究仍填补了以往灾害风险管理或防范对灾后社会影响研究的空白，为继续深入研究打下了坚实基础。目前，我国在这方面研究几乎为空白，应引起灾害管理部门决策者与灾害学领域专家学者的足够重视。

2.6　排水系统模型概述

城市降雨径流形成过程是一个极其复杂的物理过程，需要综合考虑降雨、地表截流和入渗过程、蒸发过程和地下水过程等对城市降雨径流形成的影响。水利部门提出使用的推理公式法（综合单位线法）和经验公式法，比较适用于重现期较大的汇水区域设计洪水洪峰流量计算；而城建部门所提出的室外排水公式法，比较适用于重现期较小，暴雨洪水发生较为频繁的小汇水区域设计洪水的洪峰流量计算[11]。

在一般的研究中，主要考虑的是建筑物对单元蓄水的影响，如天津市气象科学研究所与中国水利水电科学研究院减灾中心、天津大学建工学院合作研制的天津市城区沥涝仿真模型（UFDSM-Urban Flood Dynamic Simulation Model）[12]，模型利用网格的建筑面积修正率来考虑建筑物对单元蓄水的影响，但未考虑建筑对流量能量影响。一个更为完善的方法是修改二维浅水方程，在二维浅水方程中引入容积率系数，综合考虑建筑物对单元蓄水及流量能量的影响，形成基于容积率系数的二维浅水方程。基于容积率系数的二维浅水方程最早由 Defina 等[13] 提出，后来由 Hervouet 等[14] 进行了改进，此后 Guinot、Soares-Frazao 和 Lhomme 等[15-16] 对此方程求解做了进一步研究和改进。

美国、英国、丹麦这些发达国家为了应对城市内涝，一直致力于城市暴雨模拟模型的开发。这些模型被广泛应用于城市的排水管网规划、设计及改造等领域，这些尝试不仅获得了很大的成功，而且也为城市雨洪模拟积累了宝贵的经验。

计算机模型自 20 世纪 70 年代起应用于排水系统的规划与设计。这些模型根据功能可以分为以下几类：

（1）水文模型：用于模拟降雨后排水区域地面产流和汇流的过程，例如美国陆军工程师兵团水文工程中心（HEC）研发的 STORM、HEC-1、HEC-2 系列模型，SWMM 中的径流模块同样属于此类水文模型。通过水文模型模拟得到的排水系统的径流量，既可以单独用作模拟结果，也可以作为后续水力模型、水质模型的输入数据，是整个排水系统雨洪模拟的基础。

（2）水力模型：考虑了管内污水、径流、渗入等因素，用来模拟分析管道内的雨污水的流动状况以及流量、深度和管段流速等水力数值。

（3）综合模型：结合了水文模型与水力模型，以水力模拟为基础集成水质模型，可以模拟排水系统内部污染物的产生、转移和排放。现在的排水系统模型一般都是综合模型，利用它们可以有效地进行城市雨水管理。

（4）系统平台：系统平台设计依据“层服务模型思想”，利用分层原理，根据信息表达类型、应用范围、使用层面的不同，将平台的数据和应用资源划分为不同的层次[17-19]。通过层次划分，每一层实现一种相对独立的功能，这样将庞大的共享平台分解为若干逻辑平台，这些平台的定义将降低平台的复杂度，为信息共享平台的设计和建设提供清晰的接口。本系统功能模块主要包括 GIS 基本功能、水情查询、雨情查询、工情查询、积水模拟、预案查询、地图打印、设置、系统管理等模块。

暴雨雨水管理模型 SWMM（Storm Water Management Model）是美国环保局研发的用于模拟城市排水系统水量水质的综合模型，从 DOS 版本一直发展到现在具有窗口界面的 SWMM5，它得到了连续的维护和更新。这是一个通用性很好的模型，适用于各种区域的模拟。既能模拟单个降雨事件，也能对连续降雨进行模拟。

在英格兰道路研究实验室（Road Research Laboratory）研发的 RRL 模型基础上进一步研发的美国伊利诺伊斯州城市排水地区模型 ILLUDAS（Illinois Urban Drainange Area

Simulator）能够通过给定的设计暴雨、汇水区产流特点与管网布局来计算排水管道管径。针对已经设计好的排水系统，则可以计算整个管网中的流量。

MOUSE（Modeling Of Urban Sewers）与 MOUSE TRAP 是丹麦水力研发中心（DHI）开发的排水模型，它们分别用来模拟排水系统中水力及水质过程，而最新研发的 MIKE URBAN 还集成了 GIS 模块。

国内在排水系统模型方面的研发较弱，除了引进吸收国外成熟的模型之外，我国也在积极研究适合国情的城市水文模型。周玉文等研制了城市排水系统非恒定模拟模型，岑国平等人研发了城市暴雨径流计算模型，不过都是在已有理论基础上，建立的降雨地面产汇流模型和管网模型，与国外 SWMM 等模型的计算差别不大。目前，我国还未开发专门的城市排水系统模型，存在巨大的研发空间。

第3章　广东省气象特征及城市分类

3.1　气象特性

广东省处于低纬度地区，北回归线横贯该省中部，具有明显的热带、亚热带季风气候的特点。夏季盛行西南季风和东南信风，干湿冷暖分明。高温、多雨、日照多、霜冻期短，极适宜作物生长，但雨量在时间上和地区上分配不平衡，并易酿成旱（咸）、洪（潮）涝、渍等灾害。

（1）降水

广东省降雨特点是雨量多、强度大，雨季长、雨日多，时程及地区分布不均。全省多年平均降雨量1777mm，前汛期4～6月雨量为全年雨量的40%～50%，后汛期7～10月雨量为全年的35%～45%，非汛期降水量仅占全年降水量的6%～26%，但11月至次年3月沿海地区也有可能出现暴雨或大暴雨。降水年际变化也较大，最大和最小降水量之比，一般为1.5～4.0倍。降水量中除北部个别地区含降雪外，其余绝大多数都是降雨。

广东省降雨的主要成因有锋面雨、台风雨和热雷雨。粤北多锋面雨，粤西受台风影响较显著，中部则锋面雨和台风雨交替，但大暴雨多由台风造成。热雷雨多发生于夏季，往往造成小范围大暴雨。

广东省各地平均年降水量变化范围为：1200～2800mm，一般是沿海多于内陆，山地多于平原，高低区在地理上分布十分稳定，并与地形地势及水汽入侵方向相符。平均年降水量有三个高区和六个低区，位于高值区（＞2000mm）的城市有阳江、清远、汕尾，位于低值区（＜1600mm）的城市有广州、佛山、东莞、韶关、汕头和梅州。

（2）气温

由于地处低纬度，太阳辐射较强烈，气候温和。除北部南岭山地及高山地区外，年平均气温在20℃以上，沿海一带和雷州半岛分别高于22℃和23℃。霜期短，实际每年有霜日数：北部为6～16d，中部仅1～5d，南部除特大寒年外，一般年份基本无霜。

（3）湿度、蒸发和日照

广东省气温高，且临南海，故水汽丰沛湿度大。全年平均相对湿度在80%左右，年、月变化不显著。

多年平均水面蒸发量为1000～1900mm，大陆部分的走向基本上与纬度平行，趋势大致是自北向南递增；陆地蒸发为600～1000mm，沿海大、内陆小，平原大、山区小，800mm线横贯东西沿海，线南为大于800mm的沿海地区，线北除局部地区大于800mm外，一般为600～700mm。

一般日照在1700～2200h之间。日照时数大致以7、8月为最多，3月为最小。

3.2　水文特征

（1）水位

洪水位受暴雨的强度、时空分布以及前期降雨量以及人类活动（主要是侵占河道、联围筑闸以及超速围垦造成河口延伸过快等）影响，变化较大。珠江三角洲网河区大部分河段出现低水位抬高，影响排涝。各流域主要测站实测水位特征值见表3-1。

各流域主要测站实测特征水位表（85高程）　　单位：m　　**表3-1**

河流名称	站名	最高水位	最低水位	水位变幅
西江	高要	14.354	0.434	13.92
	古榄	33.504	19.134	14.37
	官良	39.864	24.034	15.83
	腰古	17.944	10.454	7.49
东江	龙川	74.474	63.814	10.66
	河源	41.874	29.884	11.99
	博罗	16.424	2.384	14.04
北江	小古菉	110.934	104.852	5.41
	韶关	58.014	47.994	10.02
	横石	24.704	11.194	13.51
	清远	22.524	4.845	17.07
北江	石角	14.848	3.464	12.02
	珠坑	34.454	18.724	15.73
	高道	34.914	20.204	14.101
	石狗	17.664	10.114	7.55
三角洲	灯笼山	3.454	−0.406	3.86
	横门	3.364	−0.506	3.87
	三灶	3.414	−1.206	4.62
	白蕉	3.004	−0.636	3.64
	马口	10.804	0.114	10.69
	三水	11.144	−1.126	12.27
	黄冲	3.264	−0.996	4.26
	老鸦岗	3.604	−0.596	4.2
	南沙	3.454	−0.856	4.31
韩江	潮安	17.694	8.024	9.67
漠阳江	双捷	9.784	2.354	7.43
鉴江	化州	16.544	8.294	8.25

（2）洪水

1）洪水类型

广东省的洪水源于暴雨，洪水的规模（洪峰、洪量、洪水历时）主要取决于暴雨的强度、时空分布以及前期降雨量等。依据暴雨时空尺度的不同，灾害性洪水大致可分为三种类型：

①短历时局地性大洪水

这类洪水由几小时或十几小时突发性大暴雨所形成，暴雨笼罩面积一般为几十至几千平方公里，因暴雨量级高，汇流时间短，位于暴雨中心的山区小河流常发生极大的洪水，俗称“山洪暴发”，有时并伴有泥石流。这类洪水往往与地区性大洪水发生时的暴雨中心同时并发。

②中等历时地区性大洪水

这类洪水主要由一次大暴雨过程所形成，暴雨笼罩面积达几千至几万平方公里，可以造成相当严重的洪涝灾害。

③长历时流域性大洪水

这类洪水是由多个地区连续性多次暴雨组合产生，大雨范围可达数十万平方公里，常有多个暴雨中心，由于暴雨历时长、范围广、洪水的量级大，灾害也最为严重。这种流域性大洪水比较少遇，一旦发生即酿成大灾。

2）洪水特性

广东的洪水具有多发性、季节性、不均匀性和峰高量大等特点，全省主要河流的洪峰洪量均以珠江干流西江为最大，北江、东江次之，韩江与东江接近，其余支流和独立入海河流则相对较小。

（3）风暴潮特性

广东省位于太平洋西岸，濒临南海，易受西太平洋及南海台风暴潮影响。据统计，登陆广东的台风多发生于6～10月，尤其集中于7～9月。风暴潮特性为：

1）风暴潮的产生首先与台风位置或者台风路径有直接关系。

2）风暴潮与台风强弱有密切关系。当台风中心附近风速越大，中心气压越低，则风暴潮就越大。

3）风暴潮若适遇天文大潮，则风暴潮位就越高。

4）风暴潮若适遇上游洪水下泄时，其风暴潮位将增加。据统计，一般可使风暴潮位比同等台风条件下的风暴潮增加0.2～0.5m。

5）风暴潮大小与地形特点有比较明显的关系。粤西沿海的雷州半岛东部海岸，粤东沿海的汕头、澄海、饶平等市（县）一带海岸，其风暴潮特别严重。

6）风暴潮受灾程度以粤西沿海的雷州半岛、粤东沿海的汕头～饶平地区和珠江三角洲的珠江口较为严重，粤西雷州半岛西部海岸则较轻。

3.3 城市按社会经济发展程度分类

（1）珠三角地区

珠三角地区包括广州、深圳、佛山、东莞、中山、珠海、惠州、江门、肇庆共9个城市，全区面积5.6万km^2，占全省总面积的31%，人口5616.39万人（2012年常住），占全省总人口的53.7%。

首先，珠三角地区城市的防洪治涝工程经过最近30多年的建设，基本形成了比较完善的防洪治涝和市政排水工程体系，在水利人才培养、水务建设管理制度、水利投入和科技信息化等方面都取得了长足发展，走在全省的前列，具备一定的防御洪涝风险的能力；其次，因为珠三角地区的聚集效应，人口、资源集中，特别是近年来极端天气增多，对城市的防洪治涝体系提出了严峻考验，一旦出现洪涝灾害，严重威胁人民生命财产安全，造成的经济损失更大，对经济社会发展的影响也加大；第三，随着珠三角地区经济社会发展的提质转型升级的步伐不断加快，国务院《全国主体功能区规划》也明确将珠三角地区列为国家层面的优化开发区域，珠三角的城市发展对城市的水利建设提出了更多和更高的要求，在保障防洪治涝安全的同时，还需要兼顾水环境、水生态、水景观、水经济、水文化等多方面的需求，因此在进行防洪治涝工程规划和建设时不能单纯地仅以防洪治涝为唯一目的。

（2）非珠三角地区

广东省非珠江三角洲地区，是指广东省除珠江三角洲以外的区域，包括粤东、粤西、粤北三大区域，该区域由12地市（潮州、汕头、揭阳、汕尾、梅州、湛江、阳江、茂名、云浮、河源、韶关和清远）、肇庆四个山区县，惠州龙门县组成，占据着广东省半数以上的土地和近半的人口，非珠面积12.38万km^2，占全省面积69%。常住人口4818.48万人，占全省总人口46.3%。

非珠地区相比珠三角地区相对落后，受经济发展条件制约，防灾减灾体系仍不完善。部分河流尚未进行系统治理，山洪、泥石流等灾害的监测与防御能力较低，大多数城镇和主要易涝地区治涝能力建设严重不足。因此，防洪治涝工程建设现阶段还主要以保安全为主，各方面水利建设还有很多不足，亟待加强和完善。

3.4 城市按地理环境分类

（1）山区城市

这类城市主要指位于山地丘陵的城市。这类城市多建在沿河阶地、坡地或山丘坪地上，洪水陡涨陡落，水位涨差较大，洪水历时相对较短。除江河洪水威胁外，有的城市还有山洪、泥石流。山丘城市因城区位置的垂直跨度较大，因而受洪水威胁的程度不同。有的城市主城区位于较高阶地，受洪水威胁的仅是沿河谷地一带非主要经济区，即山丘（1）类城市；有的山丘城市其主城区受到洪水威胁，即山丘（2）类城市。

广东省主要的山区城市主要有清远、韶关、河源、梅州、肇庆、云浮。

（2）平原城市

平原城市的水环境十分复杂，有的城市位于河流中下游或水网中，即平原（1）类城市；有的城市靠近天然湖泊、海湾，特别是滨湖、浜海的平原城市，不仅受到平原一般性洪涝灾害的影响，而且受到湖泊洪水、潮水的威胁，即平原（2）类城市。这类城市的治涝问题较为突出，由于内河涝水容易受河湖高水位顶托，且顶托时间较长，地面标高较低，内部河道难以自流排水，故需要建立城镇圩区或者防洪包围圈，控制城市水面率，通过排涝泵站、水闸、骨干排涝河道等工程措施，保障治涝安全。

广东省主要的平原城市有：广州市、深圳市、珠海市、汕头市、佛山市、惠州市、汕尾市、东莞市、中山市、江门市、阳江市、湛江市、茂名市、潮州市、揭阳市。

3.5 城市按气象水文条件分类

（1）沿海风暴潮影响城市

这类城市主要指位于滨海感潮地区的城市，不仅受外江河洪水的威胁，还受风暴潮影响。广东省的沿海风暴潮影响城市主要有：广州、深圳、珠海、汕头、佛山、惠州、汕尾、潮州、揭阳、东莞、中山、江门、阳江、湛江和茂名。

（2）内陆城市

这类城市主要指位于远离大江大河出海口，不受潮水顶托的城市，仅受外河洪水和区域内暴雨的威胁。这类城市的排涝主要由区域内降雨和外江洪水决定，部分城市通过区内天然或人工开挖的湖泊调蓄区内雨水，因此滨河湖地区可能还受到湖泊洪水的威胁。

广东省的内陆城市主要有：清远、韶关、河源、梅州、云浮和肇庆。

3.6 城市按发展区域分类

（1）老城区

老城区的特点是人口多、建筑密集、地下空间复杂，水利、市政排水设施体系完整，但标准较低。若要改造，存在征地拆迁困难、费用高、工程难以推进等问题。

（2）新城区

新城区的特点是人口相对较少，建筑密度低，在开工建设前普遍做了比较全面的规划，有些地区还采用低冲击开发模式。存在的问题是：因为建设开发的时序性，很难在短时期内形成一个完整的防洪治涝体系。

第4章　基于ArcGIS的广东省暴雨洪涝灾害风险研究

4.1　模型构建及技术路线

模型构建：

（1）基于ArcGIS平台，对广东省暴雨洪涝灾害风险进行研究。

（2）选择典型城市，根据调查收集的城市现状水系管网资料等，研究影响城市防洪治涝的上下游河流范围，构建一、二维河网水动力数学模型，包含城市的外部水道和主要排水内河道，概化排水管网，一般作为源汇项加入，对于大的主干管涵和重点区域管网采用MIKE URBAN，将水系与管网耦合概化嵌入模型。

技术路线：

选用暴雨洪涝灾害的致灾因子、孕灾因子、承灾因子和防灾减灾能力4个评价指标构建洪涝灾害风险评估体系，运用ArcGIS对广东省暴雨洪涝灾害进行风险评估，分析广东省暴雨洪涝灾害风险区划。根据风险区划，划分治涝分区，分析治涝现状情况。选择典型城市案例，经过实地调研，收集整理典型城市现状经济社会发展、水文气象、地形地貌、防洪治涝体系建设和洪涝灾害受灾情况等方面的资料，建立一、二维河网水动力数学模型，评估分析典型城市工程现状及防洪排涝存在的问题（图4-1）。

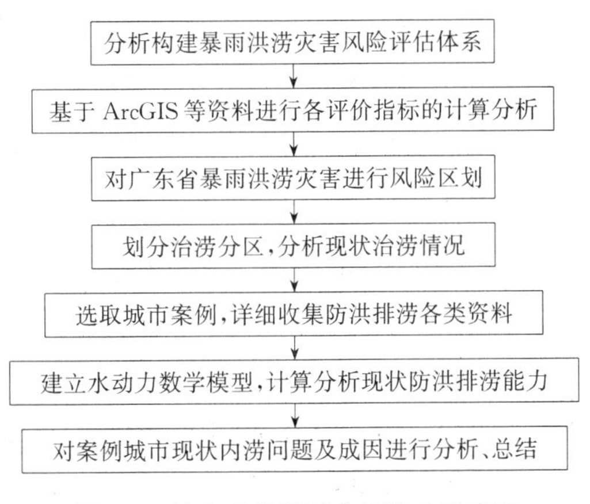

图4-1　城市现状涝区分析技术路线图

4.2　基于ArcGIS对于广东省暴雨洪涝灾害风险的研究

目前，全球变暖引发极端天气频发，各地的灾害性天气层出不穷，气候性灾害带来的损失和影响日益增多。分析识别洪涝风险，进行洪涝灾害风险区划和风险管理等已经越来越重要，近几年台风暴雨对广东省防洪排涝安全也带来严重威胁。为了应对越来越严峻的防洪治涝压力，用风险的理念认识和管理灾害可以最大程度降低灾害的影响程度。

4.2.1 概况

广东省位于我国大陆南端，地处北纬 20°08′～25°32′、东经 109°40′～117°20′之间，全省国土面积 179638km^2，约占全国总面积的 2.2%。地势大体是北高南低，东西向腹部倾斜。地形变化复杂，山地、丘陵、台地、谷地、盆地、平原相互交错。境内山地、丘陵广布，海拔 500m 以上的山地占 31.7%，丘陵占 28.5%，台地占 16.1%，平原占 23.7%。

广东省境内水系发育、河流众多。以珠江流域（东、西、北江和珠江三角洲）及属于珠江流域片的河系（韩江流域及粤东、粤西沿海诸小河系）为主，占全省面积 99.81%，另有属长江水系的韶关南雄市和始兴县的桃江和章江以及清远市连山县的禾洞水等，面积共 339km^2。

4.2.2 评价体系的构建和方法

（1）评价体系

根据《暴雨洪涝灾害风险区划技术规范》，形成暴雨洪涝灾害必须具有以下条件：

1）存在诱发暴雨洪涝灾害的因素（致灾因子）及其形成洪涝灾害的环境（孕灾因子）；

2）暴雨洪涝影响区有人类的居住或分布有社会财产（承灾因子）；

3）人们在潜在的或现实的暴雨洪涝灾害威胁面前，采取回避、适应或防御洪涝的对策措施（防灾减灾能力）。

基于自然灾害风险形成理论，本研究暴雨洪涝灾害风险的评估体系由致灾因子、孕灾因子、承灾因子和防灾减灾能力四部分共同形成（图 4-2）。

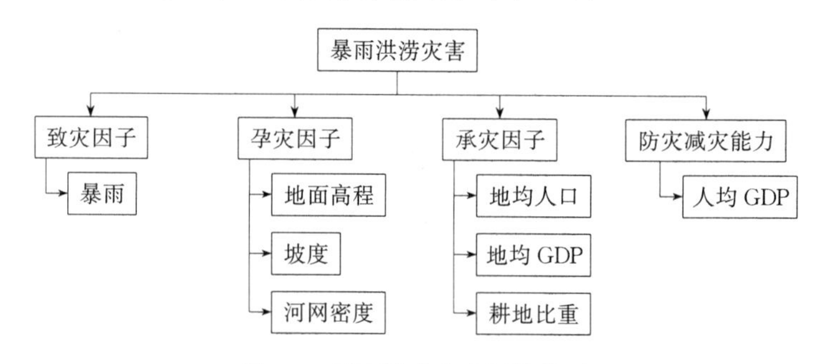

图 4-2 暴雨洪涝灾害评估体系

（2）研究方法

1）加权综合评价方法

加权综合评价法综合考虑各个具体指标对评价因子的影响程度，是把各个具体指标的作用大小综合起来，用一个数量化指标加以集中，计算公式为：

$$V=\sum_{i=1}^{n}W_i \cdot D_i \tag{4-1}$$

式中，V 是评价因子的值，W_i 是指标 i 的权重，D_i 是指标 i 的规范化值；n 是评价指标个数。权重 W_i 的确定可由各评价指标对所属评价因子的影响程度重要性，根据专家意见，结合当地实际情况讨论确定。

2）归一化方法

暴雨洪涝灾害的致灾因子、孕灾因子、承灾因子和防灾减灾能力四个评价因子又各包含若干个指标，为了消除各指标的量纲和数量级的差异，需对每一个指标值进行规范化处理。各个指标规范化计算采用公式：

$$D_{ij}=\frac{A_{ij}-\min_i}{\max_i-\min_i} \tag{4-2}$$

式中，D_{ij} 是 j 区第 i 个指标的规范化值，A_{ij} 是 j 区第 i 个指标值，$\min_i$ 和 $\max_i$ 分别是第 i 个指标值中的最小值和最大值。

3）自然断点分级法

自然断点分级法用统计公式来确定属性值的自然聚类。公式的功能就是减少同一级中的差异、增加级间的差异。其公式为

$$SSD_{i-j}=\sum_{k=i}^{j}(A[k]-mean_{i-j})^2 \qquad (1\leqslant i<j\leqslant N) \tag{4-3}$$

也可表示为：$$SSD_{i-j}=\sum_{k=i}^{j}A[k]^2-\frac{\left(\sum_{k=i}^{j}A[k]\right)^2}{j-i+1} \qquad (1\leqslant i<j\leqslant N) \tag{4-4}$$

式中，A 是一个数组（数组长度为 N），$mean_{i-j}$ 是每个等级中的平均值。

4.2.3　广东省洪涝灾害风险研究

（1）致灾因子分析

降水是引发洪水灾害的直接原因，降水量越大，降水时间越长，降水面积越广，对洪水灾害形成的影响越大。利用广东省最大 10min、60min、6h、24h、3d 点雨量均值等值线图[20-21] 对广东省降雨的空间分布进行研究。通过对等值线图进行矢量化后插值得到面雨量，综合考虑广东省的降雨情况，对不同时段的暴雨面雨量进行归一化处理后，进行加权叠加分析，其中 24h、6h 的权重分别为 0.3，60min 为 0.2，10min 和 3d 的权重为 0.1，综合加权叠加后得降水致灾危险性指数，利用 ArcGIS10.2 中的自然断点分级法[22] 对洪水灾害致灾因子危险性进行区划，得到致灾因子危险性指数区划图。

高危险区域在北部的暴雨中心清远附近区域、东部沿海的潮汕地区和西部沿海的阳江市附近区域。

（2）孕灾因子分析

孕灾因子分析指受到灾害威胁的区域外部环境对灾害的敏感程度。在同等强度的灾害下，敏感程度越高，灾害所造成的破坏越严重，灾害的风险也越大。通过洪灾的形成分析，下垫面的情况是影响洪灾形成的重要因素，本研究主要从地面高程、坡度、水系三个方面研究下垫面对洪灾形成的敏感性分布，地势越低、地形变化越小的平坦地区不利于洪水的排泄，容易积水成涝。河网越密集，距离河流、湖泊、大型水库等越近的区域遭受洪水灾害的风险越大。

参考相关文献研究[23-25] 的结果，对地面高程、坡度和水系三大因子进行权重划分，分别取 0.3、0.4、0.3，之后采用加权综合评价法得到广东省孕灾因子敏感性分布区划图。敏感性较大的区域多集中在珠三角河网区，粤东粤西少量区域和韶关清远部分区域。这主要是因为珠三角区域河网密集，地形平坦。

（3）承灾因子分析

承灾因子指可能受到灾害威胁的所有人员和财产的破坏程度。一个区域人口和财产越集中，易损性越高，可能遭受潜在损失越大，灾害风险也越大。

暴雨灾害造成的危害与承受暴雨洪涝灾害的载体有关，它造成的损失大小一般取决于当地的经济、人口密集程度。根据广东省 2012 年的社会经济统计数据（以县为单元的行政区域土地面积、GDP、年末总人口、耕地面积）得到地均 GDP、地均人口、耕地面积比重三个易损性评价指标。对这些指标进行归一化处理后进行加权综合分析（参考相关文献[26-28] 得到这三个指标的权重分别为 0.3、0.4、0.3），通过加权综合评价得到广东省暴雨灾害承灾因子易损区划图，珠三角区域易损性较高，主要因为其经济发展较好，人口较为密集，北部山区易损性较低，主要是因为当地人口密度较小，经济发展较落后。

（4）防灾减灾能力

防灾减灾能力主要反映受灾区域对洪涝灾害的抵御恢复程度。包括应急管理能力、减灾投入资源准备等。防灾减灾能力越高，可能遭受的潜在损失越小，灾害风险越小。防灾减灾能力为应对暴雨洪涝灾害所造成的损害而进行的工程和非工程措施。这些措施和工程的建设必须要有当地政府的经济支持，因此防灾减灾能力主要通过人均 GDP 进行反映。由 2012 年各县人均 GDP 得到暴雨洪涝灾害防灾减灾能力区划图。

珠三角区域的抗灾能力较强，湛江、云浮、清远、韶关、梅州和揭阳等区域抗灾能力较弱。

（5）暴雨洪涝灾害风险区划

综合考虑致灾因子、孕灾因子、承灾因子和防灾减灾能力 4 个指标对暴雨洪涝灾害风险的构成所起作用的不同，参考已有相关研究[5-8] 的层次分析法和专家打分法的结果，结合广东省的历史灾情，对各个因子进行权重划分，分别为 0.35、0.35、0.15 和 0.15。广东省暴雨洪灾主要发生在粤东、粤西沿海区域。北江下游清远附近也是受灾较为严重的区域，全省的危险区域分别由南至北减弱，主要是因为南部沿海区域受台风暴雨影响大，且沿海区域河网密集，地形平坦，易于发生内涝，同时沿海区域较北区山区经济发展水平高，人口密集，受灾损失较大。珠江三角洲区域由于其防灾减灾能力较强，其风险较粤东粤西沿海区域小。

（6）结论和讨论

本研究基于 ArcGIS，对暴雨洪涝灾害的致灾因子、孕灾因子、承灾因子和防灾减灾能力进行分析，考虑 4 个评价因子的综合作用，得到广东省暴雨洪涝灾害的风险区划。从风险区划的初步结果可以看出，广东省暴雨洪灾主要发生在粤东、粤西沿海区域和北江中下游清远附近区域。

暴雨洪涝灾害的影响因子较多，鉴于资料的局限性，只采用了 4 个评级因子进行评估区划，在以后的实际运用和研究中可进一步优化评价模型，增加评价因子，提高风险区划的精度。

4.2.4 典型区域：广州天河区城市内涝风险研究

天河区位于广州市中部，总面积约 $96.33km^2$，常住人口约 150.61 万人（2014 年底）。该区域是广州市经济最为发达、人口和商业最为集中的区域，同时也是近年来广州市城市内涝最为严重的地区之一。在前人城市内涝风险评价的研究成果的基础上，基于 50m×50m 的格网和 GIS 技术，利用广州市天河区的降水资料、地形资料、水文资料和社会经济数据，应用加权综合法和 GIS 技术，通过对危险性、敏感性、易损性和防灾减灾能力 4 个因子的分析，构建了天河区内涝灾害的风险评价指标体系和风险评估模型，并利用该风险模型进行城市内涝风险区划。

（1）致灾因子危险性指数

利用最大 10min、60min、6h、24h 点雨量均值等值线图对天河区降雨的空间分布进行研究。通过对等值线图进行矢量化后插值得到面雨量，综合考虑本区域的降雨情况，对不同时段的暴雨面雨量进行归一化处理后，进行加权叠加分析，其中 10min、60min、6h、24h 的权重分别为 0.2、0.2、0.3、0.3，综合加权叠加后得降水致灾危险性指数，利用 ArcGIS10.2 中的自然断点分级法对致灾因子危险性进行区划，得到致灾因子危险性指数区划图（图 4-3）。可见致灾因子危险性从西南向东北递增。

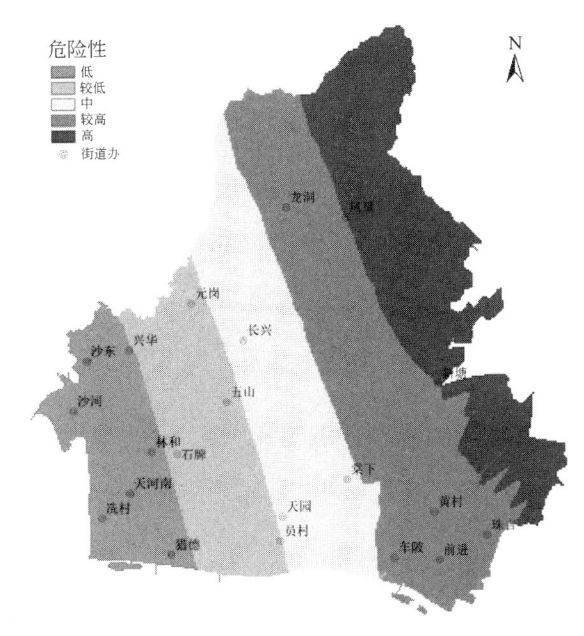

图 4-3　致灾因子危险性分布

（2）孕灾环境敏感性指数计算

天河区各个网格的平均高程和坡度都是根据 1∶10000 DEM 得到。其中，平均高程是直接由 DEM 计算出来，而平均坡度需要先根据 DEM 采用 Slope 工具计算出坡度分布图后，再进行网格化计算得到。植被覆盖率和河网密度需要在土地利用类型图的基础上来获得，对每个网格分别统计其中的植被和河网所占的比例，即可得到植被覆盖率和河网密度。最后，根据加权综合指数方法，计算出孕灾环境敏感性指数。其中，平均高程、平均坡度、植被覆盖率、河网密度权重分别为 0.3、0.3、0.2、0.2。孕灾环境敏感性分布见图 4-4。可见，敏感性较高的区域主要集中在南部和中部地形较平坦的区域，北部地形较高的区域敏感性较低。

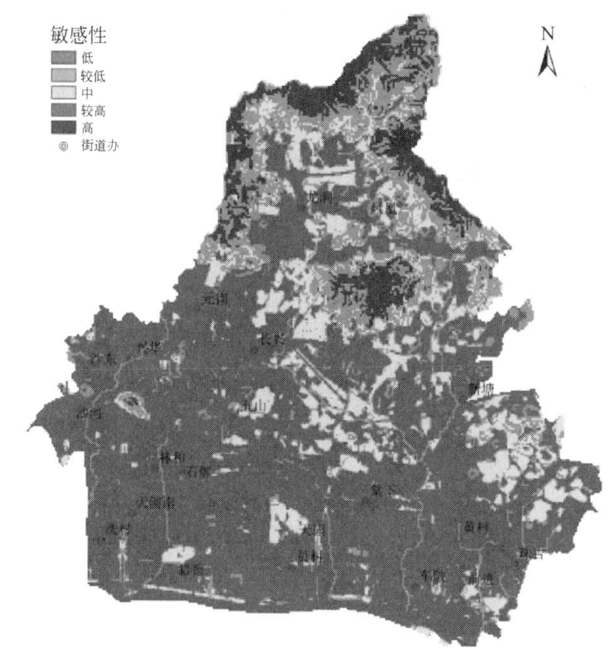

图 4-4 孕灾环境敏感性分布

（3）承灾体易损性指数计算

根据广州市 2015 年的统计年鉴，利用经济数据空间化的方法，对人口密度、工业总产值和社会消费品总额（权重分别为 0.6、0.2、0.2）进行格网化，获得每个格网的对应指标。然后，根据加权综合指数方法，计算承灾体易损性指数。承灾易损性较高的区域主要位于西南部，主要为天河南、石牌、沙河、林和、猎德、天园和棠下等街道（图 4-5）。

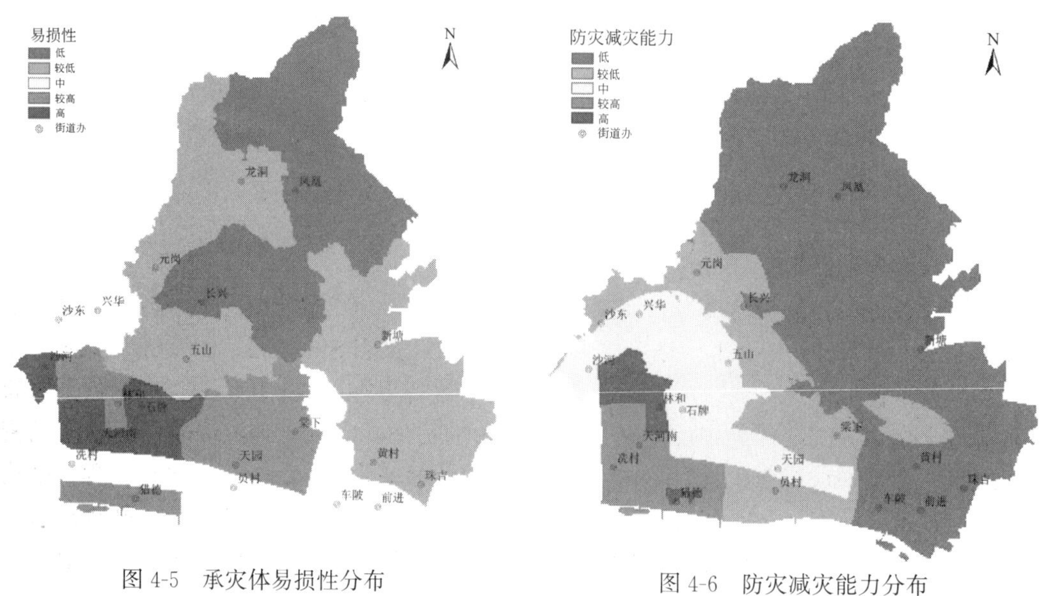

图 4-5 承灾体易损性分布　　图 4-6 防灾减灾能力分布

（4）防灾减灾能力指数计算

根据广州市 2015 年的统计年鉴，对人均 GDP 进行格网化，获得每个格网的对应指标。至于医院数量，则根据从地图上获取的三甲以上医院，按照就近救治的原则，按照半径为 3km 的缓冲，对每个网格的医院进行赋值，一个网格有多个医院覆盖则叠加。然后根据加权综合指数方法，计算防灾减灾能力。防灾减灾能力高的区域位于西南部，防灾减灾能力分布见图 4-6。

（5）城市内涝风险等级计算

从致灾因子危险性、孕灾环境敏感性、承灾体易损性、防灾减灾能力 4 个方面选取评价指标，构建城市内涝风险评价模型，并对各个指标赋予相应的权重（0.3、0.25、0.3、0.15），最终求得城市内涝的风险等级。城市内涝风险分布见图 4-7。

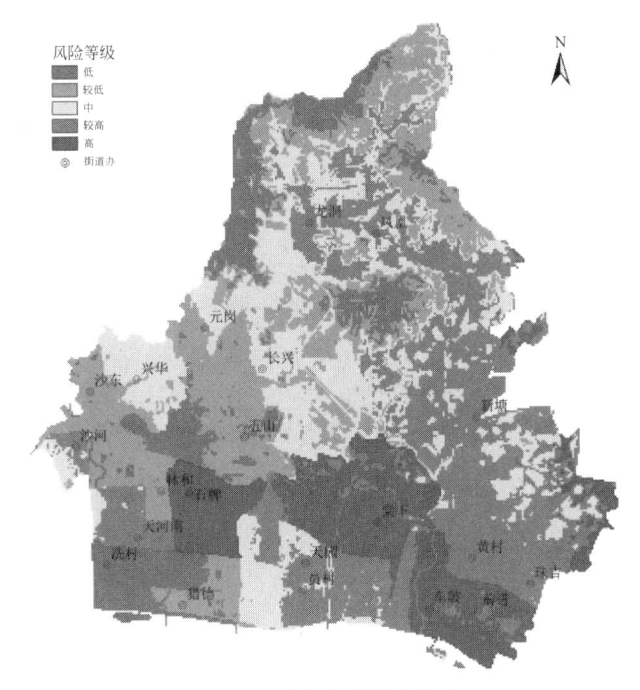

图 4-7　城市内涝风险分布

（6）结论

该研究通过建立城市内涝灾害的风险评价指标体系和风险评估模型，对广州市天河区面临的城市内涝灾害进行风险评价和分析。结果表明，广州市天河区城市内涝灾害风险分布总体上东南部较高，西北部较低。具体到街镇，石牌、棠下、车陂、前进、龙洞、凤凰、新塘、黄村、珠吉、员村、天园等街道位于较高和高风险区，元岗、五山、沙东、冼村、猎德等街道位于较低和低风险区。

（7）与已有研究成果的对比

黄铁兰基于遥感和 GIS 对广州市天河区进行了城市内涝风险评价，其研究区域与本次研究一致。将本次研究成果与已有成果对比，可以看出：

①本次研究结论基本合理。已有研究成果对天河区城市内涝风险评价分析得出，总体上东南部和西北部较高，西南部、中部和东北部较低。且已公布的城市内涝黑点主要分布

在天河区南部。可见，本次研究成果基本合理（图 4-8、图 4-9）。

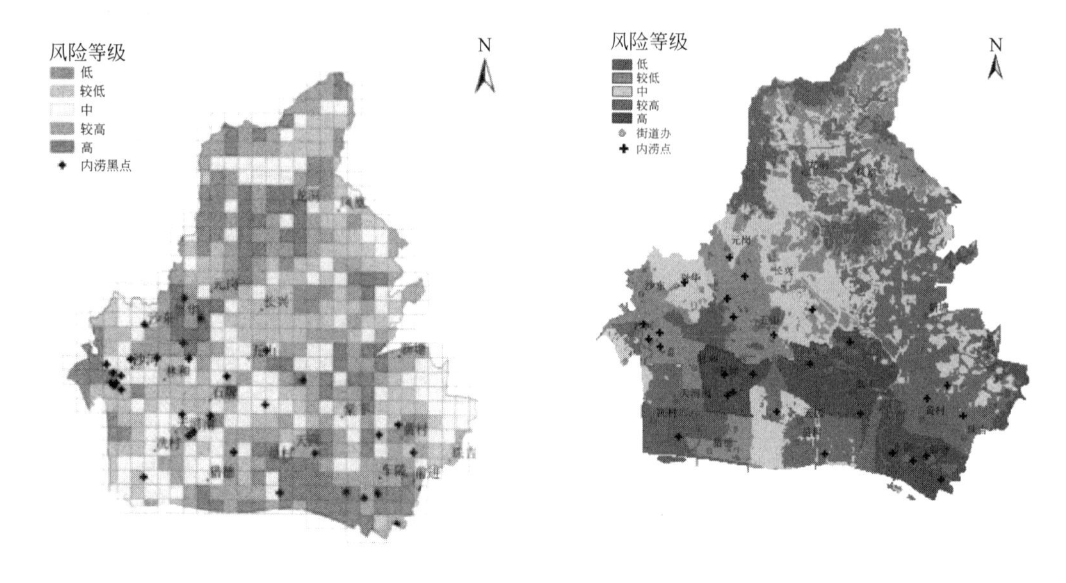

图 4-8　已有研究内涝风险分布

图 4-9　本次研究内涝风险分布

②本次研究成果精度较高。已有研究成果采用的是 500m×500m 的网格，网格化的结果不够准确。本次研究采用的是 50m×50m 的网格，精度有了较大的提升。

③本次研究成果的不足。西南部内涝黑点区域在本次研究成果中未能如实模拟，主要是有两个因素的影响，其一是降雨资料收集不足导致致灾因子的危险性分布与内涝点的分布存在较大差异；其二是由于本次研究中未考虑城市管网的影响。在以后的研究中应加强降雨资料的收集，并综合考虑各类的城市内涝因素进行全面系统的分析。

第5章 基于现状灾害类型的广东省内涝风险评价体系

5.1 广东省治涝体系现状分类

5.1.1 广东省治涝区划

（1）划分治涝区划的目的和作用

治涝区划是涝区治理的基础，划分治涝区划的目的，一方面是根据致涝的自然条件和经济社会因素，在全省范围内找出易涝区域，摸清其分布范围；另一方面，对于易涝区域在致涝条件相似性和差异性分析基础上，按一定的原则和标准对全省涝区进行区划和片区分类，对涝区的特点进行归类统计，分析涝区的涝情程度，为各级政府开展涝区治理规划和突出重点、按轻重缓急安排治理，以及加强涝区管理提供依据，对保障涝区经济社会可持续发展和粮食安全具有重要意义。

（2）分区原则

区划原则基本上遵循自然分异规律。治涝区划是针对治涝这一特定对象而进行的地域和区域的划分，涝的成因与地形地势、气候特征、土壤性质等因素紧密相关，上述影响因素仍属于自然地理环境范畴，当以自然地理环境的综合特征为背景，适当考虑社会因素，因此，仍遵循自然区划的地域分异规律，在研究范围内根据自然地理综合体的相似性和差异性进行区域划分。即治涝区划要遵循发生统一性原则、相对一致性原则、空间连续性原则、综合性原则和主导性原则。

具体来说，综合考虑以下因素：

1）区内相似性和区间差异性——即同一区域（区划）中的样本其自然条件、社会经济条件、致涝原因、治涝措施具有明显的相似性；而不同的区域（区划）中的样本的上述特征则具有明显的差异性；相似性和差异性可以用定量指标或定性指标描述。

2）同一区内河流水系、行政区划应大致完整。

3）区域完整连续。

4）主导因素划分原则。在众多分区指标中以主导指标因素为主进行划分。

5）与相关区划协调。

（3）广东省治涝区划

结合研究分析，按易涝地区所处地理位置、地形水系和排水体系情况，将广东省涝区治理区划按三级划分。其中：一级区根据全国治涝区划分级要求，由水利部水规总院进行全国统一划定并命名（2016年前已完成）；二级区按全省水资源分区（七大流域水系）进行划分；三级区（涝区）根据现状涝区分布及排水体系具体情况划分。具体划分如下：

一级区：1个，为“珠江三角洲及东南沿海地区”（由水利部水规总院统一划定并命名）；

二级区：7个，分别按全省七大流域水系划分，包括珠江三角洲流域、东江、西江、北江、韩江、粤东诸河及粤西诸河；

三级区（涝区）：根据省内涝区分布实际情况及治涝要求，按照“整体除涝、排涝体系完善、涝区同步达标”的原则进行划分。

在部分三级区（如联围涝区）内，因地形、水道分隔或不同对象有不同防护要求，可因地制宜划分为若干排涝基础单元（即涝片）。另外，对于数目众多、面积较小、位置分散且偏远的小型涝区，可将其视作“涝片”，以同一县（区）为单位，打捆成一个“涝区”。根据收集的全省涝区治理资料，按照治涝区划分区原则，统计的广东省治涝区划见表5-1。

广东省治涝区划统计表 **表5-1**

一级区划	二级区划	三级区划		涝区面积
		涝区	涝片	
	（个）	（个）	（个）	（万亩）
珠江三角洲及东南沿海地区	北江	85	337	256.31
	东江	59	357	199.55
	韩江	59	196	193.52
	西江	38	136	92.87
	粤东诸河	75	254	292.16
	粤西诸河	100	316	314.41
	珠江三角洲流域	172	320	1120.13
全省合计	7	588	1916	2468.95

5.1.2 广东省治涝体系现状情况分类汇总及分析

根据本次收集到的涝区资料统计成果，全省易涝地区现状治涝工程建设成果见表5-2、图5-1～图5-4。

广东省易涝地区治涝工程现状情况表 **表5-2**

一级区	二级区	撇洪沟长度（km）	排涝河道(渠系)长度（km）	排涝涵闸设计流量（m^3/s）	排涝泵站装机（万kW）	滞涝区面积（km^2）
珠江三角洲及东南沿海地区	北江	124	1530	2233	12	25
	东江	129	1226	8458	10	9
	韩江	134	1724	8262	7	0
	西江	168	849	1215	9	16
	粤东诸河	484	3134	24132	6	68
	粤西诸河	181	4008	18265	6	51
	珠江三角洲流域	55	5920	62215	55	86
全省合计	7	1274	18389	124779	106	255

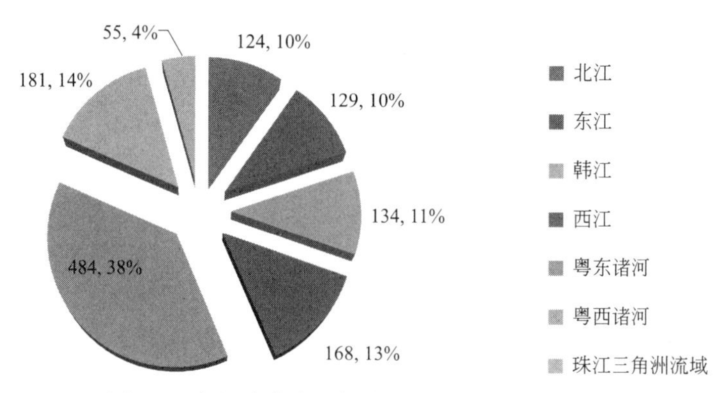

图 5-1　各级治涝分区截洪渠工程现状情况示意图

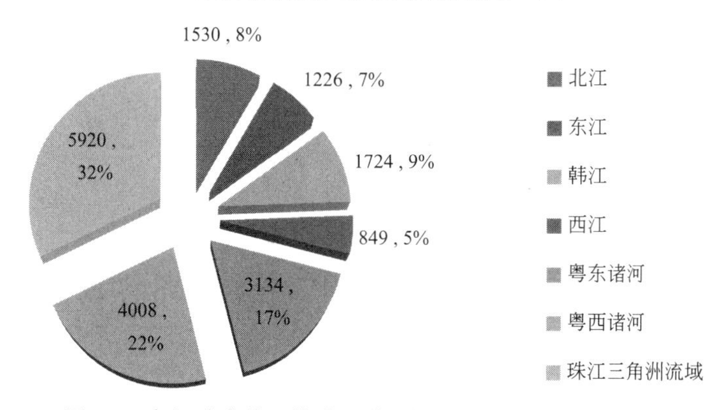

图 5-2　各级治涝分区排涝河道及渠系工程现状情况示意图

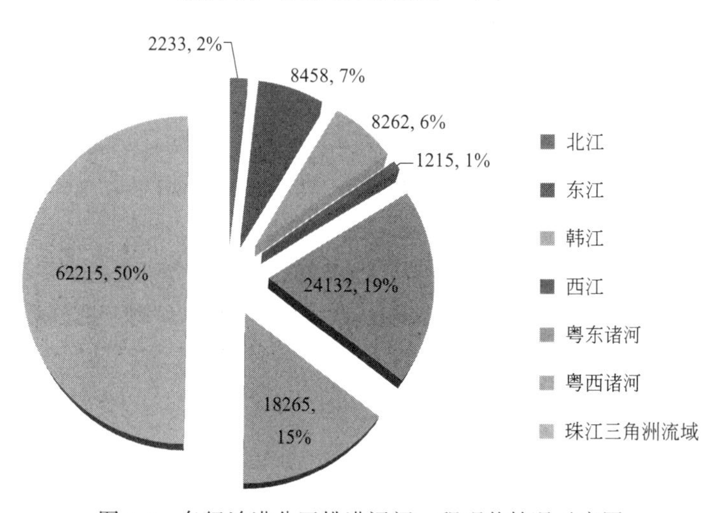

图 5-3　各级治涝分区排涝涵闸工程现状情况示意图

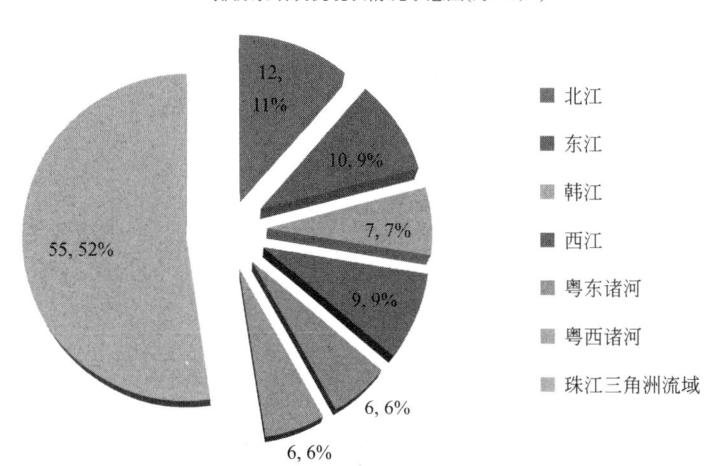

图 5-4　各级治涝分区排涝泵站工程现状情况示意图

根据表 5-2 统计成果以及图 5-1～图 5-4，全省治涝工程现状情况分析如下：

截洪渠工程：现状规模最大为粤东诸河，占全省截洪渠规模的 38%，现状截洪渠规模最小为珠江三角洲流域，仅占全省的 4%，其余各流域比较接近。

排涝河道（渠系）工程：现状规模最大为珠江三角洲流域，占全省排涝河道（渠系）规模的 32%，粤西诸河、粤东诸河次之，各占全省的 22%、17%，其余各流域现状排涝河道（渠系）规模均比较小，全省占比均不超过 10%。

排涝涵闸工程：现状规模最大为珠江三角洲流域，占了全省排涝河道（渠系）规模的一半，而北江、西江现状规模最小，仅各占全省的 2%、1%，其余各流域全省占比也不超过 10%。

排涝泵站工程：现状也是珠江三角洲流域规模最大，全省占比为 52%，其余各流域现状规模均较小，全省占比仅在 6%～11%。

从上述治涝工程规模统计成果来看，珠江三角洲流域地处平原河网区，除截洪渠外，由于河流水系多，既是暴雨高区又受洪潮顶托影响，加上经济发达，主要排涝工程规模均排在全省首位。其他非珠地区中，粤东、粤西沿海平原区，受洪潮顶托、风暴潮夹击影响，其截洪渠、排涝涵闸、排涝河道等规模稍大，而粤北、粤东、粤西有不少城镇地处山区或丘陵地带，涝区高低不一，受浸时间有异，客水大，若用电排，费用很大但受益程度不同，受经济条件制约，排涝泵站规模则比较小。治涝普遍存在的问题归纳如下：

（1）整体的治涝体系不够完善，治涝工程布局需统筹规划

治涝体系不完善和城市内涝问题给经济建设和人民生活和财产造成的灾害日益严重，每年在局部地区都发生不同程度的内涝灾害，经济发达的地区如东莞、惠州、广州等也出现严重的内涝现象。对此，充分考虑治涝体系的合理布局和治涝设施建设，与城市排水管网、农业排涝灌溉相衔接是急需解决的问题。

（2）现状治涝工程建设标准较低，治涝规模不足，治涝能力不适应经济社会发展的要求

过去的治涝工程建设偏重于农田排涝，随着城市防洪建设及城市化、工业化进程的加

快，水文情势发生变化，治涝系统建设未能与之相适应，加上治涝体系建设滞后，治涝规模严重不足，因此内涝问题日显突出。

（3）现状治涝工程设备老化，泵站扬程不足，水闸安全隐患多，需要进行更新改造

（4）管理经费难落实，影响了治涝工程的正常运行

电排站、排水闸等治涝设施管理单位是纯公益性的事业单位，但部分人员编制和“两费”落实不到位，或有编制、无经费，难以维持正常运转，严重影响了原有治涝设施效益的正常发挥。

5.2　广东省城市洪涝灾害类型及风险评价体系研究

广东省山区城市主要包括肇庆市、云浮市、韶关市、清远市、河源市、梅州市。区内地势陡峭，城市洪涝灾害类型主要以东、西、北、韩江干流洪水及暴雨诱发山洪为主。珠江三角洲城市主要包括广州市、佛山市、江门市、中山市、珠海市、深圳市、东莞市。区内地势低洼，城市洪涝灾害类型主要以东、西、北江干流洪水，暴雨内涝洪水和风暴潮水为主。粤西及粤东沿海城市主要包括汕头市、潮州市、揭阳市、汕尾市、阳江市、茂名市和湛江市。区内地势平坦，市洪涝灾害类型主要以风暴潮引起的暴雨内涝和区域独流入海河道洪水为主。

根据广泛收集的全省涝区资料，从中选取城区涝区部分进行洪涝灾害风险评价分析。主要包括佛山、惠州、江门、中山、珠海、潮州、揭阳、汕头、汕尾、河源、梅州、茂名、阳江、湛江、肇庆、韶关 16 个城市的 48 个城区涝区作为研究对象，典型城市涝区名录见表 5-3。

典型城市涝区名录　　　　**表 5-3**

涝区	珠三角	非珠三角	沿海风暴潮影响	内陆	老城区	新城区
韶关市乐昌市城区涝区		√		√	√	
韶关市仁化县城区涝区		√		√	√	
韶关市新丰县城区涝区		√		√	√	
潮州市潮安区城区涝区		√	√		√	
潮州市城区涝区		√	√		√	
河源市东源县城区涝区		√		√	√	
河源市和平县城区涝区		√		√	√	
河源市江东新区城区涝区		√		√		√
河源市龙川县城区涝区		√		√	√	
河源市源城区城区涝区		√		√	√	
河源市紫金县城区涝区		√		√	√	
揭阳市惠来县城区涝区		√	√		√	
揭阳市揭西县城区涝区		√	√		√	
梅州市丰顺县城区涝区		√		√	√	

续表

涝区	珠三角	非珠三角	沿海风暴潮影响	内陆	老城区	新城区
梅州市梅江区城区涝区		√		√	√	
梅州市梅县区城区涝区		√		√	√	
汕头市澄海区一八围涝区城区涝区		√	√		√	
汕头市金平区下蓬围涝区城区涝区		√	√		√	
汕尾市海丰县城区涝区		√	√		√	
茂名市高州市旧城区涝区		√	√		√	
茂名市化州市化州城区涝区		√	√		√	
阳江市江城区三江围城区涝区		√	√		√	
阳江市阳春市春城城区涝区		√	√		√	
阳江市阳东区城区涝区		√	√		√	
阳江市阳西县城区涝区		√	√		√	
湛江市廉江市廉城城区涝区		√	√		√	
湛江市徐闻县徐城城区涝区		√	√		√	
肇庆市大旺区城区涝区	√			√		√
肇庆市德庆县城区涝区	√			√	√	
肇庆市鼎湖区城区涝区	√			√	√	
肇庆市端州区城区涝区	√			√	√	
肇庆市高要区城区涝区	√			√	√	
肇庆市广宁县城区涝区	√			√	√	
肇庆市怀集县城区涝区	√			√	√	
肇庆市四会市城区涝区	√			√	√	
佛山市禅城区城区涝区	√		√		√	
惠州市博罗县城区涝区	√		√		√	
惠州市惠城区东江城区涝区	√		√		√	
惠州市惠城区西枝江城区涝区	√		√		√	
惠州市惠阳区城区涝区	√		√		√	
惠州市龙门县城区涝区	√		√		√	
江门市江海区城区涝区	√		√		√	
江门市开平市城区涝区	√		√		√	
江门市新会区城区涝区	√		√		√	
中山市城区涝区	√		√		√	
珠海市高栏港区城区涝区	√		√			√
珠海市金湾区小林联围城区涝区	√		√		√	
珠海市香洲区广昌和洪湾城区涝区	√		√		√	

为了能够量化表达成果，通过收集涝区的人口、经济及受灾情况等一系列指标，将指标分为承灾风险因素、灾害损失因素两类，对涝区的各项指标进行打分，最后对各指标进

行综合评分。

（1）评价指标体系

目前，构建评价指标体系通常的做法是将其分为三层，即“目标层—准则层—指标层”。为使拟定的洪涝影响因子能更加全面、真实地反映片区洪涝风险现状，这些特征不仅要包含反映受灾程度的历史数据，还要包含抵御灾害的能力指标（图5-5）。

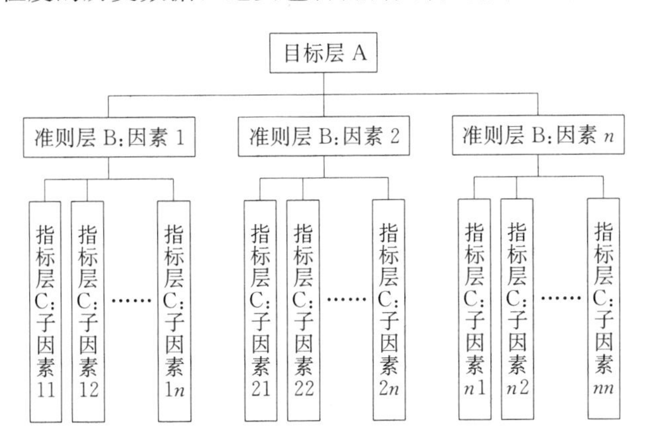

图5-5　评价指标体系

（2）主要风险因子的识别

按照指标体系理论，洪涝灾害风险因子是由承灾风险因子和灾害损失因子构成。其中承灾风险因子包括防洪标准、涝区面积、人口、人均GDP 4个因素，灾害损失因子包括灾害频次、成灾面积比例、淹没水深、淹没历时、经济损失值5个因素，其识别表见表5-4，各风险因子评分标准见表5-5。

主要风险识别表　　**表5-4**

类别	权重	序号	风险因子	权重
承灾风险因子	0.5	1	防洪标准	0.25
		2	涝区面积	0.25
		3	人口	0.25
		4	人均GDP	0.25
灾害损失因子	0.5	1	灾害频次	0.15
		2	成灾面积比例	0.2
		3	淹没水深	0.2
		4	淹没历时	0.2
		5	经济损失值	0.25

风险因子评分标准　　**表5-5**

风险因子	属性值	得分值
防洪标准	20年一遇	6
	50年一遇	8
	100年一遇	10

续表

风险因子	属性值	得分值
涝区面积	≤10 万亩	6
	>10 万亩,≤50 万亩	8
	>50 万亩	10
人口	≤20 万	4
	>20 万,≤50 万	6
	>50 万,≤100 万	8
	>100 万	10
人均 GDP	≤400 美元	2
	>400 美元,≤500 美元	4
	>500 美元,≤1000 美元	6
	>1000 美元,≤3000 美元	8
	>3000 美元	10
灾害频次	≤10	2
	>10,≤20	4
	>20,≤50	6
	>50,≤100	8
	>100	10
成灾面积比例(%)	≤20	4
	>20,≤50	6
	>50,≤90	8
	>90	10
淹没水深(m)	≤0.3	6
	>0.3,≤1	8
	>1	10
淹没历时(h)	≤0.5	4
	>0.5,≤1	6
	>1,≤24	8
	>24	10
经济损失	≤100 万元	5
	>100 万元,≤500 万元	6
	>500 万元,≤1000 万元	7
	>1000 万元,≤5000 万元	8
	>5000 万元,≤10000 万元	9
	>10000 万元	10

(3) 城市涝区洪涝灾害评分成果(表 5-6)

城市涝区洪涝灾害评分结果　　**表 5-6**

市	涝区	防洪标准	涝区面积（万亩）	人口（万人）	2012年人均GDP(元)	防洪标准得分	涝区面积得分	人口得分	人均得分	灾害频次得分	成灾面积比例得分	淹没水深得分	淹没历时得分	损失当前值得分	综合得分
韶关市	韶关市乐昌市城区涝区	20年	1.55	52.07	20564.62	6	6	8	8	6	8	10	10	10	8.00
韶关市	韶关市仁化县城区涝区	20年	0.12	23.55	40594.48	6	6	6	10	2	8	10	10	8	7.45
韶关市	韶关市新丰县城区涝区	20年	0.65	25.97	24578.36	6	6	6	10	2	8	10	10	9	7.58
潮州市	潮州市潮安区城区涝区	50年	13.42	121.57	40572.00	8	8	10	10	6	8	10	10	10	9.00
潮州市	潮州市城区涝区	100年	17.76	60.12	29338.00	10	8	8	10	6	8	10	10	10	9.00
河源市	河源市东源县城区涝区	50年	0.52	56.04	17130.41	8	6	8	8	6	8	10	10	8	8.00
河源市	河源市和平县城区涝区	50年	0.48	54.45	15127.29	8	6	8	8	2	8	10	10	7	7.58
河源市	河源市江东新区城区涝区	100年	0.56	12.00	40750.00	10	6	4	10	4	8	10	10	7	7.73
河源市	河源市龙川县城区涝区	50年	0.34	98.03	11887.10	8	6	8	8	2	8	10	10	8	7.70
河源市	河源市源城区城区涝区	50年	2.50	30.65	40130.41	8	6	6	10	6	8	10	10	10	8.25
河源市	河源市紫金县城区涝区	50年	0.14	84.36	12935.48	8	6	8	8	2	8	8	8	6	7.05
揭阳市	揭阳市惠来县城区涝区	50年	1.17	139.98	16274.70	8	6	10	8	2	8	10	10	9	8.08
揭阳市	揭阳市揭西县城区涝区	50年	0.91	99.43	20380.38	8	6	8	8	8	8	10	10	10	8.40
梅州市	梅州市丰顺县城区涝区	50年	0.79	48.46	15604.00	8	6	6	8	6	10	10	10	8	7.95
梅州市	梅州市梅江区城区涝区	100年	0.22	11.62	43035.00	10	6	4	10	2	8	10	10	6	7.45
梅州市	梅州市梅县区城区涝区	50年	2.61	53.45	28160.00	8	6	8	10	2	8	10	10	9	8.08
汕头市	汕头市澄海区一八围涝区城区涝区	100年	11.34	81.84	43127.27	10	8	8	10	8	6	8	10	10	8.75
汕头市	汕头市金平区下蓬围涝区城区涝区	100年	2.04	83.00	42658.58	10	6	8	10	8	6	8	8	10	8.30
汕尾市	汕尾市海丰县城区涝区	20年	6.47	81.37	29912.74	6	6	8	10	4	8	10	10	9	7.98
茂名市	茂名市高州市旧城区涝区	50年	3.11	181.00	27635.36	8	6	10	10	2	8	10	10	10	8.45
茂名市	茂名市化州市化州城区涝区	50年	4.25	117.89	27621.51	8	6	10	10	6	8	8	10	8	8.30
阳江市	阳江市江城区三江围城区涝区	50年	0.39	67.69	43102.38	8	6	8	10	4	8	10	10	8	8.10
阳江市	阳江市阳春市春城城区涝区	50年	9.17	87.60	37933.79	8	6	8	10	6	10	10	10	10	8.70
阳江市	阳江市阳东区城区涝区	50年	2.13	49.88	51740.18	8	6	6	10	4	6	10	10	7	7.53

续表

市	涝区	防洪标准	涝区面积（万亩）	人口（万人）	2012年人均GDP(元)	防洪标准得分	涝区面积得分	人口得分	人均得分	灾害频次得分	成灾面积比例得分	淹没水深得分	淹没历时得分	损失当前值得分	综合得分
阳江市	阳江市阳西县城区涝区	50年	0.68	52.00	31571.15	8	6	8	10	2	8	8	8	7	7.43
湛江市	湛江市廉江市廉城城区涝区	50年	1.03	148.50	27657.24	8	6	10	10	6	8	10	10	10	8.75
湛江市	湛江市徐闻县徐城城区涝区	50年	3.21	71.86	20139.97	8	6	8	8	2	8	8	10	9	7.63
肇庆市	肇庆市大旺区城区涝区	50年	11.82	7.01	287817.97	8	8	4	10	2	6	10	10	10	7.75
肇庆市	肇庆市德庆县城区涝区	50年	1.48	33.75	32622.00	8	6	6	10	4	8	8	10	7	7.53
肇庆市	肇庆市鼎湖区城区涝区	50年	11.41	21.06	53427.00	8	8	6	10	4	8	10	10	9	8.23
肇庆市	肇庆市端州区城区涝区	50年	7.17	15.53	71355.00	8	6	4	10	4	6	10	10	10	7.65
肇庆市	肇庆市高要区城区涝区	50年	3.44	22.83	48232.00	8	6	6	10	4	6	8	10	8	7.45
肇庆市	肇庆市广宁县城区涝区	50年	0.58	39.07	28414.00	8	6	6	10	6	6	10	10	8	7.80
肇庆市	肇庆市怀集县城区涝区	50年	4.03	43.96	25048.00	8	6	6	10	4	8	10	10	8	7.85
肇庆市	肇庆市四会市城区涝区	50年	12.75	17.38	63980.00	8	8	4	10	8	8	10	10	10	8.40
佛山市	佛山市禅城区城区涝区	100年	10.87	112.00	142857.14	10	8	10	10	2	6	8	10	8	8.30
惠州市	惠州市博罗县城区涝区	50年	4.72	120.00	33356.67	8	6	10	10	2	6	10	10	8	8.00
惠州市	惠州市惠城区东江城区涝区	100年	19.88	70.49	42820.51	10	8	8	10	2	6	10	10	10	8.50
惠州市	惠州市惠城区西枝江城区涝区	100年	14.30	46.51	42820.00	10	8	6	10	2	6	10	10	10	8.25
惠州市	惠州市惠阳区城区涝区	100年	0.73	61.50	40484.55	10	6	8	10	4	8	10	8	8	8.15
惠州市	惠州市龙门县城区涝区	50年	1.85	35.58	44586.85	8	6	6	10	2	6	10	10	8	7.50
江门市	江门市江海区城区涝区	100年	8.41	15.00	95333.33	10	6	4	10	6	8	8	10	8	7.80
江门市	江门市开平市城区涝区	50年	11.65	69.90	38369.00	8	8	8	10	10	6	10	10	10	8.85
江门市	江门市新会区城区涝区	50年	7.06	75.58	68793.33	8	6	8	10	2	6	8	8	6	7.10
中山市	中山市城区涝区	100年	64.89	17.09	93781.16	10	10	4	10	2	6	8	10	10	8.05
珠海市	珠海市高栏港区城区涝区	100年	22.52	17.00	294117.65	10	8	4	10	6	6	10	10	6	7.80
珠海市	珠海市金湾区小林联围城区涝区	100年	24.33	24.03	161696.13	10	8	6	10	4	8	10	8	10	8.40
珠海市	珠海市香洲区广昌和洪湾城区涝区	100年	4.12	83.23	13356.96	10	6	8	8	8	8	8	8	6	7.75

第6章 典型城市内涝现状分析

6.1 典型城市选取

（1）选定典型城市的原则

1）典型城市能代表特定类型城市的防洪治涝格局；2）需有一定的工作基础，便于研究工作的开展；3）通过研究某几个典型城市的防洪治涝策略能用于指导全省防洪治涝工作。

（2）典型城市的选定

通过以上原则，拟选取中山市、广州市作为典型研究。

（3）选择的理由

广东北部为山区、中部为珠三角平原，南部为口门区。洪涝灾害较严重的是受雨、洪、潮夹击影响的城市。

广州市既是洪涝灾害频发地区，又是省会城市，可作为洪涝灾害研究的首选城市。中山市地形以平原为主，河流水系处于明显的平原区河网和低山丘陵区河网两大部分；平原地区河网深受南海海洋潮汐的影响，具典型河口区特色，属于双向流，而处于五桂山区的溪流则为单向流；中山市北部为受洪水影响区，南部则为潮汐影响区域，因此中山市代表了受洪潮交替影响的类型。

另一方面的原因是，广东省水利电力勘测设计研究院有限公司有相关城市防洪治涝规划的工作经验，为本次研究工作的顺利开展提供了良好的工作基础。

6.2 广州市中心城区现状内涝研究

6.2.1 区域概况

1. 自然地理概况

（1）地理位置

广州市位于广东省中南部，地处珠江三角洲中北部，接近珠江流域下游入海口。地理范围是东经112°57′～114°03′，北纬22°26′～23°56′。广州市东连惠州市博罗、龙门两县和东莞市，西邻佛山市的三水、南海和顺德区，北靠清远市市区和佛冈县及韶关市的新丰县，南接中山市，与香港、澳门隔海相望。区域南北长约155km，东西宽约106km，市域总面积7434.4km^2，其中6个中心城区面积1207.4km^2。

（2）地形地貌

广州市地处珠江入海口，地势由东北向西南倾斜，依次为山地、中低山地与丘陵、台地与平原三级。第一级为东北部山地，包括从化区和增城区的东北部，山体连绵不断，坡度陡峭，海拔一般在500m以上。该地区植被覆盖率高，多为林地，是重要的水源涵养地。第二级是中部中低山与丘陵地区，包括花都北部、从化西南部、广州市区东北部和增城北部。该地区坡度较缓，大部分海拔在500m以下，适宜做人工林生产基地。第三级是南部台地与平原，包括广花平原及其以北的台地、增城南部、番禺全部和广州市区的大部分，地势低平，除个别残丘和台地外，一般海拔小于20m，台地坡度小于15°，土层浅薄，多受侵蚀。平原土层深厚，为农业生产基地。

（3）河流水系

珠江流域内影响广州市的外围河流主要有西江、北江和东江。东北部多以山区河流为主，南部主要为西、北江下游水道和珠江广州河道汇流交织而成的河网，境内的主要河流有珠江广州河道、流溪河、白坭河、芦苞涌以及虎门入海口门等。

1）西江

西江是珠江第一大水系，发源于云南省曲靖市乌蒙山脉的马雄山，流经贵州省蔗香汇北盘江后称红水河，至广西石龙汇柳江后称黔江，至桂平汇郁江后称浔江，至梧州汇桂江后始称西江，至广东三水思贤滘与北江相通后汇入珠江三角洲。干流至思贤滘全长2075km，流域面积351500km^2。

2）北江

北江是珠江第二大水系，为珠江北支，其上游河流浈江起源于江西省信丰县石碣。北江在广东清远飞来峡出山口后，进入平原地区。在三水区思贤滘与西江沟通，流入珠江三角洲。北江思贤滘以上流域面积为46710km^2（广东省境内42930km^2），干流总长468km。

3）东江

东江是珠江流域第三大水系，发源于江西省寻乌县桠髻钵，上游称寻邬水，南流入广东省境内，至龙川合河坝汇安远水（又名定南水）后称东江。流经龙川、河源、紫金、惠州、博罗至东莞石龙注入珠江三角洲，广东省境内河长520km，流域面积23540km^2。

4）珠江三角洲

珠江三角洲是由西江、北江思贤滘以下、东江石龙以下的三角洲网河区以及直接汇入本区的其他中小河流组成，流域面积26820km^2。

①西江下游河道

西江的主流从思贤滘西滘口起，向南偏东流至新会区天河，长57.5km，称西江干流水道；天河至新会区百顷头，长27.5km，称西海水道；从百顷头至珠海市洪湾企人石流入南海，长54km，称磨刀门水道。主流在甘竹滩附近向北分汊经甘竹溪与顺德水道贯通；在新会天河附近向东南分出东海水道，东海水道在豸蒲附近分出凫洲水道；东海水道的另一分汊在海尾附近分出容桂水道和小榄水道，经横门水道，分别流向洪奇门和横门出海。主流西海水道经太平墟、外海、叠石，又分为多条水道，分别由磨刀门、鸡啼门入海。

②北江下游河道

北江下游主流自思贤滘北滘口至南海紫洞，河长25km，称北江干流水道；紫洞至顺德张松上河，长48km，称顺德水道；从张松上河至番禺小虎山，长32km，称沙湾水道，然后入狮子洋经虎门出海。北江主流分汊很多，从芦苞水闸和西南水闸分流芦苞涌、西南涌，汇入白坭河，纳流溪河后注入西航道，至白鹅潭又分为南北两支，北支为前航道，南支为后航道，后航道与佛山水道、陈村水道等互相贯通，前后航道在剑草围附近汇合后向东注入狮子洋。

③珠江广州河道

珠江广州河道包括西航道、前航道、后航道、黄埔水道等。西航道北起老鸦岗，南至白鹅潭，长 16.24km，河面宽 150～600m。北江左岸分流的芦苞涌、西南涌以及流溪河、白坭河、石井河和新市涌诸水汇流入西航道。白鹅潭洲头咀以下分为前航道和后航道两支，白鹅潭以东至黄埔为前航道，长 23.24km，河面宽 170～700m，最大水深 4.5m，一般水深 2.8m（珠江基面），沿河两岸是广州市城市建设中心。白鹅潭以南至黄埔为后航道，长 27.80km，河面宽 190～1100m，最大水深 12.5m，一般水深 5m。在流至落马洲西纳平洲水道后，又分为沥滘水道和三枝香水道两支。后航道是广州港通航 3000 吨级轮船的水道，担负着广州港货物的运输任务。前航道、沥滘水道、三枝香水道东流至黄埔附近相汇。黄埔以下至虎门为黄埔航道和辽阔的狮子洋。有黄埔港、黄埔新港、新沙港等重要港口，并与香港水域深水大港相衔接，是我国南疆海运交通大动脉，可通航 10000 吨级轮船。

狮子洋的左岸有东江三角洲的北干流、南支流等河道汇入，狮子洋南流至大虎接伶仃洋出海。珠江广州河道各河段河相特征见表 6-1。

西航道及前后航道各河段河相特征表　　**表 6-1**

河段名称	河长(km)	平均宽度(m)	平均比降(‰)
西航道	16.24	368	0.264
前航道	23.24	432	0.384
后航道	27.80	525	0.294
黄埔航道	13.32	2200	—

珠江广州河道属感潮河道，汛期既受来自流溪河、北江及西江的洪水影响和东江洪水的顶托，又受到来自伶仃洋的潮汐作用，洪潮混杂，水流流态复杂。

④流溪河

流溪河位于广州市的北部，是广州市境内的一条重要河流。流溪河水库以上的主流称玉溪河，发源于新丰县七星顶。另一条主要支流吕田河发源于从化吕田镇桂峰山，两河由北向南，至步岭汇合后始称流溪河。流溪河自东北向西南流经从化市、花都区和白云区，在南岗口与白坭河汇合后流入西航道。流域面积 2300km^2，河长 171km，流溪河干支流上已建成五宗大中型水库和一批小型蓄水工程。流溪河干流堤防基本已经整治达标，流溪河上游及其支流的水质较好，是广州的饮用水水源。

流溪河从源头至河口分成上、中、下及河口段，主要支流有吕田河、牛栏河、分田水、牛路水、小海河、龙潭河、网顶河、老山水、高溪河和兔岗坑。各河段的长度、面积及主要支流情况见表 6-2。

流溪河各河段长度、面积及主要支流情况表　　**表 6-2**

分段	干流		支流			
	起止地点	长度(km)	河名	岸别	起止地点	长度(km)
上游	七星岭—步岭	39.0	吕田河	左	桂峰山—步岭	25
	步岭—黄竹朗	8.0	牛栏河	左	牛角山—分水	22
	黄竹朗—黄龙山	3.7	汾田水	右	尖峰岭—汾田	23
	黄龙山—良口坝	5.0	牛路水	右	高桥山—牛路	20
	小计	55.7				

续表

分段	干流		支流			
	起止地点	长度(km)	河名	岸别	起止地点	长度(km)
中游	良口坝—卫东坝	12.6				
	卫东坝—温泉坝	7.6	小海河	左	龙门坳—白田岗	42
	温泉坝—街口	13.3	龙潭河	右	黄滩—下围	27
	街口—大坳坝	6.4				
	大坳坝—太平场	23.7	网顶河	右	猪石—巷头	20
	小计	63.6				
下游	太平场—李溪	18.3	老山水	右	鸡枕山—石角	16.7
	李溪—人和坝	13.0	高溪河	右	元岗—人和	12
	小计	31.3				
河口	人和坝—江村	12.4	兔岗坑	右	禾义坑—入河	22
	江村—南岗	8.0				
	小计	20.4				
合计		171				

⑤白坭河、芦苞涌及西南涌

白坭河上游国泰水发源于广东清远石角镇扶基头。芦苞水闸分洪后九曲水分汊的北支流与国泰水于白坭墟附近汇合后，始称白坭河。白坭河自西北向东南流，沿程左汇大官坑水、新街水，右汇西南涌至鸦岗注入西航道，流域面积为1493km^2，干流全长57km，河道平均坡降1‰。新街河是白坭河的主要支流之一，发源于梯面羊石顶，位于花都区境南部，是花都区与白云区的界河，流域面积428.68km^2，干流全长33.4km，平均坡降1.43‰，主要支流有天马河、铁山河、铜鼓坑、田美河等。白坭河及主要支流情况见表6-3。

白坭河及其主要支流概况表 **表6-3**

河系名称	河流名称	起点	终止	河流长度(km)	流域面积(km^2)
白坭河	白坭河	清远扶基头	鸦岗	57	1493
	国泰水	清远码头岭	白坭圩	18.7	149
	新街河	花都羊石顶	五和村	36.1	429
	天马河	花都分水	罗溪村	26	159

芦苞涌起于北江大堤芦苞分洪闸，设计分洪流量1200m^3/s。流经三水区的乌石岗、经长歧管理区的鱿鱼岗分为南北两支。北支注入九曲河，流向白坭河。南支经三水市的虎爪围、花都区的炭步镇、大涡、文岗，在南海市官窑附近汇入西南涌，全长34.64km。流域面积为264.6km^2，河道平均坡降1‰，其中广州市境内河长13.1km，流域面积33.8km^2。

西南涌起于北江大堤西南分洪闸，设计分洪流量为1100m^3/s，向东流经三水市高丰、南海的官窑、里水、和顺等镇，在广州市白云区老鸦岗附近与芦苞涌、流溪河汇合后注入西航道。全长41.6km，流域面积为393km^2，河道平均坡降1.02‰。西南、芦苞两涌是北江大堤防洪体系的重要组成部分。

⑥入海口门

珠江八大入海口门中的虎门、蕉门、洪奇门三大口门位于广州市境内。

虎门水道是珠江流域东部边界的入海通道，北接珠江广州河道，东北接东江，在西部柏棠尾接沙湾水道，由广州黄埔区深井村边界起至虎门口止，干流全长41.7km。虎门水道河阔水深，宽5.8km，是广州港万吨船的航道，又是潮水的主要进出水道，潮流平缓，整个河段呈淤积趋势。

蕉门水道由沙湾水道分流的榄核、西樵、骝岗三个水道流入，至中游又接洪奇门的分支上、下横沥。干流由西樵口至万顷沙围十五涌东长51km，河段宽处约1500m。该水道为平原网河区干流之一，水势平缓，口门外海滩逐年淤高，干流由南沙至万顷沙围十五涌东也淤积较快，而流向虎门口的凫洲水道有冲深的趋势。

洪奇门在西南边界，上接沙湾水道李家沙分流，以后陆续接容桂水道、桂洲水道、新沙沥、黄沙沥等西江支流，于义沙围头向东分上、下横沥，在沥心围头分为两支，分别流入横门和洪奇门。干流由李家沙至万顷沙围十五涌西约36.2km，沿程河宽变化较大，宽度250～1500m。

广州市水系情况见图6-1。

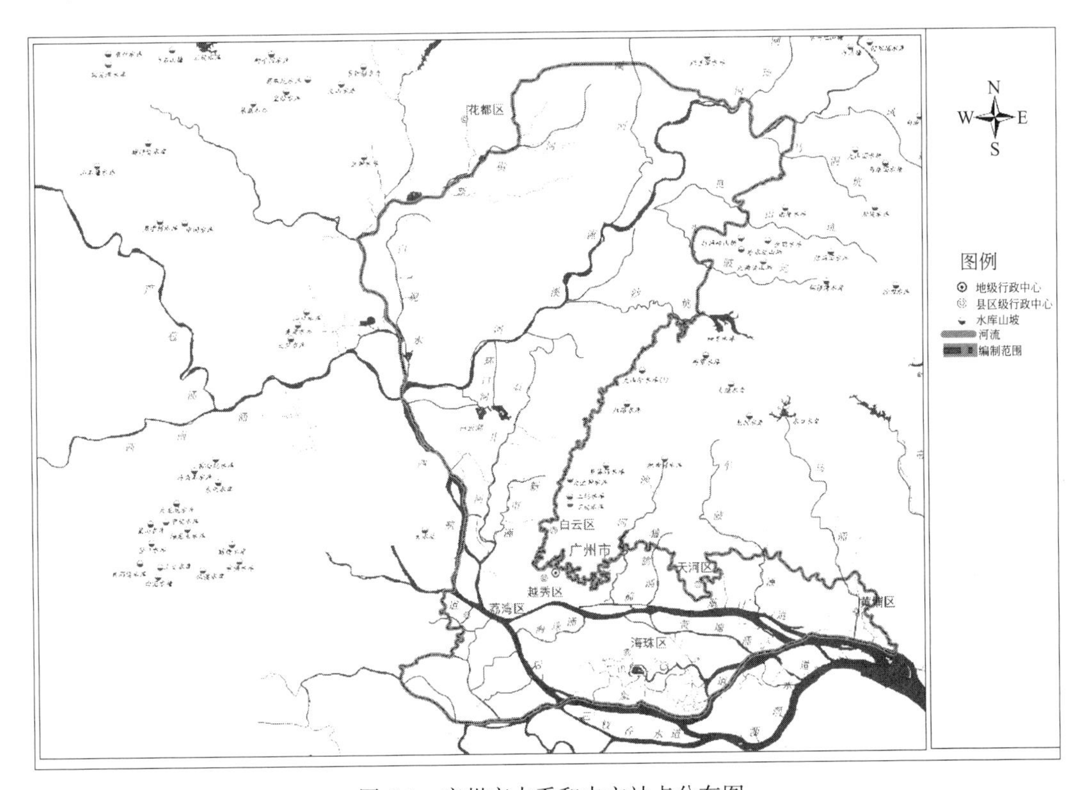

图6-1　广州市水系和水文站点分布图

(4) 水文气象

1) 水文

①暴雨

广州市地处北回归线附近，冬季受东北季风控制，虽低温干燥，但天气晴朗并无严寒；夏季分别受印度洋吹来的西南季风和东南季风影响，虽高温，但湿润、多雨而无酷暑；海洋性气候显著而且维持时间长，年内干季和雨季十分明显。

该市暴雨有前后汛期之分。每年4～6月份，该地区位于副热带高压西北侧。因此，副热带高压北缘的雨带首先影响并停滞在这一地带。这时东北季风减弱，来自热带海洋的东南季风逐渐增强，该地区成为西南季风的活动区，降雨逐渐频繁和剧烈。这时影响该地区的主要天气尺度系统有切变线、低涡、冷锋和静止锋等。在多种天气尺度系统的相互作用下，容易形成暴雨。6～8月份，该地区受副热带南侧偏东气流控制，东亚热带季风和热带季风槽十分活跃。热带气旋、热带扰动、季风低压成为该地区的主要天气系统。这些热带系统引起了广州暴雨的后汛期。对本市有影响的台风雨是以7月下旬至9月中旬的台风为主。广州市实测最大24h雨量为424mm（1997年5月8日从化市龙潭镇、鳌头镇一带）。

根据广州国家基本气象站1951年1月～2010年6月共计60年的雨量记录分析，广州暴雨呈上升趋势，20世纪50年代平均每年出现暴雨5.5天，90年代上升到7.3天，2000～2009年年平均达到了8.7天，2001年更出现16天暴雨，是广州市50多年来的高值。

②径流

径流由降雨形成，广州市市区多年平均年径流1091.2mm（多年平均径流量为78.81亿m^3）。径流年际变化不均，大、小年径流量的比值可达4～5。径流年内分配也不均匀，汛期（4～9月）径流量占年总量的80%～85%，大径流量多出现在5、6月份。

根据年降水量、流域（区域）面积及径流系数（0.5～0.65），结合各行政区的水资源分区，中心城区年净流深为1000mm，年径流量为15.6亿m^3。

③洪水

广州洪水主要来自西江、北江、东江等外围河流及流溪河和增江等。广州市区各河道分散，大小不一，洪峰时间先后不同，在本区域一般不形成明显的区间洪水。

由于各水系的气候条件不同，各主要河道洪水发生时间不尽一致，一般流溪河洪水出现时间较早，北江次之，西江及东江较迟。以每年出现大洪峰流量的时间进行统计，流溪河牛心岭站以6月上旬出现次数高，占总数的17.7%，连续3个月出现多的月份是4～6月，占总数的85.4%；北江石角站以6月中旬出现次数高，占总数的19.3%，连续三个月出现多的月份是5～7月，占总数的85.0%；西江高要站以6月下旬出现次数高，占总数的17.6%，连续三个月出现多的月份是6～8月，占总数的86.9%；东江博罗站则以6月中旬出现次数高，占总数的22.0%，连续三个月出现多的月份是6～8月，占总数的75.1%。

④潮汐

广州市三角洲地区的河道属感潮河道，汛期既受来自流溪河、北江、西江洪水的影响及东江洪水的顶托，又受来自伶仃洋的潮汐作用，洪潮混杂，水流流态复杂。

潮汐为不规则半日潮，年平均涨潮、落潮潮差均在2.0m以下，属弱潮河口。潮差年际变化不大，年内变化则较大。

珠江三角洲主要测站设计潮位复核成果协调会议纪要（珠水规计函［2011］312号）将各主要测站潮位系列延伸至2008年。为了更全面地反映各站近几年的潮位特征值，将鸦岗站、黄埔站、中大站、南沙站、三善站、大石站、三沙站、新家埔共8个站的资料系列延伸至2011年，完整地统计了各站的年高潮位、年低潮位、高潮位、低潮位、涨潮差、落潮差、涨潮历时、落潮历时等特征值，见表6-4。

表 6-4

广州主要潮位站潮汐特征值统计表

站点名称		鸦岗站	中大站	黄埔站	浮标厂	南沙站	三善站	大石站	三沙站	新家埔站	大盛	泗盛围
统计系列(年)		1956～2008	1975～2008	1957～2008	1952～2008	1955～2008	1953～2008	1965～2008	1953～2008		1956～2008	1964～2008
年高潮位均值(m)		2.12	2.12	1.96	2.09	1.87	2.51	2.18	1.87		1.94	1.93
本次统计系列(年)		1956～2011	1975～2011	1957～2011	1952～2008	1965～2011	1953～2011	1965～2011	1953～2011	1953～2011	1956～2008	1964～2008
年最高潮位(m)	平均(参考)	2.13	2.14	1.97	2.09	1.9	2.51	2.18	1.87	3.2	1.94	1.93
年最低潮位(m)	平均	−1.14	−1.51	−1.72	−1.39	−1.31	−0.98	−1.46	−1.61	−0.58		
年最大涨潮差(m)	平均	1.94	2.52	2.58	2.27	2.34	1.82	2.55	2.73	1.99		
年最大落潮差(m)	平均	1.93	2.86	2.98	2.48	2.9	2.05	2.91	3.11	2.15		
年最大涨潮历时(h)	平均	15.78	12.1	12.85	11.6	16.22	15.59	15.13	16.75	14.63		
年最大落潮历时(h)	平均	14.06	1月10日	10.83	11.03	17.84	15.25	14.03	14.5	16.63		
高潮位均值(m)		0.73	0.83	0.75	0.79	0.67	0.72	0.85	0.73	0.81	0.73	0.73
低潮位均值(m)		−0.35	−0.75	−0.88	−0.59	−0.62	−0.2	−0.67	−0.78	−0.07	−0.87	−0.88
涨潮差均值(m)		1.08	1.57	1.62	1.38	1.28	0.92	1.52	1.51	0.87	1.6	1.61
落潮差均值(m)		1.08	1.58	1.62	1.38	1.3	0.93	1.53	1.52	0.88	1.6	1.61
涨潮历时均值(h)		5.15	5.08	5.42	5.13	5.18	5.16	5.07	5.61	4.15	5.48	5.73
落潮历时均值(h)		7.29	7.36	7.04	7.33	7.32	7.35	7.4	6.91	8.31	6.97	6.75

受人类活动、全球气候环境及海平面上升等因素的影响，年高潮位极值有逐年抬高的趋势。大部分潮位站的历史高潮位均出现在2004年后，除新家埔站外，其他各站2004年后的年高潮位平均值比2004年前的统计值提高了0.09～0.21m，其中近河口的三沙站、黄埔站提高最多（分别为0.2～0.21m）、南沙站、大石站次之（0.17m），较上游的鸦岗站、中大站再次之（分别为0.14m、0.12m），三善站提升幅度小（0.09m）。新家埔站2004年后年高潮位平均值比2004年前的统计值降低了0.6m，降幅较大，究其原因是2000年前后增江干流中下游高强度采砂，造成河道下切严重，河道水位降低。各站年低潮位平均值、日平均高潮位、日平均低潮位变化不大。

⑤洪潮特性

广州水道汛期受洪水影响明显，枯水期则以潮水为主。根据1995年《广州市市区防洪（潮）规划专题报告汇编》中的分析成果，三水站代表西、北江洪水进入广州的控制站，其洪峰流量每增加1000m^3/s，后航道浮标厂水位约增加0.02m。1915年三水站洪峰17200m^3/s，思贤滘洪峰75700m^3/s，广州市水位达到2.76～2.88m。

根据1908～1985年共78年资料统计，因三水站洪峰影响导致浮标厂站出现年最高水位的几率为28.2%，东江及其他水系对前、后航道水位影响很小。由于天文潮汐（珠江口高潮位）影响在前、后航道出现年最高水位的几率占38.5%，各水系出现一般洪水又遭遇珠江口高潮位时，前、后航道出现年最高水位几率在30%～35%。

2）气象

广州市属南亚热带季风气候区，具有温暖多雨、光热充足、温差较小、夏季长、霜期短（南部无霜期，北部霜期短）等气候特征。

全市多年平均气温在21.4～21.8℃，年内气温以7月份为高，1月份为低；夏季多东南风，冬季多北风，年平均风速1.9m/s。年平均日照时数约1900h；年平均相对湿度77%。广州市是受台风影响较频繁的地区之一，根据统计在1951～2009年59年间，在珠江口直接登陆的台风共59次，平均每年有台风影响约1次。从20世纪90年代后台风影响次数增多，平均每年2次台风，1999年台风曾达4次。台风最早时间为5月上旬（1961年），最迟时间为12月上旬（1974年），而大部分则出现在8～10月。

（5）地质

广州市位于珠江三角洲的中—南部，工程地质区为面积广阔，地势低平，河网密布，地面标高在0.5～2.0m。岩性以海陆交互相沉积物为主，主要岩性为：下部以粗砾砂、中粗砂为主，万顷沙—新垦一带为中细砂，厚10～25m；中部以中细砂、粉细砂、砂质黏土、粉质黏土、灰色黏土、砂质淤泥、淤泥质土和淤泥为主，至万顷沙—新垦一带几乎全部为淤泥和淤泥质土，厚15～40m，上部以粉质土为主，局部为粉细砂，厚5～10m。工程地质条件较差，其淤泥和淤泥质土层多呈饱和、流塑状态，需作软基处理。

2. 防洪（潮）治涝工程及工程调度原则

（1）防洪工程体系

广州市位于西北江三角洲，防洪体系主要由北江飞来峡水利枢纽、西江龙滩水库和大藤峡水利枢纽，以及北江大堤和三角洲的堤防工程组成。在西江，通过龙滩水库和大藤峡水库联合调度拦蓄洪水，可将下游防洪控制断面梧州站的洪峰流量由100年一遇削减为50年一遇，从而确保西江中下游梧州、广州等城市及珠江三角洲重点保护对象的防洪安全。在北江，通过飞来峡水库和滘江蓄滞洪区的联合运用，可将下游防洪控制断面石角站的洪峰流量由300年一遇削减为100年一遇。

目前西江上游防洪体系尚未完全建成，北江大堤已按防100年一遇天然洪水进行达标加固，珠江广州段已按200年一遇洪（潮）水标准建设。

（2）堤防

广州市中心城区沿江共有防御洪（潮）堤围总长226.7km，防洪保护人口164.1万人，保护耕地5.37万亩，防洪（潮）标准为200年一遇。广州市中心城区内已整治完成的堤防多位于西航道及前、后航道的左右岸，分布于各区，已整治堤防长175.3km，达标率为77.33%，而未整治部分多为江心岛。详见表6-5。

广州市中心城区现状堤防情况表 **表6-5**

序列	岸堤	所在河道	设计标准（年）	现状堤长（km）	已达标堤长（km）
1	西航道左岸	西航道	200	19.7	10.8
2	西航道右岸	西航道	200	11.6	8.6
3	前航道左岸	前航道	200	22.8	22.8
4	前航道右岸	前航道	200	18.8	18.8
5	后航道左岸	后航道	200	24.2	24.2
6	后航道右岸	后航道	200	6.3	6.3
7	黄埔水道左岸	黄埔水道	200	14.2	8.3
8	东江北干流广州段	东江北干流	200	8.6	1.8
9	沉香沙岛环岛	西航道	20	3.7	3.7
10	大坦沙岛环岛	西航道	200	8.8	8.8
11	二沙岛环岛	前航道	200	6.8	6.8
12	长洲岛	沥滘水道、珠江	100	16.9	9.4
13	北帝峨眉沙环岛	前航道	20	7	7
14	洪圣四沙环岛	黄埔水道	20	7.8	1
15	大蚝沙环岛	黄埔水道	20	5	2.4
16	官洲岛	珠江	100	7.1	7.1
17	前海心沙环岛	前航道	200	2.2	2.2
18	后海心沙环岛	前航道	20	2	0
19	丫髻沙环岛		20		
20	花地河堤防		200		
21	平洲水道左堤		200		
22	海龙围		200		

沿江的防御洪（潮）岸墙（含）码头已整治堤防多为混凝土结构，少量为砌石（图6-2）；未整治段的堤防主要分布在白云区江心岛等，现状主要为直立式挡墙，为自然土堤，部分为浆砌石堤。此外，尚有一小部分为沿岸单位的码头或者以房屋建筑物的临河一侧作为防洪（潮）岸墙，主要是海珠区。前、后航道未整治段堤顶高程在 2.1～3.1m（图 6-3），堤防等级低，现有堤防防洪（潮）标准仅为 50 年一遇。

图 6-2 前航道员村段堤防

图 6-3 后航道沙渡码头段

保护万亩以上堤围主要有白云区黄金围及岭南围、荔湾区的芳村围及海龙围、海珠区的新滘围，堤防长 88.49km，目前均已达标。

流溪河太平场桥以下堤围在白云区境内总长 76.9km，在花都区境内总长 23.0km，堤防已按 100 年一遇的防洪标准进行达标加固。

白坭河、芦苞涌防洪标准为 20 年一遇洪水，并保证北江分洪流量 1200m^3/s 能畅通排泄；新街河防洪标准 50 年一遇。

（3）水库

广州市现有大、中、小型水库共 361 宗，其中中型水库 16 宗，小型水库 344 宗。流溪河水库是广州市境内唯一的大型水库，以发电灌溉为主，目前已达到 100 年一遇洪水设计，1000 年一遇校核的标准；黄龙带水库是一座以灌溉为主，结合防洪、发电、养鱼及城市用水等综合利用的中型水库，水库按 100 年一遇洪水设计，1000 年一遇洪水校核。通过对流溪河牛心岭站的洪水分析，无论是以区间洪水为主、两水库相应的洪水组成，还是以两水库为主、区间相应的洪水组成，流溪河水库和黄龙带水库对中小洪水有一定的削峰作用，20 年一遇洪水削峰流量占牛心岭天然流量的 26%～29%。

这些水库主要以灌溉和供水为主，结合供水发电，并对保护下游的防洪安全和防御山洪有一定作用（表 6-6）。

广州市中心城区及流溪河小（一）型以上水库　　表 6-6

政区	水库名称	所在河流	集雨面积(km^2)	总库容(万 m^3)
粤电	流溪河水库	流溪河	539	37820
市直属	黄龙带水库	流溪河	92.3	9003
白云区	和龙水库	沙坑	24.83	1753
	梅窿水库	沙坑	2.4	260
	沙田水库	风尾坑	5.8	518
	南塘水库	流溪河	1.07	142
	铜锣湾水库	流溪河	6.5	325
	红路水库	白海面涌	1.78	134
	磨刀坑水库	白海面涌	9.5	740
	耙齿沥水库	沙河涌	2.04	148
	大源水库	沙坑	1.91	138
天河区	龙洞水库	车陂水	6.36	251

（4）湖泊

新中国成立初期，广州市中心城区已建城区由于既受洪（潮）威胁，又受内洪影响，暴雨产生内洪与外江天文大潮遭遇，沿各河道低地以至中游地域，常受淹浸。20 世纪 50 年代末期，广州市先后修建了麓湖、流花湖、荔湾湖和东山湖，这四大人工湖对城区的防洪（潮）、滞洪、排涝带来了较好效益。但自 1990 年以来，由于城区面积的不断扩大，其调蓄水体面积不断减少，四大人工湖水域面积目前已从 20 世纪 50 年代建成初期的 128ha 缩减至 103.6ha，现有调蓄水量比 1995 年减少 117.5 万 m^3。因此现有调蓄水体面积不足，已不能适应城市的排水、排涝要求。

近年来广州中心城区新建了2座人工湖，分别在海珠区安成围和白云区朗环围（表6-7、图6-4）。

广州市中心城区主要人工调蓄湖 表6-7

人工湖	面积(ha)	调蓄量(万 m^3)
麓湖	23.6	39.77
流花湖	37.8	湖:3.78; 驷马涌:0.53; 共4.52
荔湾湖	18.4	湖:1.84; 荔湾涌:0.53; 共2.37
东山湖	23.8	7.14
海珠湖	31.3	55
白云湖	104.9	79

图6-4 海珠湖公园

（5）河流

广州市中心城区主要河道的功能为排洪涝、排污、纳潮，部分兼有灌溉与航运。

珠江广州河段和广州中心城区河道均属感潮河道，汛期既受来自流溪河、北江及西江的洪水影响，又受东江洪水的顶托，更受来自伶仃洋的潮汐吐纳作用，洪潮混杂，水流流态复杂。特别是海珠区和荔湾区的河道，纵横交错，形成河网，大部分河道进出口都与珠江相连，水流双向流动，更增加了流态的复杂性。

白云区主要河道总计78条，总长473km。较长的河道有10条：凤尾坑、马洞坑、头陂坑、良田坑、泥坑、沙坑、石井河、新市涌、白海面、跃进河。最长为凤尾坑，主河长22km；河道分别汇入流溪河、白坭河与珠江。荔湾区主要河道54条，河道总长94.76km。花地河横穿荔湾区，由北向南自花地经东滘至南滘、北端连接珠江西航道、南端连通平洲水道，河长8.49km。河道南宽北窄，北段宽为40～70m，平均60m，南段宽70～140m，平均115m。海珠区主要河道62条，总长116.6km。越秀区主要河道3条，河道总长13.42km，均汇入珠江前航道。东濠涌明渠长4212m，且其上有高架桥。天河区主要河道14条，河道总长98.4km，均汇入珠江前航道。黄埔区内主要河道15条，总长72.19km（图6-5～图6-7）。

图6-5　天河区猎德涌

图6-6　海珠区黄埔涌

图 6-7　越秀区东濠涌

（6）水闸

广州市中心城区现状主要防洪水闸有 16 座，总净宽 473.3m。主要排涝水闸 209 座，总净宽 1309.5m（表 6-8、图 6-8）。

广州市中心城区主要防洪闸　　**表 6-8**

行政区	堤围/河流	涵闸名称	净宽(m)	最大过闸流量(m^3/s)
白云区	白海面涌	白海面新闸	8	115.69
白云区	流溪河	金鸦水闸	10	105.42
白云区	岭南围	三步岗北闸	22	140.6
白云区	岭南围	清湖拦河闸	16	120
白云区	岭南围	江高截洪渠闸	25	196.6
白云区	流溪河	良田坑口水闸	50	216.3
天河区	珠江	深涌水闸	25	158
天河区	珠江	猎德涌水闸	26	157
越秀区	珠江	沙河涌水闸	26	261
黄埔区	珠江	乌涌水闸	32.5	182
黄埔区	珠江	文涌水闸	18	157
荔湾区	花地河	花地河北闸	40	114
荔湾区	花地河	花地河南闸	66.8	255
荔湾区	广佛河	广佛河闸	42	252
海珠区	石榴岗河	北濠水闸	24	159.6
海珠区	石榴岗河	石榴岗水闸	42	130

图 6-8　荔湾区花地河北闸

(7) 泵站

中心城区现有排涝泵站 171 座，总设计排涝流量为 638.63m^3/s。较大规模的泵站见表 6-9。白云区九潭排涝泵站见图 6-9。

广州市中心城区较大规模排涝泵站　　**表 6-9**

行政区	泵站名称	排流量(m^3/s)
白云区	岗东排涝站	10.6
白云区	九潭排涝站	10.5
白云区	郎环排涝站	12.75
白云区	海口排涝站	13.0
白云区	潭村排涝站	11.0
白云区	鸦岗排涝站	11.0
天河区	员村泵站	11.3
越秀区	东濠涌排涝站	52.0

图 6-9　白云区九潭排涝泵站

（8）排水管网

广州市中心城区的排水系统分为：雨水排水系统、污水排水系统、合流排水系统及防洪排涝系统。根据广州市水污染源摸查结果，中心城区现有管网总长10303km。

中心城区的旧城区排水体制以合流制为主，新建成区排水体制规划为分流制，但现状多为合流制。一些新建小区按城市规划在小区内建设了分流管道，由于公共管道建设和小区建设的不同步，造成管网混、错接现象较为普遍，合流制、分流制交替存在，排水体制混乱。城中村大多无完善的排水系统，雨、污水直接排入河道。

根据调查，2011年广州市中心城区内涝点160处，2012年有148处，中心城区内涝点主要成因中排水管网缺乏或比标准偏低占48%，地势低洼占17%，管网堵塞占15%，河道受阻或河水顶托占9%，施工影响占7%，其余因素占4%。

3. 社会经济

广州市是我国华南特大中心城市，广东省省会，全省政治、经济、科技、教育和文化的中心，华南经济中心和交通枢纽，也是一座具有2800多年历史的古城。

秦始皇三十三年（公元前214年），秦平岭南，南海尉任嚣在此筑番禺城（俗称任嚣城），为广州信史记载的建城之始，到2009年已有2223年。秦末汉初，定都番禺（今广州），奠定了广州在岭南的中心城市地位。三国时期，孙权为了便于统治岭南，决定交广分治。由原交州分出南海、苍梧、郁林、高粱4郡，设置广州。广州之名由此而来。在历史上，广州市是我国南方重要的对外贸易、文化交流口岸，也是近百年来具有光荣革命历史的英雄城市。

珠江口岛屿众多，水道密布，有虎门、蕉门、洪奇门等水道出海，使广州成为中国远洋航运的优良海港和珠江流域的进出口岸。广州又是京广、广深、广茂和广梅汕铁路的交汇点和华南民用航空交通中心，与全国各地的联系极为密切。因此，广州有中国“南大门”之称。

2014年广州市调整了行政区划，萝岗区和黄埔区将合并为新的黄埔区，从化市、增城市将撤市改区，现状广州市调整为辖11个区，包括越秀区、荔湾区、海珠区、天河区、白云区、黄埔区、花都区、番禺区、南沙区、从化区和增城区。行政区划调整后广州市土地总面积7434.4km^2。

根据2014年《广州统计年鉴》的统计资料，2013年末广州市6个中心城区和花都区常住人口879.5万人，户籍总人口546.44万人，地区生产总产值10114.92亿元，人均地区生产总值11.5万元。广州市中心城区及花都区2013年生产总值见表6-10。

广州市中心城区及花都区2013年生产总值表 **表6-10**

行政区	土地面积(km^2)	常住人口(万人)	生产总值(亿元)	一产(亿元)	二产(亿元)	三产(亿元)
荔湾区	59.1	88.92	868.42	4.90	201.33	662.19
越秀区	33.8	114.09	2375.15		55.83	2319.32
海珠区	90.4	158.34	1137.31	2.13	166.93	968.25
天河区	96.33	148.43	2800.91	2.83	365.88	2432.20
白云区	795.79	226.57	1329.40	34.12	306.98	988.30
原黄浦区	90.95	46.67	701.46	1.26	412.07	288.13
花都区	970.04	96.48	902.27	30.11	532.53	339.63
合计	2136.41	879.5	10114.92	75.35	2041.55	7998.02

4. 现状工程与地物

广东省水利电力勘测设计研究院有限公司组织相关技术人员于 2015 年 10 月，多次对广州市中心城区及花都区具体情况做现场查勘，查勘内容包括堤防（包含典型堤段和各主要险段）、沿堤水闸泵站等构筑物、大中型水库、人工湖、主要内河道、围内主要交通桥涵、典型企业工厂等，进行了全面的基础资料收集、整理和分析。

（1）交通

广州市中心城区国道包括 G105、G106、G107、G324；高速公路包括广清高速、京港澳高速、广深高速、广佛高速、广深沿江高速、环城高速、机场高速；铁路包括京广铁路、武广高铁、广茂铁路，广深铁路等。机场为白云国际机场（图 6-10、图 6-11）。

图 6-10　京广铁路和武广高铁

图 6-11　广州北站和白云机场

（2）堤围

广州市中心城区主要内河道堤防高程一般与地面齐平。堤防主要为流溪河、两涌一河和珠江广州段堤防。

（3）其他现状地物

主要为小区或建筑物围墙等，通过现场调研确定长度及高度。

5. 水文站

广州市水文测验工作始于新中国成立前，实测资料翔实。珠江广州河道沿程设有老鸦岗、浮标厂、黄埔等水位站，流溪河、增江、北江、西江、东江等干流上分别设有牛心岭、麒麟咀、石角、三水、高要及博罗等水文站。其中 22 个站点有实测水位流量资料，21 个站点有实测降雨资料，7 个站点有实测蒸发资料，各站点地域分布均匀，能较全面地反映整个广州市江河流域的水文情况，而市内各河道均无实测水位、流量资料。

6. 历史洪水及灾害

（1）洪灾

广州市极易受西、北江洪水的侵袭，同时流溪河流域由于暴雨造成的山洪，也严重威胁着流溪河中下游从化市、花都区，东江流域的洪水对石滩、增博大围及黄埔区影响很大。

1915 年珠江流域洪水，无论暴雨、洪水的范围和规模，还是洪水灾害的程度都是 20 世纪以来最大的一次，也是珠江流域有史可考，影响最广的一次洪水。西、北江下游同时发生 200 年一遇特大洪水，西江梧州洪峰流量达 $54500m^3/s$，遭遇北江横石站洪峰流量 $21000m^3/s$，且东江大水，适值盛潮，致使珠江三角洲堤围几乎全部溃决，珠江三角洲受灾农田 648 万亩，受灾人口 365 万人。滚滚的西江洪流通过肇庆的水基堤，穿旱峡，东下广利、丰乐、隆伏、大兴等堤围而入侵北江，广州的防洪屏障石角、六合、榕塞诸围（即当今北江大堤的石角、芦苞、大塘、黄塘、河口等处堤段）均告漫顶或溃决，漫顶、决口总堤长 1086m，决堤流量 $7000\sim14000m^3/s$，洪流直奔广州，堤防区近 100 万亩农田被淹，适逢盛潮期（7 月 14 日），广州市区淹没 7 天 7 夜，受灾人口 20 多万，房屋倒塌无数，工厂停工、商店停市，饿殍遍地，广三、粤汉铁路中断。长堤、西濠口、下西关、泮塘、澳口、东堤、花地等低处地区，受灾尤为严重（图 6-12）。珠江委按 1990 年和 2000 年广州市区经济水平进行估算，若 1915 年洪水近年重现，估计洪灾损失将超过 1000 亿元。

图 6-12 广州市遭遇“乙卯水灾”（1915 洪水）

新中国成立后，造成严重洪涝灾害的洪水主要有 1959 年、1966 年、1968 年、1974 年、1982 年、1994 年、1997 年、2005 年、2008 年。1959 年 6 月广东全省普降暴雨，引起山洪暴发，广州上游流溪河太平场水位 20.76m，超警戒水位 3.76m，致使流溪河沿岸大部分堤围出险，造成决口或漫顶，为新中国成立以来流溪河最高一次洪水位，流域受浸农田近 40 万亩，部分失收，部分减产 60%，受浸村庄 224 个，受灾农户 14000 多户，受灾人口 4 万多人。增江也发生了自 1852 年以来最大的一次洪水，洪水冲破石滩、增博大围，流域内受淹农田 13.2 万亩，冲断广深铁路和广汕公路，铁路运输中断 102d。浮标厂录得高洪（潮）水位为 2.24m，市区内大部分洼地受淹，据不完全统计，司马涌下游受淹面积约 390 亩，蒙受损失 3000 户，9000 人，工厂受淹 35 间，其中停工的 25 间，损失 8500 工时，荔湾涌受淹 450 亩，蒙受损失 14275 户，54226 人，工厂受淹 165 间，其中停工 123 间，损失 37729 工时，长堤一带水深 0.30～0.60m，交通严重受阻，郊区多处公路桥梁被水冲毁，交通中断多天。

1966 年、1968 年增江水位暴涨，给流域下游造成严重洪水灾害。

1987 年流溪河山洪暴发，太平场水位超过警戒水位 3.21m，此为新中国成立以来流溪河第二洪水位，从化、花都、白云堤围冲毁多处，全流域洪灾损失上千万元。

1974 年 7 月 22 日，由于 7411 号强台风登陆使珠江出现风暴潮，同时西江发生大洪水，高要站出现 11.83m 水位（超过警戒水位 2.83m；三水站出现 8.73m 水位，超过警戒水位 1.73m）。广州水道是在台、洪影响下出现 2.41m 水位。

1982 年 5 月，北江下游出现 50 年一遇大洪水，石角站实测洪峰流量 15000m^3/s（还原洪峰流量 19000m^3/s），英德、清远等地在北江沿岸的堤防溃决甚多；京广铁路中断近 20 天，受灾农田 13.2 万公顷，受灾人口 229 万人，直接经济损失 4.4 亿元。该次洪水使芦苞以上堤段出现多段险情。

1994 年 6 月洪水是西、北江 20 世纪以来仅次于 1915 年的第 2 位大洪水，洪水量级超过了 50 年一遇。适逢 9403 号热带风暴，西江下游高要站和马口站的洪峰流量分别达到了 48700m^3/s 和 47000m^3/s；北江横石水文站的洪峰流量达到 17500m^3/s。北江大堤、西、北江下游和珠江三角洲的堤围多处出现管涌、漫顶、滑坡、塌方等险情，番禺区段险情环生，鱼窝头围溃决 100m。广州市受淹农田 35 万亩，破坏堤防 18.8km，33 个乡镇受淹，受灾人口达 3.7 万人，直接经济损失 5.17 亿元，番禺达 4.8 亿元，占 93%。

1997 年 5 月流溪河流域骤降大雨，流溪河水位暴涨，琶江河流域也发生特大洪水，从化市和白云区受灾严重。全市共有 20 个乡镇受灾，受灾人口 11 万人，死亡 95 人，直接经济损失 10.3 亿元，属历史罕见。

2005 年 6 月 21～27 日，广州市受高空槽和切变线影响，出现大范围强雷雨，正值天文大潮期，西北江洪水下泄，洪潮顶托，造成广州市多处地方造成洪涝灾害。根据统计，受灾面积 339.8 亩，受灾人口为 3.454 万人，死亡 2 人，倒塌房屋 617 间，直接经济损失 4.281 亿元。

2008 年 6 月下旬，流溪河发生了新中国成立以来第三大洪水，进入 6 月以后流溪河流域一直降雨不断，全流域水位普遍升高，流溪河水库及黄龙带水库水位也不断抬升，流溪河水库库容量已从 17000m^3/s 上升到 24000m^3/s，从 6 月 18 日开始已采取泄洪措施，以 50m^3/s 的流量排洪，至 6 月 25 日夜间，从化遭台风“风神”外围云系影响，普降大雨，6 月 25 日 8 时至 27 日 8 时，全市平均降雨量为 255.1mm，流溪河水库水位迅速上涨，至 27 日，流溪河水库高水位超过防汛限制水位 2.72m，下泄量达到 770m^3/s，下游街口河段出现二十年一遇洪水（高水位 29.92m）。在 2008 年这场暴雨洪水中，从化市 5 镇 3 街 188 个行政村（含社区、居委）遭受洪灾，受灾人口 52627 人，死亡 4 人；灾害造成倒塌房屋5210间，受损房屋6842间；农作物受灾85639亩，农作物绝收13470亩；造成1043处国、省、县、乡道塌方，18座桥梁毁坏；导致多区多户停电；损坏水利设施564处，直接经济损失1.573亿元。

（2）风暴潮

根据统计，影响广州的台风数量多、强度大，平均每年约为3个，有的年份高达7个，90%以上发生在6～10月。在西太平洋或南海生成的台风在广东省境内登陆均对广州有不同程度的影响，尤其在珠江口附近沿海地区登陆的台风造成的灾害大。台风除自身带来的灾害外，还带来暴雨、风暴潮所形成的洪涝灾害。近年来，由于全球环境变化和“厄尔尼诺”现象的影响，台风、风暴潮灾害的影响日渐显著。

1983年9月9日，8309号台风在广东省珠海市沿海地区登陆，本次台风具有风力大、持续时间长、破坏力大、影响范围广等特点，台风过程大风速达到60m/s，低气压928hPa，登陆时风力在12级以上，即大风速达40m/s，阵风50m/s以上。8级大风范围半径由200km缩小到150km，台风袭击珠江口时，适逢农历八月初三大潮期的涨潮时段，天文大潮加台风暴潮，使珠海、番禺、中山、东莞等县市海堤普遍漫顶、溃决，在短短的1～2h内将近13.34万公顷的农田和大片村庄淹没，一片汪洋。番禺区出现10～12级台风，南沙高潮位2.63m，全区万亩以上堤围溃漫顶11宗，包括番顺石龙联围，市石联围等；万亩以下有大刀沙围等9宗，全区受灾农田32.34万亩，甘蔗地16.58万亩，香蕉、大蕉近万亩，死亡14人，失踪8人，伤119人，损毁房屋近8000间，沉没及失踪的机动船艇40多艘，粮食与商业物资损失巨大，堤围工程修复及农田复产耕作费用等达2314万元，8309号台风是新中国成立50多年来较严重的一次洪潮灾害。广州市沿江马路和低洼地方浸水最深达1.0m，市郊几万亩蔬菜浸水，损失严重。9月9日16时，广州浮标厂水位出现2.42m实测高暴潮位。这场台风暴潮，总受灾损失巨大，暴潮中死亡45人，溃决海堤111km，农田受灾面积22.92万公顷，受灾人口120万人，直接经济损失5亿元。

1993年9月16日，9316号台风在菲律宾北部生成，逐步靠近珠江口西侧，17日8时加强成为台风，在斗门至台山之间登陆，中心风力12级，适逢天文大潮，珠江三角洲区内的中山、珠海、深圳、广州、番禺一带出现历史高风暴潮位。番禺南沙站潮位2.70m，超历史实测高潮位（2.63m）0.07m，广州浮标厂高潮位2.44m，超历史高潮位（8309号台风潮位2.42m）0.02m，黄埔站潮位2.38m，超历史高潮位（8908风暴潮位2.29m）0.09m。在台风暴潮和暴雨的共同袭击下，珠海、中山、江门、阳江、广州等37个县市不同程度受灾，受灾人口569万人，死亡25人，倒塌房屋8000间，农作物受灾面积20.43万公顷，溃决堤围53km，直接经济损失19.62亿元。

1998年6月下旬，华南地区受锋面低槽影响，西江上游连续出现大范围暴雨到大暴雨，西江水位急剧上涨。广州珠江出现1915年以来高潮位，广州浮标厂水文站观测到高水位为2.53m。

2001年7月6日“尤特”台风在广东省东部海丰至惠东沿海地区登陆。登陆时大风力达12级，加之又适逢天文大潮，致使珠江沿岸洪潮水位，在浮标厂、黄埔、中大各站均出现历史高水位。珠江口及粤东多个潮位站高潮位超过有记录以来的高值。东溪口、海门、港口、广州潮位站的高潮位分别超历史纪录9cm、57cm、15cm、18cm。珠江口以东所有潮位站大增水均超过100cm，其中，妈屿、东溪口和海门的大增水超过了200cm。造成广东直接经济损失21.407亿元，受灾人口568.83万人，死亡3人，倒塌房屋4700间。受灾地区主要集中在汕头、潮阳、揭阳、梅州、惠州、汕尾等市。由于广州防御台风暴潮措施得力，及时控制灾情，未造成重大事故，天河区猎德村出现"水浸街"，海珠珠江船厂段决堤，海水倒灌。

2005年，自6月15日开始，受高空槽、切变线和强西南季风共同影响，广西、广东持续降暴雨，局部地区遭受大暴雨，造成西江、北江水位迅猛上涨，同时又恰逢天文大潮的顶托，广州市部分潮水位站出现较高水位，部分站点超过历史高潮水位。南沙天文潮水位从0.49m逐日递增，21日涨至1.61m。6月22～24日，正好是农历十六至十八天文大潮期，由于上游洪水下泄，西南、芦苞两闸放水，再加上21日三角洲地区普降大雨（平均降水85mm），因此22日潮区高潮水位普遍比头一天大幅上涨：老鸦岗从1.85m涨到2.72m，增幅0.87m；三善滘从2.44m涨到3.44m，增幅1.0m；中大从2.06m涨到2.57m，增幅0.51m。24日7时西江高要站、15时北江石角站相继出现洪峰水位，时间相差8个小时，间隔非常短。由于上游两江洪水相互顶托，下游南沙出现1.98m的高潮位，因此我市部分潮水位站（中大、黄埔、大石、老鸦岗）在6月25日出现有历史记录以来的高潮水位。暴雨洪水导致部分地区发生了较严重的洪涝灾害，使得部分沿岸受淹较为严重，给当地的工农业及人民的生命财产带来巨大的损失。

2008年9月"黑格比"风暴潮恰与当日最高潮叠加，使广州市珠江西航道、流溪河出现接近历史最高潮位。程介村水浸，沙面被淹，滨江路路面与江面持平，天河车陂、黄埔庙头村、番禺石碁村、大学城等地都有道路成了泽国。

（3）暴雨涝灾

广州市区的水患不仅与外江来水有关，还受内围洪水及潮汐影响，暴雨量大，经常出现洪水和天文大潮的自然灾害，常使市区内低洼地区受淹，高地亦会出现洪泛成灾。

1955年6月6日广州出现了历史性的大暴雨，日降雨量达281.9mm，加之潮水顶托，各河道范围如东濠涌、司马涌、百子涌、荔湾涌等均因暴雨成灾。尤以东濠涌最为严重，不但沿涌中下游两旁房屋受淹，即上游北园附近亦水淹马路。法政路、豪贤路一带低地工厂和仓库被浸，损失惨重。

1957年5月16～21日发生两次特大涝灾，5月16日主要是由于潮淹，潮淹范围：司马涌下游两侧低地，西关一带，西濠沿涌低地，东堤沿岸低地及新河浦沿岸一带，沙河涌下游，海珠区的漱珠涌及马涌沿涌街道，沿江街道等。5月20日下午5时滂沱大雨，日降雨量135mm，历时近四小时，东濠涌范围农田受淹31.5ha，沿涌房屋受淹面积达40.6ha，黄花路桥行人路面亦浸流过顶0.5m，农林路附近低地更是汪洋一片，执信南路与中山路交接处亦水淹0.6m，致使交通停顿，影响甚大。

1959年6月17～23日，由于东、西、北洪水高涨，加上潮水顶托，洪潮水位高达：黄埔2.11m；司马涌出口2.26m；浮标厂2.24m。市内司马涌下游受淹，达26ha，受灾户3000，人口约9000人，工厂受浸35间，其中停工25间，损失8500工时。荔湾涌受淹约30ha，受淹户14275户，人口54226人，受浸时须迁移1700户，4825人，受浸工厂165间，其中停工者123间，损失37729工时，水深0.15～0.6m。其余各处较低马路均受水浸，如长堤一带水深0.3～0.6m。市属郊区及县受淹面积达19万亩，受灾人口5.5万人，公路桥梁亦多被冲毁，交通断绝，损失相当严重。

1985年5月30日夜，市区降雨量达80～100mm，不少地方受淹，根据各区统计：东山区的启正下街和大方巷所有住宅受浸，永胜西约、朱子寮、仁秀里、堑边街、大沙北等16条自然街水浸深度为0.2～0.4m。越秀区的增沙街、太平通津、回龙上街、同庆坊、太华坊、捶帽横、医国街等31条自然街水浸0.2m多。荔湾区大部分自然街水浸20多厘米。海珠区的滨江、纺织、二龙、凤凰、宝岗等七条行政街近涌边的自然街受浸0.2～0.4m。更甚者田心坊小学水浸0.8m，被迫停课两天。

1988年8月11日21时起，日降雨量128.3mm，东方宾馆、中国大酒店、广交会门前马路被水淹没。8月15日上午大雨倾盆，市区一些街道如黄华路水淹至膝。

1989年5月16日夜，广州地区下大暴雨，24h降雨量达206.8mm，水浸情况严重：白云区受浸菜田3万亩，水稻及其他作物2万亩；海珠区受浸水稻1.5万亩，菜田0.4万亩；芳村区受浸菜田0.9万亩；天河区也有数千亩菜田受浸；老市区受浸程度几十年来罕见，据不完全统计，水浸严重的有大北立交、大北路、西村公路、人民北路、荔湾北路、彩虹路、东风西路、法政路、下塘西路、工业大道、中山一路立交至天河立交一带等路段，积水深达0.4～0.5m，高达1.5m。使交通中断，一些工厂受浸，工人上班受阻，部分学校也因受浸停课。

根据广州市三防办公室提供的9908号台风暴雨城区水淹情况的统计，广州市区1999年8月21日至8月23日三天降雨量达317mm，接近50年一遇三天雨量标准。而8月22日20点至23点20分，广州市降雨量达239mm，为新中国成立以来历年8月的最大24h雨量（据气象台资料），接近20年一遇24h雨量标准。这次暴雨的影响，广州市区多处路段街道受淹，据不完全统计，广州市水淹街共248条（其中荔湾区水淹街144条），水淹街道长度56.156km（其中荔湾区水淹街道长度37863m）。水深0.1～0.6m，平均水深0.6m。水淹时间2～60h，一般24h。水淹深的是流花路战前边街，水深1.4～1.6m。受水淹长的街道流花路长达1000m，水深0.5m；芳村大道水淹长1000m，水深0.4m，历时8h。水淹时间长的是金花街连至大街水淹长达60h，水深1.2m；其次是较场东市体委大院水淹48h，水深0.3m。此外，海珠区赤滘村北大街水淹长1500m；东风6～9社水淹长1200m；新滘镇政府水淹长1200m，水深0.5m，历时12～14h。

2005年6月21～27日，广州地区持续降暴雨，局部地区降特大暴雨，增江流域三天降雨量超过1000mm，西北江洪水与外江天文大潮同时出现，增江、北江、西江和珠江广州河道出现超警戒水位，其中中大站、黄埔站、大石站、老鸦岗站均出现历史高潮位，超警戒水位约1.2m。海珠区赤岗新中国造船厂水淹严重，南田路仁和直街全部被淹，使交通阻断，部分学校因受浸停课；荔湾区石围塘秀水涌，大水不仅使五眼桥惨遭“灭顶”，更使藤厂附近几百户居民房屋进水，水浸深度达0.3～0.8m；沙面、南华中、洪德路等处积水严重，而沿江路、滨江路、六二三路等路段发生江水漫路现象。

2008年6月2日晚至6月3日的强降雨，受影响严重的是广州本田汽车有限公司黄埔厂区，由于厂区内乌涌河西支流北部出现漫堤，出现了该厂区近年来较为严重的内涝。洪水冲垮厂区北面的围墙，倒灌进地势相对较低的厂区。紧邻乌涌正好是本田厂的一个大型停车场。停车场上停放的700多辆新车，全部遭水浸泡，水量大时车身尽没。此外，多间厂房受浸，生产设备严重受损，大部分生产任务转至增城工厂生产，黄埔厂区停产一周，损失巨大。据初步估算，本次厂区水浸造成损失约2亿元。本田黄埔厂区这次发生的大面积水浸，除了暴雨强度大，潮水顶托之外，还暴露了本田厂区的乌涌段在上下游段整治后未能进行同步整治，窄了近10m，使乌涌右支流存在泄洪隐患，直接造成了遇强降水时，上游河堤漫顶，造成水患。同时，该段河道还存在阻水建筑和管线较多的问题，导致局部地区市政设施的排水能力不足。天河区岗顶发生严重的一次水浸，岗顶道路被深水切断，造成几乎半个天河交通大瘫痪。

2009年3月28日下午5时30分起，广州市城区遭遇大暴雨，猎德涌上游来水较多较急，造成岗顶天河路段河道水位达2.0m左右，水位下降较慢，造成河道水位顶托，排水不畅，傍晚6时30分地面积水已经达到0.7m深。岗顶道路再次被深水切断，造成城市主干道天河路交通大瘫痪2～3h，严重影响市民出行。

2010年5月6日夜间至7日凌晨广州市普降大暴雨区三防自动遥测站录的3个站点累计雨量超过200mm，19个站点超过100mm，5个站点超过50mm。此次降雨广州市气象台总结为"3个历史罕见"：①雨量之多历史罕见。五山站录得213mm，仅次于同期1989年5月份的215.3mm；②雨强之大历史罕见。雨强破了历史纪录。五山站7日凌晨1～3时3h内就出现了199.5mm，历史上最强为141.5mm；1h大雨量达99.1mm，历史上最强为90.5mm；③范围之广历史罕见。覆盖了全市大街小巷。在"5·7"特大暴雨中，广州市因洪涝次生灾害死亡6人。全市受灾人口32166人。中心城区118处地段出现内涝水浸，其中44处水浸情况较为严重。全市近万个地下停车场中，有35个遭受不同程度的水淹，1409台车辆受淹或受到影响。

从上述灾害描述可以看出，洪（潮）涝灾害一直是威胁广州市国民经济发展的第一大灾害，且近期以来洪（潮）涝灾害特别频繁。随着广州市经济社会的飞速发展，洪（潮）涝灾害造成的经济损失也将越来越大。

6.2.2　洪涝排涝现状及存在问题

1. 防洪（潮）现状及存在问题

珠江前航道、后航道和西航道均达到200年一遇的防洪标准。目前流溪河中下游堤防已达到100年一遇的洪水标准。白坭河、芦苞涌防洪标准为20年一遇洪水，并保证北江分洪流量（1200m^3/s）能畅通排泄。

广州市城区及建制镇排涝标准采用20年一遇24h暴雨不成灾，农田及生态保护区除涝标准采用10年一遇24h暴雨不成灾。广州市市区地势低洼，高程在3.0m以下的面积为582km^2，占城区总面积的40.3%。城区排水河道出水口高程多在－0.5～1.0m，排水管网出水口低，且大部分设计标准偏低，排水能力不足，汛期若突降暴雨，再遇洪潮水位的顶托，易造成"水浸街"。老城区多为合流管，其河道截污也影响了雨水管（合流管）的过流能力。

2. 排涝现状及存在问题

广州地区降雨雨旱分明，有60%～75%的雨量集中在6～9月，降雨急促，多为暴雨或强降雨。每年汛期，广州市内很多地方都会发生严重的积水现象，马路浸似游泳池，这很大程度影响了居民的正常生活。例如2010年5月7号凌晨的一场暴雨，由于排水不及时，白云、天河等区均遭受严重水浸，造成广州大道、中山大道等市区多条主干道交通完全瘫痪，广州东站段地铁被水淹停运，多个小区车库被淹。

2012年广州投入3.79亿元治理水浸，2013年的连场大雨，广州中心城区的多个路段又出现了“水浸街”，除了一些固有的黑点之外，还有一些新的水浸黑点被曝光（表6-11）。

“水浸街”黑点　　表6-11

所在区域	具体位置
白云区	石井桥直街、黄石街黄石花园、白云大道外语学院、汇桥新城
天河区	中山一立交、中山大道科韵路口、华快东侧路转五山路入口处、临江大道东沿线、天寿路地铁桥底、广园路转珠吉路桥底
越秀区	大北立交、达道路、寺贝通津、梅东路、江月路（广州大桥底）、东方路（空军医院门前）
荔湾区	华贵路片区、龙津东路片区、西濠涌沿线、南岸路（青年公园门前）、西湾路（广雅小区）
海珠区	艺洲路、康乐涌片区、琶洲片区、双塔路隧道、南边大街
黄埔区	大沙东路（横沙牌坊段）港湾路部分路段、海员路部分路段、开发大道立交及周边区域

治雨未见成效，水浸黑点变成“吸金黑洞”。广州一座由古至今与水交织，因水而生，以水而荣的城市，如今却成了一座一下雨就感冒的城市。

目前排水管道淤塞，多是由污水干管长期不清疏、淤泥较厚引起。如西濠涌至猎德污水处理厂10km长污水渠箱，截面为3.0m×1.8m～5.5m×2.2m，因5年未清淤，淤泥平均厚度达0.8m，渠箱的过流能力减少36%，渠箱内水面线滙高，污水会从溢流井拍门流入珠江，且污水进水泵站因来水量减少而频繁启动。

6.2.3 内涝成因

对于城市内涝发生的原因，各地之间可能有所差异，但主要原因大体相似，归纳起来主要包括：集中的超标暴雨、自然地形地貌制约、市政系统规划缺乏、市政管道仍未完善、地表径流不断增大、管道淤积破坏普遍等。

广州城市内涝暴发的主要原因在于城市化的水文效应、现有排水设施建设滞后及排水系统维护和管理力度不足。其中城市化进程的推进引发的水文效应是造成广州城市内涝频发的关键性因素，现有排水设施的标准偏低、建设滞后、维护和管养力度不足则进一步加速了内涝的发生。

1. 城市化水文效应的影响

城市化水文效应的影响是造成内涝频发的关键性因素。水文过程是气象与下垫面共同作用的结果。城市化引起的人口剧增、土地规划性质改变、不透水面积增加正不断地侵蚀着城市生态平衡。据广州市统计局资料显示，改革开放初期，广州市总人口仅500万人左右，城市建成区面积不到170km^2，根据第六次人口普查资料，到2010年底，广州市常住人口达1270万人，城市建成区面积达1024km^2。在30余年的时间里，广州市人口翻了一番，实际居住人口更是多次突破规划人口预测值，建成区面积更是增长了6倍。张建云指出，城市化水文效应随着城市化进程的加快越发显著，使得城市水问题越来越突出。城市化的进程直接影响到水文要素循环的各个方面（图6-13），涉及降水、流域水系、地表径流、雨洪、生态环境效应等。

（1）城市化对降雨的影响

人口聚集、建筑紧密、不透水面积增加等特点增大了城市地区土壤热容量，中心城区地温高于郊区，随着温度上升，与郊区温差增大，近地面风速减小，城区的绝对湿度和相

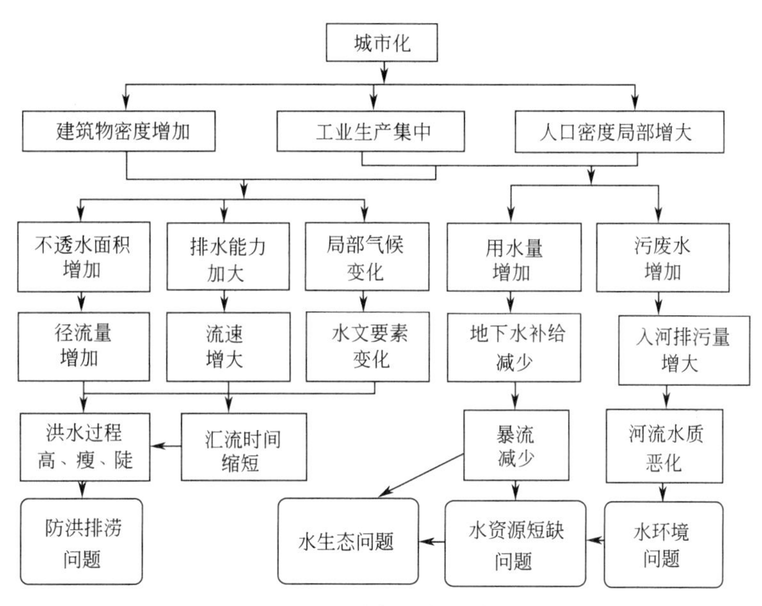

图 6-13　城市化水文效应

对湿度较低，引发“热岛效应”。

对于大型城市，“热岛效应”还会带来“雨岛效应”。上升的热气流在高空与强对流的冷气团相遇，就会形成暴雨，因此大城市往往更容易遭遇暴雨袭击，这便是城市雨岛效应。研究表明，在城市热岛效应、城市凝结核效应和城市阻碍效应的共同影响下，城市降水量与郊区相比增加幅度为 5%～11%；当雨岛效应集中出现在汛期时，叠加产生的暴雨量更大，更容易形成大面积积水，引起区域性内涝的发生。根据广州市已有 60 年暴雨统计资料来看，近 20 年来广州市暴雨强度增大幅度达 9%左右，20 世纪 90 年代平均每年出现暴雨 7.3d，到 2012 年暴雨出现天数已高达 13d。

（2）城市化对河道水系的影响

城市化使得河道结构趋于简单。在广州城市扩张的过程中，河流从原来的自然河岸边坡逐渐改为直立岸墙，部分河道甚至硬底化。一些河道因为淤积以及城市建设“与水争地”而逐渐变窄甚至消失，如柳波涌、大观河等。一些河道则改建为暗涵，如玉带濠、西濠涌、百子涌、橙基涌、漱珠涌、冲尾涌、上市涌、广雅涌、师爷涌、乐善涌等。一些河道则为了满足规划用地完整性的需要被随便改道，出现明显转角，如金融城简下涌，本来顺直的河道在规划中出现 4 个直角。所有这些都不利于河道排涝。区域城市化往往是沿着主要干道逐步发展的，通常是先始于河流的中下游，城市化过程往往会出现与河争地、占用河道等现象，使得河道断面缩窄，在城市化初期，其影响效果可能不是很明显。但随着城市化的推进，河道上游逐渐由原来的农业用地变为建成区，早先河道缩窄处就逐渐成为过水瓶颈而容易导致内涝发生。

（3）城市化对产汇流的影响

在城市化前，由于区域下垫面具有一定透水性，降雨首先被大量的农田、绿地等天然植被截流，然后在自然地表蓄积，进一步在土壤下渗作用下转化为地下水，最后余下的水才形成地表径流。城市化过程中森林、农田、湿地等不断被开发为居住地、工业用地或商业用地，城市地区不透水面积增加，相应的调蓄能力下降。下垫面硬化过程导致雨水截流量、蒸发量、下渗量和地下水位减少或降低，径流系数显著提高，从而影响流域产流。坡面和管道相结合的汇流方式是城市化地表径流的另一特点，流域的阻尼作用降低，汇流速度大大加快。水流在地表的汇流历时和滞后时间大大缩短，集流速度明显增大，城市地表径流量因此大为增加，与河流渠化、防洪堤坝等水利工程措施共同作用使河道结构、河网形态改变，从而影响河道汇流，使得城市化后的洪水过程线变高、变尖、变瘦，洪峰出现时刻提前，见图 6-14。林良勋等对广东“龙舟水”的成因分析中提到城市化建设可使得径流峰出现时间提前 1～2h，洪峰流量增大近一倍，径流系数增大 30%，这些因素都在很大程度上加速了内涝灾害的形成。

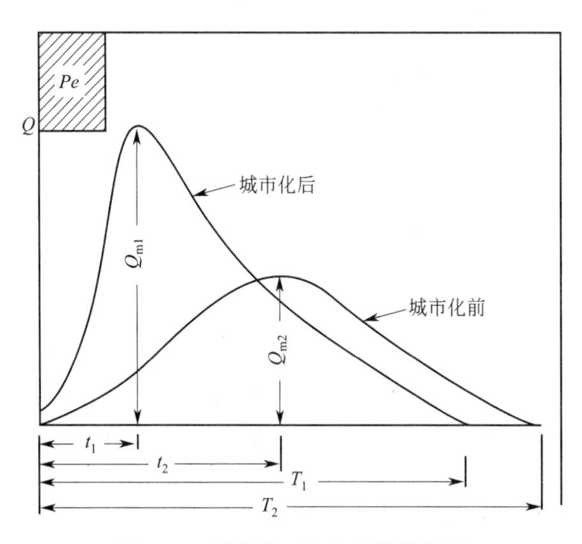

图 6-14　城市化对水文过程的影响

（4）城市化水文效应影响内涝的典型案例

以广州市天河区猎德涌为例，在 20 世纪 80 年代初，流域人口为 7.1 万人，河道两岸基本为农田，随着城市化建设的发展，到 2009 年河道两岸已基本被建成区所覆盖，流域人口达 54.93 万人。与 1995 年编制的防洪排涝规划相比猎德涌流域调蓄容量由 83 万 m^3 减为 8 万 m^3，20 年一遇洪水量从 $103m^3/s$ 增大到 $157m^3/s$，可见防洪与排涝压力之大。然而，除了原有调蓄空间被侵占以外，城市建设的过度开发还影响了原有河道的过水断面。由于猎德涌部分河段河道断面被侵占，使得河道的宽度变化显著，尤其在黄埔大道至天河路之间，河道宽度突然缩窄了近 20m 左右。天河路桥涵过水断面宽度仅 13.6m，而桥下游过水断面宽度为 19.1m，这就使得原有的过水桥涵反而成为阻水因素。另一方面，1995 年编制的排涝规划已计划在珠江公园建设猎德涌分洪道，但由于建设用地等原因，一直无法实施，导致猎德涌流域暴雨后容易出现内涝。原有河道流域调蓄容量持续降低、河道断面不断被侵占、规划的防洪排涝设施又难以实施，这些均是广州市内涝治理工作面临的重大问题。

2. 现有排水设施建设滞后

现有排水设施建设滞后于城市规模扩张是造成内涝频发的重要因素。城市排水管网的设计是以规划人口为依据，配合道路建设同步实施。初期排水管网还能满足排水需求，但随着城市化的进一步发展，城市排水设施的建设跟不上城市建设和人口增长的发展速度，现状排水管网无法满足急剧膨胀的排水需求。以猎德涌为例，猎德涌两岸已于 2007 年 3 月完成了全线截流式合流管建设，但由于当时的合流管网管径是参照前期规划、以规划人口规模为依据设计的，随着猎德涌沿线建成区不断发展，流域现状已脱离规划建设，实际人口数量远超当时的规划人口，污水量也远远超出预期值，同时城市化的快速发展使得雨水径流量大幅度提高，在现有管道截流倍数 $n=1.0$ 的条件下，沿线合流管最大过流能力已远远低于雨季收集目标，导致岗顶街段成为暴雨内涝频繁发生区。这种“先埋管，再开发”的建设理念，既造成了投资的浪费，又不能有效解决问题。早期，在城市天然调蓄体系的配合下，大部分管渠的设计标准普遍偏低，随着城市规模的不断扩大，城市天然调蓄能力持续下降，现阶段的排水标准已不能满足城市排水需要。在对广州市中心城区内涝成因的摸查中发现，48%以上的内涝点是由于排水管网缺乏或标准偏低造成的。目前，约 83%的现状管渠仅满足 1 年的暴雨重现期，满足 2 年重现期的管渠占 9%，其余管道均低于 1 年的重现期。在现有的排水标准下，一旦发生强降雨，排水管网往往由于过流能力不足而造成城市内涝。除此之外，部分城建区地势低洼，路面雨水口数量不足、布置形式不合理等问题，也使得在暴雨期间出现地面积水无法迅速排出引发区域内涝；部分截流式合流管设计时标高设置不合理，使得暴雨来袭时，排水管内水位被抬高，减缓了雨水入涌速度，对两岸排水造成顶托，使得雨水无法及时入涌造成局部内涝。

3. 排水系统维护和管理力度不足

排水系统维护和管理力度不足是造成内涝频发的影响性因素。目前城市排水设施管理参差不齐，排水系统的养护普遍存在着资金投入不足，周期长、设备落后、机械化程度低、维护管理力度不足等问题，导致管道淤积、雨水箅堵塞等现象也屡见不鲜。广州市中心城区内涝点成因摸查发现，除了现状排水管网标准偏低之外，15%左右的内涝点是由于管网堵塞引起的；由于不文明施工造成的内涝点也达到 7%。另外，市民乱扔、倾倒垃圾，造成排水口堵塞导致排水管网负荷过重，同样会造成城市内涝[13]。针对这些人为因素造成的城市内涝，更需要加强市民道德修养甚至采取法律强制性措施来维护排水管网的正常运行。

目前对现状排水系统，虽然采用了 GIS 管理模式，设置专门的养护单位，投入一定的资金进行维护，但是城市排水系统中普遍存在“重建设、轻管理”的现象也严重影响了管养单位人员的积极性。按目前的价格计算，广州市每年需要用于管道养护的经费约 5 亿元，而实际的投入资金仅 1 亿多元。投入的养护经费有限，使得排水系统的清疏频率、养护力度远远不够。另外，像老城区、城中村管道建设年代久远，存在众多无人知、无档案、无资料的管网，这些管道错接乱排现象普遍，也给排水系统的管理增加了一定的难度。

4. 排水标准过低，雨水利用缺乏强制标准及政策

排水系统不完善、排水管网不合理、排水系统设计标准偏低、排水泵站功率不足是目前广州排水系统的现实情况。雨水、污水管道混接现象严重。老城区排水管道 1～2 年一遇、新城区 3 年一遇的设计标准，难以适应广州多雨的特点。

一些河道改造工程使河道变窄，形成瓶颈，加上河道与排水系统在高程上存有衔接问题，当遇到大暴雨往往出现倒灌。另外，我国在雨水利用这方面一直缺乏相应的强制性条款，没有雨水利用在工程投资、审批、建设、维护、管理等的细节政策，更没有量化的评价标准和明确的惩罚措施，城市雨水工程建设基本还处在无序或半无序的状态中。

5. 新建绿化难起涵水作用

据了解，广州市新的公共绿地大多是些不足2m的浅层，移植的大树无法深入土壤，难起到涵养水源的生态作用，雨水汇集在地面下部，雨水无处排泄，必须依靠排水管网才能排走。

6. 工程分散，缺乏高效管理体系

现在广州市雨水的处理多为分散工程，没有实现全市统一规划，雨水的排放与利用得不到水务、市政、园林、道路、规划、城建等部门的共同参与，可执行度差。虽然说城市水务包括供水、用水、排水、雨水4方面的业务，但在雨水方面相对较弱。事实上市政在排水、防汛、雨水利用上又是相互割裂，互不关联，相关部门缺乏对雨水管线流量、水位有效的检测手段，他们不清楚雨水管线的真正运行状态，地区的排水管网管理仍依靠人工分散经验进行简单的管理，管网养护效率低。可以说，现在广州在雨水管理方面更多的是一种被动、应急管理，一种缺乏信息化和智能化的低效管理。

7. 施工不当

施工项目占道延期，违规改变原排水系统的现象时有发生，道路施工把排水口垫高，使路面积水无法排干，工程淤泥堆积，堵塞排水设施……这些都对市排水管网排水能力造成很大的制约。

6.2.4 洪水模拟研究

1. 洪水模型

(1) 国外洪水模型的发展

由于河道的边界条件极端复杂，因此人们对于洪水的了解还存在很大的局限性。在实际工程中模型边界条件不断变化，模型手段由于测量方法的限制，流场参数很难精确测量。因此水工模型实验一般只能得出流场的总流相关参数，对所研究范围内的流场的详细信息却无法得出详细的描述，然而通过数值模拟方法则可以使用计算机数值计算和图像显示的方法，在时间和空间上定量且详细地得出水流参数的数值解，由此得到有关参数的详细结果。通过洪水演进数值模拟，能够较好地揭示洪水时间和空间上的动态演变，以此获得洪水的详尽的演进过程。使用洪水演进模拟的成果完成淹没区范围并绘制保护区风险信息图对可能淹没区的工程规划、避难方式的确定、预测经济损失和减少洪水影响提供必要的理论支持。

对于液体流动的认识，自15世纪以前，在中国甚至欧洲相当长的时期内，都把它当作是一种技术，而不是一门科学。在文艺复兴时期，意大利达·芬奇用悬浮砂粒在玻璃管中观测水流动现象，描述波浪轨迹、管中水的流态、波浪的传播、反射及干涉，这在实验水力学方面是巨大的进步。17世纪末期，经典水动力学发展迅速，这时杰出的先行者有欧拉、伯努利。到19世纪末期，演化成了两支互相独立的研究领域：一种是依靠数学分析的理论流体动力学，当时的理论水平已经达到了一定的水准；另一种是利用实验的应用水力学，通过各种实验验证，总结出了很多符合实际情况的经验公式。19世纪末期，流体力学通过雷诺理论和实验研究、弗罗德船体模型实验、气体动力学的迅猛进步改变了在研究中的个人经验主义倾向。

20 世纪初期，最主要的理论进展是普朗特的边界层理论。在 20 世纪中后期，蒸蒸日上的经济建设提出了愈来愈繁杂的水力学疑问：超高浓度泥沙的河流该如何治理；高水头水力的发电该如何运转；引起振动的高速水流该如何控制等。另外，以计算机应用为重要基础计算水力学也得到了相应的发展。

因为水利工程的相关理论知识非常完善，又由于地理位置的不同，水体不规则流动，不同的物理模型试验所研究问题的侧重点也不同，所以本文不对模型试验的现状做过多回顾和讨论，主要对数值模拟的现状做总结。

数值模拟计算最早起源于 19 世纪中期，由于计算机应用水平以及计算方法受限，数值模拟计算只解一维一相问题。在 1952～1954 年期间，Isaacson 和 Twesch 利用数学模型模拟了密西西比河和俄亥俄河部分河段的实际洪水过程线。直到 1954 年，两相流动模拟才开始应用于实际。1955 年开发的交替隐式解法（ADI），该解法稳定，并且非常快。所以，在天然气、核聚变等领域得到了广泛应用。另外，值得一提的是 1959 年两维两相模拟的诞生，标志着现代数值计算的正式开始，为数值计算的发展起到了巨大的推动作用。

20 世纪 60 年代主要是在数值解法上，首个比较有用的数值计算方法是 1968 年 Stone 提出的 SIP（Strong Implicit Procedure），另一个进步是能够应用可行的解法解决高速水流问题的时间隐式法。

70 年代最重要贡献是 Peaceman 方程的提出。另外，比较先进的就是利用近似分解法。Stone 在 70 年代发明的由水和气两相计算油、气、水三相流动时变化率的模型，该技术迄今为止仍广泛利用。

80 年代的突破是 Appleyyard J R 与 Cheshire I. M 提出了嵌套因式分解法，这种方法极其稳定并且计算很快，也是当前广泛的应用方法之一。

90 年代数值计算方法的发展主要体现在粗化、并行运算、PEBI 网格等方面。1994 年开始，相继提出并行算法。粗化技术的困难点在渗透率粗化方面，以流体模拟为基础进行的渗透率粗化能够较为实际地吻合地质模型，当前新的粗化技术还在持续发展阶段。

21 世纪数值计算方法的发展集中体现在两个层面，一个是一体化的模拟技术；另一个是定性分析。在我们现实生活中，由于洪水演进的水流流态及其影响因素十分复杂，尽管前人对此部分做了大量实验研究，但是至今仍然没有提出一套实用的统一的理论体系。在以往的研究工作中，经验公式和模型试验是主要的手段。但是，伴随着计算机水平的不断提升，倘若数值模拟计算能够替代复杂的水工模型试验并用来指导相关的工程实践，为相关工程节省大量的时间、资金。我们要做好洪水分析，就要对洪水演进时的水流形态进行研究，同时对其内的水流流场进行科学的预测。

目前国际上成熟的商业流体模拟软件有 Fluent、Sms、Delft3d、DHI MIKE 等，均可用于洪水演进模拟。Fluent：全球领先的 CFD 流体模拟软件，可以模拟水、空气等流体的流动过程以及热传递过程。Sms：水文方面的地表水商用模拟软件，该软件能与 GIS 紧密结合，同时其后处理能力极为强大。Delft3d：水环境模拟商用软件，同样能与 GIS 进行结合使用，在许多大型工程中这款软件均发挥了极大作用。DHI MIKE：丹麦 DHI 公司开发的水动力学模拟的软件，包括 ZEROMIKE、11MIKE、21MIKE 及 Flood

MIKE，它能实现一维河网水动力学模型和平面二维水动力学模型的动态耦合演进模拟。

（2）国内洪水模型的研究现状

我国到目前为止在洪水数值模拟方面也取得了不少研究成果。2002 年，李大鸣和焦润红在弯曲河流的水动力学模拟计算中，提出了以水深作为研究对象的质量集中有限元方法，优化了由河床横断面深泓点高程急剧变化而引起的计算不稳定问题。2002 年，尹则高提出了将河道的底部回流区域划分为河道无实际过流部分的计算方法，以此作为基础优化计算模型出口界条件，对坝后溢洪道挑坎下游河道的复杂流场进行二维数值模拟。2005 年，张新华等提出了基于平面二维浅水波方程的洪水水动力学模型。采用日本富士川流域内甲府盆地实测及实验数据，以此建立起了二维溃堤模型，模拟沿河市区的洪水淹没过程。2007 年，徐高洪等基于平面二维水动力学方程和下游水位流量边界条件，区域划分非结构性的非正交四边形网格，采用基于水面-流速校正的算法，以此建立了计算区域河网平面二维非恒定水动力学数学模型，模型计算使用有限控制体积法进行模拟。2014 年，陈文龙研究了进行蓄滞洪区及重点防洪保护区洪水溃堤和漫堤洪水演进数值模拟时，必须解决的复杂计算区域河网溃口流量及河道流量的耦合分配问题。以此验证了基于侧向连接的洪水演进一维河网和二维泛洪耦合水动力学模型。

2. 内涝模型

（1）国外排水管网水力模型的发展

19 世纪末至 20 世纪中叶，圣维南方程组、曼宁公式、单位线法等一系列重要的水文、水力学理论的提出为排水系统模型的发展奠定了基础。自 20 世纪 60 年代以来，随着水文/水力模型的深入研究与开发，各国的研究者在总结前人的经验和采用数学的分析方法的基础上，逐步发展和建立了与排水管道相关的一些数学模型，并在实际的工程设计及运行管理中得到了广泛的运用。

在国外，20 世纪 60 年代初期排水模型研究者就已经在城市排水系统模拟方面进行了研究和开发，并出现了大量的统计模型、机理模型及管理和规划模型。排水管网计算机模型的标志性事件是 20 世纪 70 年代初在美国环保署的大力支持下，梅特夫和埃迪公司（M&E）、美国水资源公司（WRE）和佛罗里达大学（UOF）等合作开发模型。随后，各种与城市排水相关的模型也相继推出，其中有伊利诺斯城市排水区域模拟模型（简称 ILLUDAS）、美国陆军工程兵团水文工程中心开发的储存处理和漫流模型（简称 STROM 等）。进入 21 世纪后，计算机、仿真技术、动态监测技术的快速发展促进了排水管网水力模型的进一步发展。目前国外模型使用较多的主要有 SWMM、Wallingford、MOUSE 模型。

1）美国环保署（EPA）——SWMM 模型

SWMM 模型 1971 年在美国环保署的支持下开发。SWMM 是能够综合模拟排水系统的水量和水质变化规律的动态降雨——径流计算机模型，它能将排水管网数据中的线、点、面等结构进行概化。SWMM 模型广泛应用于工程设计、系统优化、方案评估、情景分析等多个方面。

2）英国沃林福特（Wallingford）——Info Works CS 模型

Info Works CS 模型水利计算引擎的汇流过程采用双线性水库模型。模型利用时间序列仿真能准确地分析雨水及污水的收集过程，使用图表的方式输入降雨量和不同类型污染源的排水模式，可以细致、准确地模拟排水管网系统的运行状况。使用实时控制（RTC）的方式精确控制泵、闸等要素。能够对管网中的运行瓶颈进行准确的评估。Info Works CS模型可以完整地模拟回水影响、逆流、明渠、主干渠、复杂管道连接和复杂的辅助控制架构等。

3）MOUSE

MOUSE（Modeling of Urban Sewer）是丹麦水力学研究所（DHI）1972年开发的排水管网模拟软件包，最新发布的MIKE URBAN集成了GIS模块，包括MOUSE、SWMM两个引擎。MOUSE的主要模块包括：降雨入渗模块、地表径流模块、管流模块、长期统计模块、实时控制模块、MOUSE TRAP系列模块以及一些独立的模块等，可用来计算雨水径流、实现实时监控和SCADA系统的在线分析等。

（2）国内排水管网水力模型的研究和应用现状

国内对城市雨洪模型研究起步较晚，在20世纪60～70年代进行了初步研究，比较系统的研究是在20世纪80年代后期。目前研究成果主要为对雨水管网模拟的扩散波简化和运动波简化及对地表径流系统模拟技术，包括城市雨水径流计算推理公式法、等流时线法、瞬间单位线法等。较为成熟的城市雨洪模型主要有：雨水管道计算模型（SSCM）、城市雨水径流模型（CSYJM）、平原城市水文过程模拟模型、城市分布式水文模型（SSFM）。但国内的城市雨洪模型往往仅有核心程序，没有市场化运作，缺乏良好的前处理、后处理程序，可视化、可操作性不强，因此基本上仅限于模型开发者自己或团队使用，推广应用前景亦不容乐观。

国内对于SWMM的应用研究相对较晚。刘俊等（2001）引进美国SWMM模型，详细地进行了天津市区二级河道的排涝模拟与计算，并计算出市区有关控制断面的出流过程。丛翔宇等（2006）以SWMM为基础，选取北京市典型小区，计算不同频率设计暴雨下小区排水效果以及积水、道路坡面流等情况。任伯帜等（2006）采用SWMM对长沙市霞凝港区三场降雨径流过程进行模拟，证明该模型在港区小流域雨洪分析中有较高的精度。赵冬泉等（2008）基于地理信息系统（GIS）对SWMM城市排水管网模型进行快速构建，并在澳门某小区进行了应用和案例分析。陈鑫等（2009）运用SWMM模型对郑州市区184.85ha区域进行了模拟，对城市排涝与排水体系重现期衔接关系进行研究。Wallingford模型应用相当广泛，用户遍及国内的水务公司、市政管理机构、咨询公司和学术机构。王喜东等（2004）建立了香港岛Info Works CS模型，对香港岛污水管网系统进行总体规划设计。谭琼等（2007）建立了上海市合流一期总管水力模型和苏州河南岸主要的Info Works CS模型，对上海市排水体制选择、面源污染控制规划的制定提供了技术支持。姚宇等（2007）基于Info Works CS平台建立了蚌埠市沫河口工业园排水管网模型，评价排水管网系统运行性能，为改扩建策略及应急预案优化提供分析平台。MOUSE在国内拥有众多的用户，并被成功应用到了奥林匹克公园排水系统设计。张晓昕等（2008）对奥林匹克公园地区的雨水排水系统组成进行分析，构建MIKE Flood模型，选择理论和实际降雨雨型，进行不同重现期情景的模拟，对雨水系统设计进行校核，对超标降雨进行风险分析，并提出防洪应对措施与建议。马洪涛（2008）针对城市积水问题，提出了基于MIKE URBAN的应急排水措施制定方法，为有效准确地制定城市积水应急预案提供了基础，并在奥运中心区进行了应用。

3. 模型求解及模型参数

基于 MIKE11（一维河道）、MIKE21（二维）和 MIKE URBAN（一维管网）构建动态耦合水动力学模型，进行河道、陆地和管网的洪水分析，其中 MIKE11 主要应用于模拟围外珠江三角洲河网及区域内河道的洪、潮水传播，MIKE21 主要用于模拟溃堤洪水和暴雨内涝洪水在陆地的传播，采用 MIKE11 的 DAMBREAK 模块模拟堤防溃决过程及溃堤水位流量过程。采用 MIKE URBAN 模拟降雨的产汇流以及管网的水流运动。

（1）模型求解

1）河道和管网求解

河道和管网采用一维非恒定流 Saint-Venant 方程来解，包括连续方程和动量方程：

$$\frac{\partial Q}{\partial x}+b_s\frac{\partial h}{\partial t}=q \tag{6-1}$$

$$\frac{\partial Q}{\partial t}+\frac{\partial\left(\alpha\frac{Q^2}{A}\right)}{\partial x}+gA\frac{\partial h}{\partial x}+\frac{gQ|Q|}{C^2AR}=0 \tag{6-2}$$

式中，x、t 表示空间坐标和时间坐标；Q、h 为断面流量和水位；A、b_s、R 分别为断面过水面积、断面宽度和水力半径；g 为重力加速度；q 为单位河长的旁侧入流量；C 为谢才系数；α 为垂向速度分布系数。

对于 Saint-Venant 方程的求解方法有许多种，MIKE11 采用六点中心隐式差分格式（Abbott Scheme）求解 Saint-Venant 方程组，数值计算采用传统的“追赶法”，即“双扫”算法。Abbott 格式为六点中心的隐式差分格式，如图 6-15 所示。

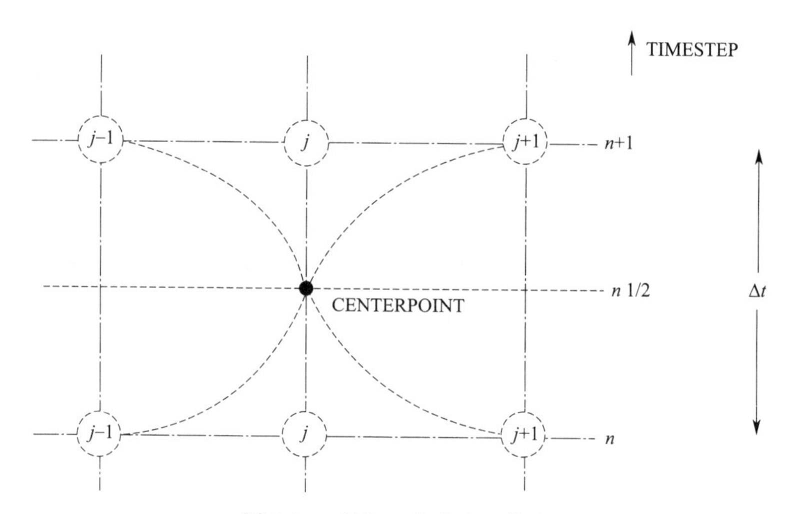

图 6-15　Abbott 六点中心格式

在应用 Abbott 六点中心格式时，河道上的断面（也称节点）按照水位（h-points）—流量（Q-points）—水位（h-points）的顺序交替布置，Q-points 和 h-points 不在同一断面上，见图 6-16。Q-points 总是布置在相邻的 h-points 之间，距离可以不同。在每个时间步长内，利用隐格式有限差分法交替计算 Q-points 与 h-points 的参数。

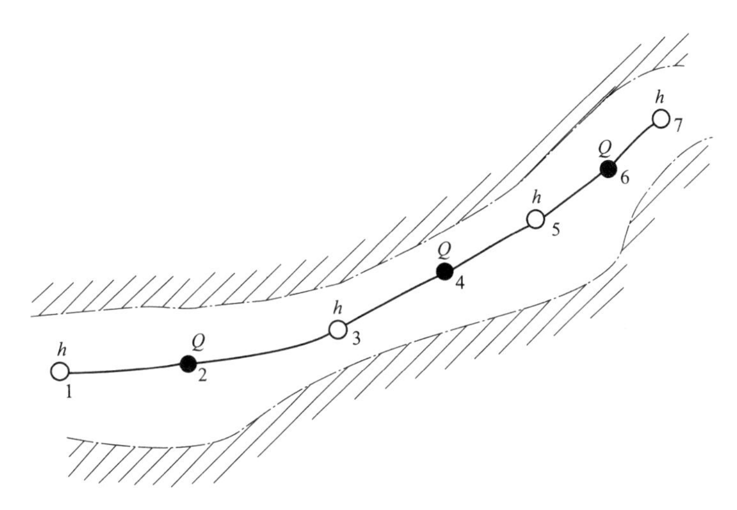

图 6-16　河道上断面（节点）布置示意图

2）河网求解

河网是通过汊点连接起来的，按照分级解法的思想，只要解出汊点上的未知量即可求解整个河网，对图 6-17 所给出的汊点（三岔河道）图，用有限差分法近似表示汊点的连续方程为：

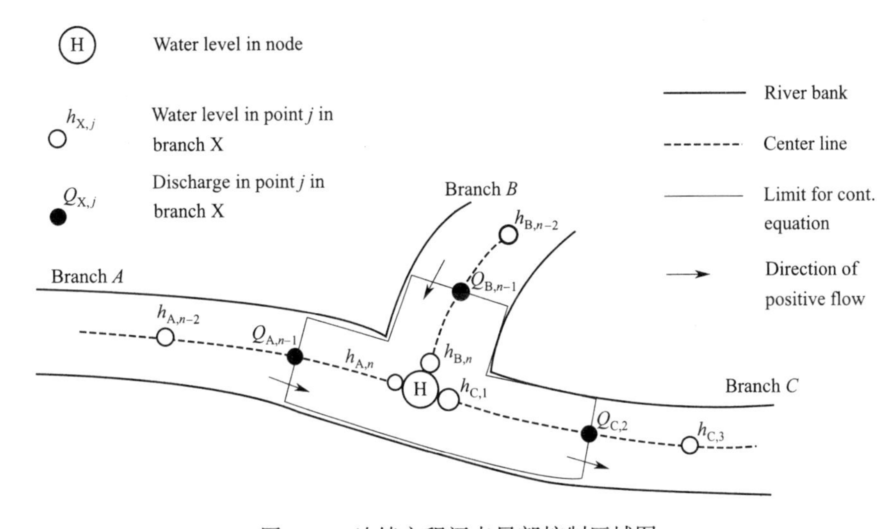

图 6-17　连续方程汊点局部控制区域图

$$\frac{H^{n+1}-H^{n}}{\Delta t}A_{\mathrm{ft}}=Q_{\mathrm{I}}^{n+1/2}-Q_{\mathrm{o}}^{n+1/2}\Rightarrow$$
$$\frac{H^{n+1}-H^{n}}{\Delta t}A_{\mathrm{ft}}=\frac{1}{2}(Q_{\mathrm{A},n-1}^{n}+Q_{\mathrm{B},n-1}^{n}-Q_{\mathrm{C},2}^{n})+\frac{1}{2}(Q_{\mathrm{A},n-1}^{n+1}+Q_{\mathrm{B},n-1}^{n+1}-Q_{\mathrm{C},2}^{n+1}) \tag{6-3}$$

其中：Q_{I} 为总入流，Q_{o} 为总出流，Δt 为时间步长。

式（6-3）可离散为：

$$\frac{H^{n+1}-H^{n}}{\Delta t}A_{\mathrm{ft}}=\frac{1}{2}(Q_{\mathrm{A}}^{n}+Q_{\mathrm{B}}^{n}-Q_{\mathrm{C}}^{n})+\frac{1}{2}(c_{\mathrm{A},n-1}-\alpha_{\mathrm{A},n-1}H_{\mathrm{A,us}}^{n+1}-b_{\mathrm{A},n-1}H^{n+1})$$
$$+c_{\mathrm{B},n-1}-\alpha_{\mathrm{B},n-1}H_{\mathrm{B,us}}^{n+1}-b_{\mathrm{B},n-1}H^{n+1}+c_{\mathrm{C},2}-\alpha_{\mathrm{C},2}H^{n+1}-b_{\mathrm{C},2}H_{\mathrm{C,ds}}^{n+1} \tag{6-4}$$

H 为实际汊点的水位；$H_{\mathrm{A,us}}$ 为支流 A 的末端水位；$H_{\mathrm{B,us}}$ 为支流 B 的末端水位；$H_{\mathrm{C,us}}$ 为支流 C 的末端水位。

与式（6-4）类似，则 N 个方程含有 N 个未知数（N 是汊点数）。方程中每个汊点的水位变成了直接相邻汊点水位的线性函数。同样可以用标准的高斯消元法对汊点矩阵求解，解出汊点上 $n+1$ 时刻的水位，然后解出各河段各断面上的水位和流量。

3）二维计算

平面二维水流基本方程包括水流连续方程和水流运动方程：

$$\frac{\partial z}{\partial t}+\frac{\partial M}{\partial x}+\frac{\partial N}{\partial y}=0 \tag{6-5}$$

$$\frac{\partial M}{\partial t}+\frac{\partial uM}{\partial x}+\frac{\partial vM}{\partial y}=-gh\frac{\partial(h+z_{\mathrm{b}})}{\partial x}-\frac{gn^{2}u\sqrt{u^{2}+v^{2}}}{h^{1/3}}+\gamma_{1}\left(\frac{\partial^{2}M}{\partial x^{2}}+\frac{\partial^{2}M}{\partial y^{2}}\right) \tag{6-6}$$

$$\frac{\partial N}{\partial t}+\frac{\partial uN}{\partial x}+\frac{\partial vN}{\partial y}=-gh\frac{\partial(h+z_{\mathrm{b}})}{\partial y}-\frac{gn^{2}v\sqrt{u^{2}+v^{2}}}{h^{1/3}}+\gamma_{1}\left(\frac{\partial^{2}N}{\partial x^{2}}+\frac{\partial^{2}N}{\partial y^{2}}\right) \tag{6-7}$$

其中，h 为水深；u 和 v 是 x 和 y 方向的流速，$M=uh$，$N=vh$；z_{b} 为河床高程，n 为 Manning 糙率系数；γ_1 为紊动黏性系数。方程离散时空间采用有限体积法，运用守恒格式对水流连续方程进行离散，保证计算域内水量守恒，时间采用蛙跳法，计算物理量使用交错网格。方程离散后形式为：

水流连续方程：

$$\frac{Z_{i+1/2,j+1/2}^{n+3}-Z_{i+1/2,j+1/2}^{n+1}}{2\Delta t}+\frac{M_{i+1,j+1/2}^{n+2}-M_{i,j+1/2}^{n+2}}{\Delta x}+\frac{N_{i+1/2,j+1}^{n+2}-N_{i+1/2,j}^{n+2}}{\Delta y}=0 \tag{6-8}$$

x 方向水流运动方程为：

$$\frac{M_{i,j+1/2}^{n+2}-M_{i,j+1/2}^{n}}{2\Delta t}+\begin{cases}\dfrac{u_{i,j+1/2}^{n}M_{i,j+1/2}^{n}-u_{i-1,j+1/2}^{n}M_{i-1,j+1/2}^{n}}{\Delta x} & u_{i,j+1/2}^{n}\geqslant 0,u_{i-1,j+1/2}^{n}>0\\[2ex] \dfrac{u_{i,j+1/2}^{n}M_{i,j+1/2}^{n}}{\Delta x} & u_{i,j+1/2}^{n}>0,u_{i-1,j+1/2}^{n}\leqslant 0\\[2ex] \dfrac{u_{i+1,j+1/2}^{n}M_{i+1,j+1/2}^{n}-u_{i,j+1/2}^{n}M_{i,j+1/2}^{n}}{\Delta x} & u_{i,j+1/2}^{n}\leqslant 0,u_{i+1,j+1/2}^{n}<0\\[2ex] -\dfrac{u_{i,j+1/2}^{n}M_{i,j+1/2}^{n}}{\Delta x} & u_{i,j+1/2}^{n}<0,u_{i+1,j+1/2}^{n}\geqslant 0\end{cases}$$

$$
+\begin{cases}
\dfrac{\widetilde{v}^{n}_{i,j+1/2}M^{n}_{i,j+1/2}-\widetilde{v}^{n}_{i,j-1/2}M^{n}_{i,j-1/2}}{\Delta y} & \widetilde{v}^{n}_{i,j+1/2}\geqslant 0,\widetilde{v}^{n}_{i,j-1/2}>0 \\
\dfrac{\widetilde{v}^{n}_{i,j+1/2}M^{n}_{i,j+1/2}}{\Delta y} & \widetilde{v}^{n}_{i,j+1/2}>0,\widetilde{v}^{n}_{i,j-1/2}\leqslant 0 \\
\dfrac{\widetilde{v}^{n}_{i,j+3/2}M^{n}_{i,j+3/2}-\widetilde{v}^{n}_{i,j+1/2}M^{n}_{i,j+1/2}}{\Delta y} & \widetilde{v}^{n}_{i,j+1/2}\leqslant 0,\widetilde{v}^{n}_{i,j+3/2}<0 \\
-\dfrac{\widetilde{v}^{n}_{i,j+1/2}M^{n}_{i,j+1/2}}{\Delta y} & \widetilde{v}^{n}_{i,j+1/2}<0,\widetilde{v}^{n}_{i,j+3/2}\geqslant 0
\end{cases}
$$

$$
=-g\,\frac{h^{n+1}_{i-1/2,j+1/2}+h^{n+1}_{i+1/2,j+1/2}}{2}\times\frac{Z^{n+1}_{i+1/2,j+1/2}-Z^{n+1}_{i-1/2,j+1/2}}{\Delta x}
$$

$$
-\frac{g\left(\dfrac{n_{i-1/2,j+1/2}+n_{i+1/2,j+1/2}}{2}\right)^{2}\dfrac{2M^{n}_{i,j+1/2}}{h^{n+1}_{i-1/2,j+1/2}+h^{n+1}_{i+1/2,j+1/2}}\sqrt{(u^{n}_{i,j+1/2})^{2}+(\widetilde{\nu}^{n}_{i,j+1/2})^{2}}}{\left(\dfrac{h^{n+1}_{i-1/2,j+1/2}+h^{n+1}_{i+1/2,j+1/2}}{2}\right)^{1/3}} \tag{6-9}
$$

y 方向水流运动方程可用上式相同的方法离散，这里不再列出其离散结果。水流方程进行上述形式离散后，结合初边界条件即可进行计算。

4）溃坝模块

MIKE11 DB 溃坝模块包括采用能量方程求解模块和美国国家气象局的溃坝洪水预报模型 DAMBRK 模型。该模型由两部分组成：①堤防溃口形态描述。用于确定堤防溃口形态随时间的变化，包括溃口底宽、溃口顶宽、溃口边坡及溃决历时；②堤防溃口流量的计算。

a. 溃口形态的描述

溃口是河道堤防失事时形成的缺口，不同的坝型、不同的堤防材料、不同的溃坝原因形成的溃口均不同，而且，溃坝过程又分为瞬间全溃、瞬间部分溃、逐渐溃等不同情况，在进行溃坝计算前，应慎重确定坝的溃决形式。对于丘陵区或平原河道堤防，一般只溃主要部分，即为横向局部溃堤。

目前对于实际的溃坝机理还不是很清楚，因此溃口形态主要通过近似假设来确定。考虑到模型的直观性、通用性和适应性，一般假定溃口发生时由一个特定形状的初始状态开始，在溃决历时内，按线性比率扩大，直至形成最终底宽。若溃决历时小于 10min，则溃口底部不是从一点开始，而是由冲蚀直接形成最终底宽。溃口形态描述主要由 4 个参数确定：溃决历时（τ），溃口最终底部高程（h_{b}），溃口边坡（S），溃口底宽（b）。由溃决历时可以确定堤防溃决是瞬时溃还是渐溃；由后面三个参数来确定溃口断面形态的形状是局部溃还是全溃等。溃口形状及其发展如图 6-18 所示。

b. 溃口下泄流量计算

堤防溃口形状如图 6-19 所示，坝体溃口下泄流量由堰流公式计算：

$$
Q_{\mathrm{b}}=c_{\mathrm{v}}k_{\mathrm{s}}\left[c_{\mathrm{weir}}b\sqrt{g(h-h_{\mathrm{b}})}(h-h_{\mathrm{b}})+c_{\mathrm{slope}}S\sqrt{g(h-h_{\mathrm{b}})}(h-h_{\mathrm{b}})^{2}\right] \tag{6-10}
$$

式中　b——溃口底宽（三角形溃口底宽 $b=0$）；

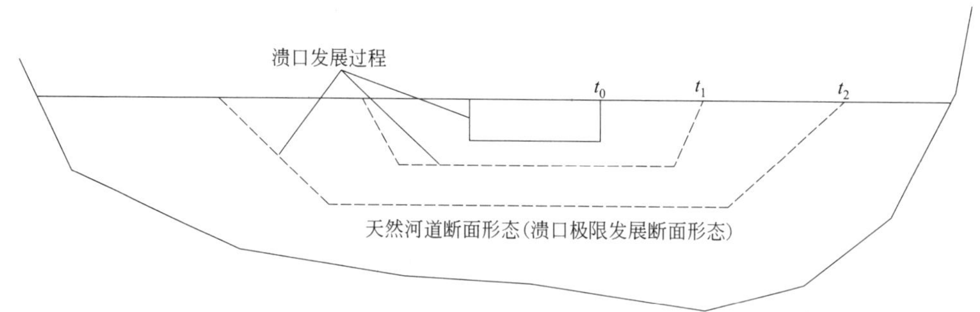

图 6-18　溃口发展示意图

g——重力加速度；

h——堤前河道水位；

h_b——溃口底部高程；

S——溃口边坡系数；

c_{weir}——水平部分堰流系数，一般取 0.546430；

c_{slope}——斜坡部分堰流系数，一般取 0.431856；

c_v——行进流速修正系数，$c_v=1+\dfrac{0.740256Q^2}{gb_d^2(h-h_{bm})^2(h-h_b)}$，$b_d$ 为溃口河道水面宽度，h_{bm} 为最终溃口底高程；

k_s——淹没损失修正系数。

当$\dfrac{(h_{ds}-h_b)}{h-h_b}\leqslant 0.67$，$k_s=1.0$；

当$\dfrac{(h_{ds}-h_b)}{h-h_b}>0.67$，$k_s=1-27.8\times\left(\dfrac{(h_{ds}-h_b)}{h-h_b}-0.67\right)^3$。

式中，h_{ds} 为尾水位（坝下游水位）。

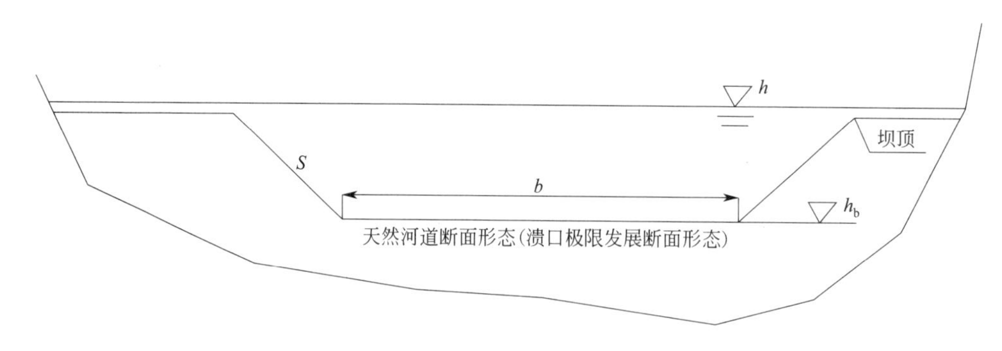

图 6-19　堤防溃口示意图

当发生漫堤时，堤顶泄流量为：

$$Q_c=k_s c_{weir} b_c \sqrt{g(h-h_c)}(h-h_c) \tag{6-11}$$

其中，h_c 为堤顶高程，b_c 为垂直水流的残留堤长。

5）降雨产流

排水管网覆盖范围内的降雨产流主要通过 MIKE URBAN 中的降雨径流模型进行计算。根据广东省暴雨等值线图集和珠江三角洲雨型确定设计暴雨过程。根据地形、集水范围等因素对排水管网覆盖范围进行划分，确定每个排水管网人孔的集水区，综合参考土地利用类型确定不透水系数，扣除蒸发、地表存蓄及植物截流等造成的降雨损失，采用产流模型计算径流过程，作为管流模型的流量边界条件。

降雨产流模型采用 MIKE URBAN 的 Time-Area 模式进行计算。主要参数包括分区单元汇水时间，根据单元面积及汇水长度确定；初始损失，根据模型经验取 0.0006m。

当管网人孔的水头低于地面高程时，径流全部通过人孔进入排水管网。当管网人孔的水头高于地面高程时，径流在地表进行传播。

区域外降雨产流根据广东省暴雨等值线图集计算设计暴雨，然后通过广东省综合单位线和推理公式比较计算设计洪水。该设计作为区域外入流河流的边界条件。区域内河流的入流过程通过管网模型和一维模型的耦合进行计算。

(2) 模型参数

一维水动力数学模型参数主要包括上游流量边界，下游潮位边界、曼宁糙率系数和水工建筑物参数等。根据广州市的主要洪水来源，一维水动力数学模型的上游边界参数主要为西江的高要站、北江的飞来峡站和流溪河的牛心岭站的流量参数，下游边界参数主要为八大口门的潮位参数。此外曼宁糙率系数等对一维水动力数学模型的计算结果有较大影响，需通过实测洪水资料对数学模型进行率定和验证。

二维水动力数学模型主要参数包括降雨径流分布式点源、曼宁糙率系数、干湿边界参数等。通过在二维水动力数学模型中布置降雨径流分布式点源，模拟暴雨洪水。曼宁糙率系数对洪水漫流和洪水传播速度有较大影响。干湿边界主要通过水深界定干、湿单元，简化模型方程和数值方法在干湿边界处的处理，避免出现计算振荡和失真。

管网模型参数主要包括管径、管底高程、相应地面高程、管长、坡降，降雨径流模型的不透水系数、管道粗糙度等。管网的管径、管底高程和相应地面高程通过收集管网数据获取，坡降根据管长、管底高程进行计算。不透水系数根据各排水分区土地利用类型如建筑物、街道、植被等进行综合确定，一般在 0.6～0.8 之间。管网糙率根据相关管道材料进行设置，一般取 0.013～0.017。

6.2.5　广州市越秀区暴雨内涝研究

1. 区域概况

越秀区是广州市中心城区，北部为白云山，南部为珠江和海珠区，地势北高南低。主要内河道包括东濠涌、西濠涌（暗涵）、新河浦涌、驷马涌、沙河涌。各条河道沿线主要为居住用地、商业用地及文教用地。主要湖泊包括东山湖、流花湖和麓湖。现状排水体制以合流制为主，雨水排水系统一般采用重力自排方式，通过雨水管收集地面雨水，就近排入附近河道。

研究范围依据《广州市防洪（潮）排涝规划（2010～2020 年）》划定的东濠涌排涝片区，包含东濠涌、新河浦涌和西濠涌的集水范围，即东起梅花村街道、西至西濠涌，南起珠江、北至广深铁路沿线，总面积约 14.63km^2。

研究范围主要排水系统由市政排水管网，东濠涌、新河浦涌、西濠涌等主要内河道，东山湖，东濠涌水闸，东山湖水闸，东濠涌泵站等排水设施组成。

东濠涌上游为麓湖，麓湖以下的河长 4.5km，下游与东山湖相连，出口为珠江。区域附近有国家水文站点中大站，主要监测潮位及降雨。区内主要降雨测站有气象大楼站和少年宫站。

以广州市越秀区为例，基于 MIKE 模型，建立能够模拟排水管网流动、地面漫流、内河湖泊的涨退水及珠江涨落潮过程的城市雨洪模型。将模型应用于模拟 2011 年“10·14”暴雨和 2014 年“6·23”暴雨，模型计算淹没范围和淹没水深与实测区域较为一致，表明该模型能够较好地模拟复杂水文条件下的城市雨洪过程，这对研究城市暴雨内涝机理以及海绵城市建设具有一定的应用价值。

2. 数据资料

（1）地形数据

地形资料根据广州 1：2000 地形图，利用 ArcGIS 软件得到 10m 分辨率的 DEM 数据，如图 6-20 所示。

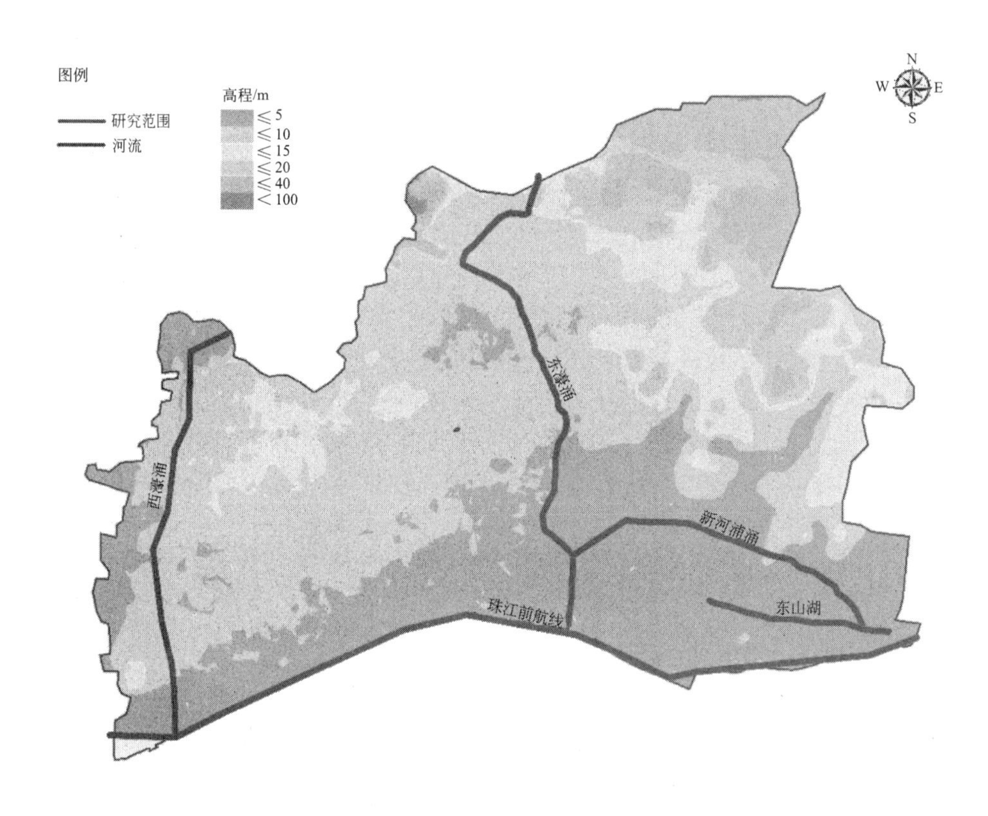

图 6-20　研究区地形及河网概化示意图

（2）河网资料

遵循河网概化的规则，对研究范围内已有河网进行概化，概化后的河网如图 6-21 所示，由 3 条河道（其中西濠涌已改造成暗涵）、1 条人工湖以及 1 条外江航道组成。研究区主要河道的基本信息如表 6-12 所示。东山湖对东濠涌下游以及新河浦涌的蓄涝调峰起到重要的作用，其正常水面面积 30.07 万 m^2，蓄水量 41.07 万 m^3，根据调度原则，东山湖在汛期的调蓄水位为 1.34m。研究范围内各河道和湖泊最终汇入珠江前航道。

研究区主要河道信息　　表 6-12

河道名称	河道长度(km)	水面宽度(m)
东濠涌	4.2	7～11
西濠涌	2.6	3.5
新河浦涌	2.2	10～12
东山湖	0.35	110～280
珠江前航道	0.50	225～570

（3）管网资料

越秀区为老城区，主要为雨污合流制。本次重点考虑 500mm 以上管径的骨干管网和箱涵的排水能力，根据管道流向、管底高程、管径和坡降对其余管网进行合并。概化后的主干管网示意图见图 6-21。

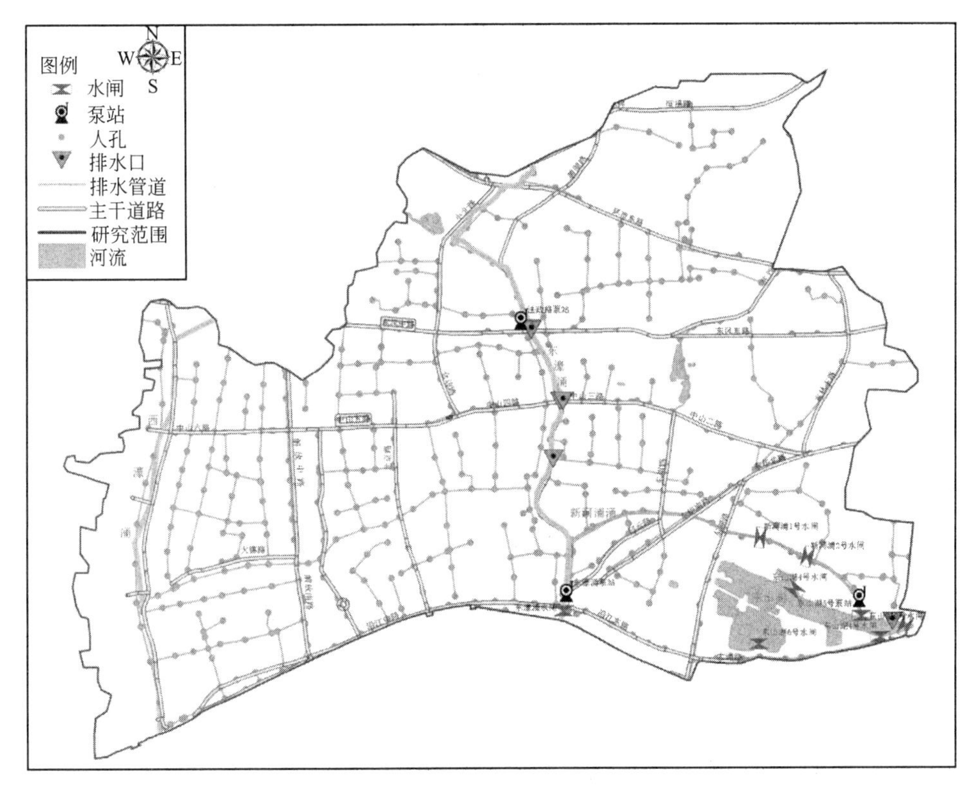

图 6-21　研究范围内主干管网概化图

（4）降雨资料

采用中大站 2011 年“10・14”暴雨过程用于模型率定，如图 6-22 所示，采用气象大楼站和少年宫站 2014 年“6・23”暴雨过程用于模型验证，如图 6-23 所示。

3. 模型构建

（1）一维河网模型

采用 MIKE11 构建一维河网模型。一维模型主要模拟内河道行洪、湖泊的调蓄、外江潮汐涨落和水闸泵站的调度运行。

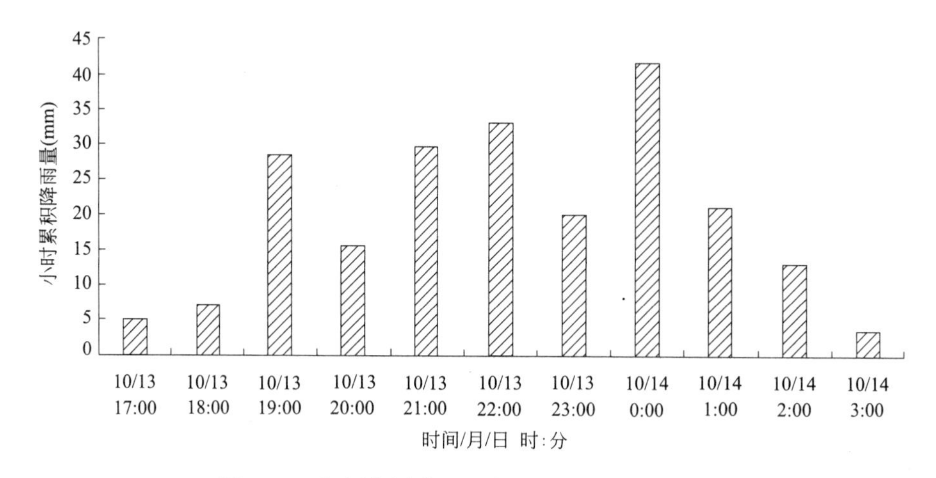

图 6-22　中大站实测 2011 年“10・14”暴雨过程

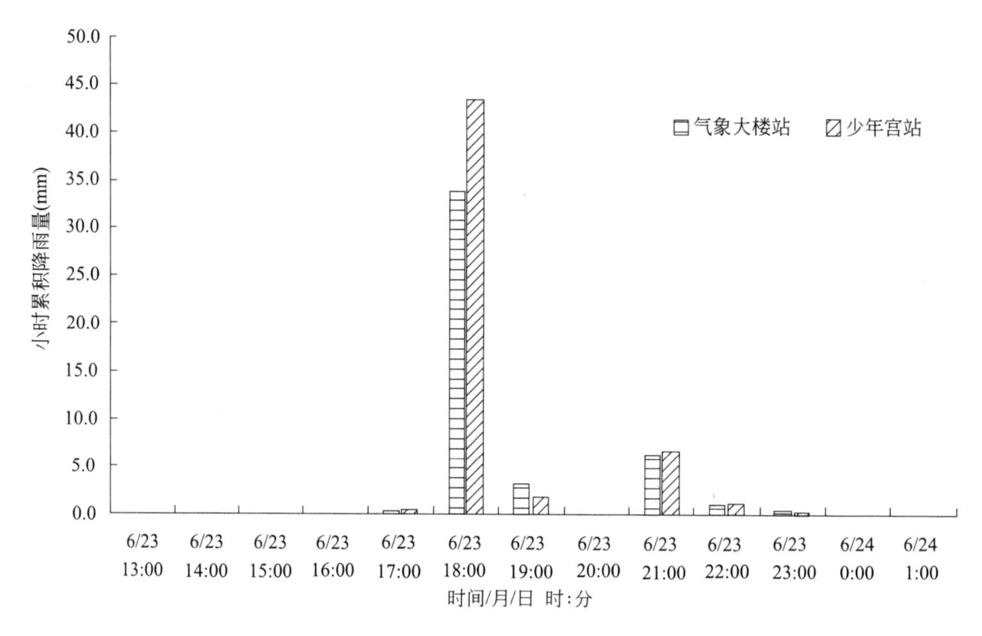

图 6-23　2014 年“6・23”实测降雨过程

一维模型模拟河道主要为东濠涌和新河浦涌。东濠涌上边界为麓湖出口，下边界为珠江，下游通过新河浦涌与东山湖连通。区域内河道出口处均设置有水闸或泵站。当珠江潮位高时，水闸关闭，泵站开启强排；当外江潮位低时，水闸开启自排，泵站关闭。

边界条件：珠江前航道各河道出口采用中大站 2011 年“10・14”实测潮位过程作为边界条件，见图 6-24 所示，其他河流设置零流量边界。

水动力学参数：根据实际情况将初始水深设为 0.744m（国家 85 高程）；根据相关文献[9]，一维河网模型的河道糙率选取为 0.03。

模拟时间：模拟时间为 2011 年 10 月 13 日 10 点至 2011 年 10 月 14 日 10 点，时间步长为 5s，时间步数为 17280。

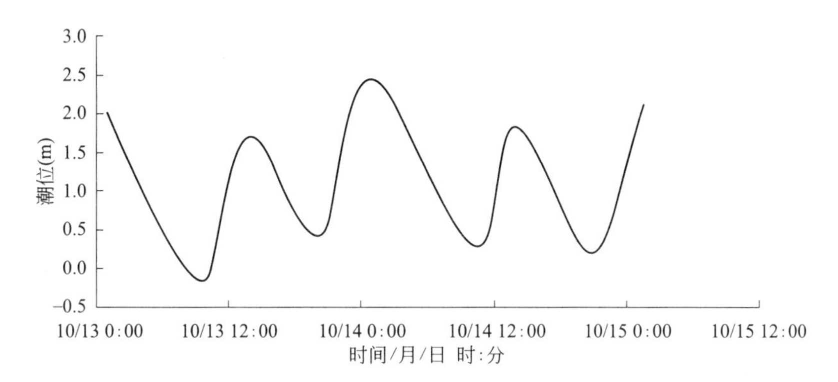

图 6-24 中大站实测 2011 年“10·14”潮位过程

（2）二维漫流模型

二维漫流模型基于 MIKE21 构建，二维模型主要模拟管网溢出水流的漫流过程。

为较好地模拟城市街道细微地形，采用结构网格对研究区域进行剖分，网格大小为 10m×10m，网格单元 379673 个。本次基于 1∶2000 地形图获得地形高程，可较好地描述道路高程。为反映建筑物的阻水作用，对所有建筑物高程均拔高 5m。

模型参数设置：干湿深分别设为 0.05m 和 0.1m；二维地表漫流模型的糙率按道路、绿地、建筑等不同下垫面情况分别取为 0.035、0.05 和 0.06。

（3）一维管网模型

一维管网模型基于 MIKE URBAN 构建，采用水文学方法模拟降雨径流过程，为管流模拟提供输入边界，采用 MOUSE 引擎计算管网水流运动过程。

排水分区的划分原则：以人孔为中心，按照泰森多边形法划分汇水区，就近接入人孔。一维管网模型边界条件为各汇水区降雨过程。

MIKE URBAN 模型与之相对应的参数是不透水系数。一维管网模型根据 1∶2000 地形图确定下垫面分类，主要包括道路、绿地、建筑用地和水系等。各汇水区根据不同的下垫面设置不透水率，见表 6-13。

越秀区不同下垫面类型不透水率 **表 6-13**

类型	不透水率
建筑	0.85
道路	0.75
绿地	0.25
水系	1.0

（4）耦合模型

MIKE FLOOD 将一维河网模型、二维漫流模型和一维管网模型进行耦合，模拟水流在不同模型中的实时动态交互。一维管网模型中的排水人孔与二维漫流模型相应位置的计算单元进行连接。管网中的水流从人孔中溢出，在二维计算单元上漫流，或二维单元上的水流沿地势低洼处汇流至人孔并排入管网。一维管网模型中的排水出口与一维河网模型的断面进行连接。水流从管网出口流向河道，或受河道水位顶托回流至管网。

4. 模型率定验证

（1）模型率定

2011 年 10 月 13～14 日，广州市发生严重的暴雨内涝，有 109 个区域自动站记录到 100mm 以上降水，其中最大的是广州海珠区的广州第五中学，达 319.8mm，造成 34 处以上地段严重内涝。

采用耦合的城市雨洪模型对该场暴雨内涝进行模拟，计算越秀区地表积水情况，并与实测积水点进行比较，对模型进行率定。

根据调度原则，东濠涌上游的麓湖暴雨期不下泄洪水，流花湖和东山湖汛期水位为 1.34m（85 高程，下同）。当内涌水位高于 0.74m 且高于外江潮位时，开闸排水；内涌水位低于外江潮位，关闸挡潮，若此时内河道水位高于 0.74 时开启泵站排水。

采用中大站 2011 年“10·14”实测降雨计算各汇水区的产汇流。通过耦合城市雨洪模型进行模拟，模型率定结果见耦合模型中的参数设置。采用纳什效率系数对最大淹没水深的模拟结果进行评估。该场暴雨造成越秀区主要积水点见图 6-25，各积水点最大淹没水深见表 6-14。从图和表可以看出，实测与模拟的内涝分布、最大淹没水深都较为接近，同时根据表 6-14 计算得到的最大淹没水深的纳什效率系数高达 0.863，表明模型能够较好地模拟各主要积水区域。

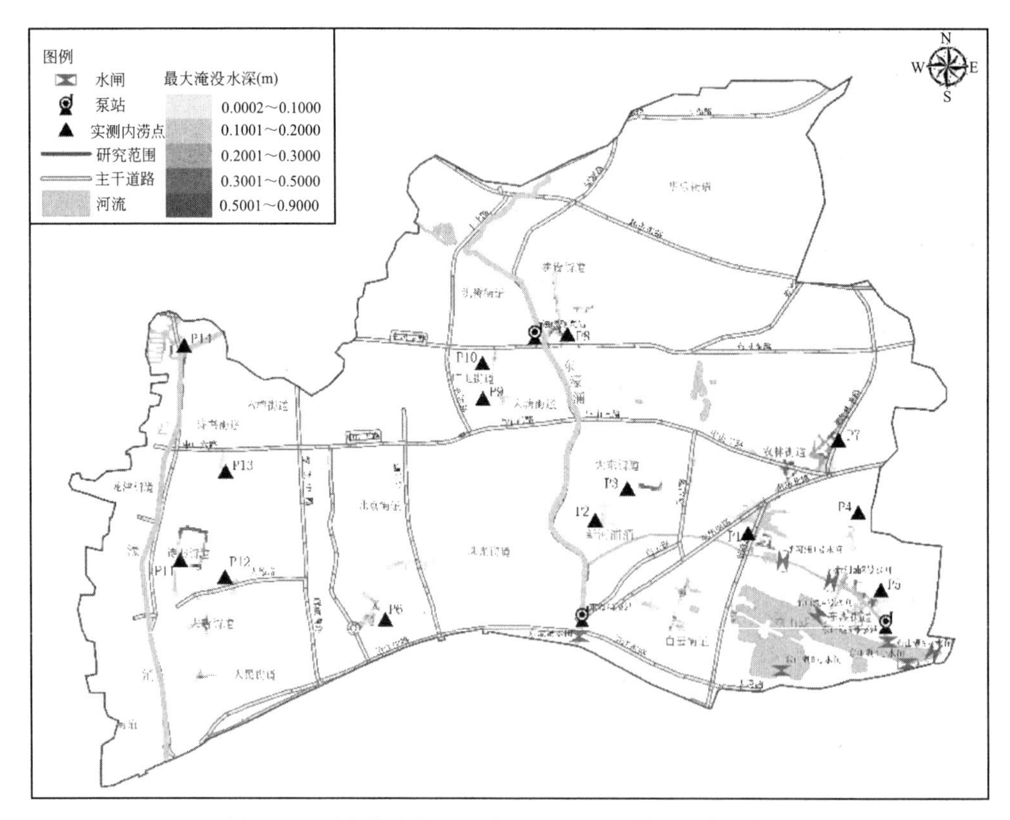

图 6-25　研究范围内 2011 年“10·14”暴雨积水分布图

积水点最大淹没水深　表 6-14

监测点序号	实测值(m)	模拟(m)	监测点序号	实测值(m)	模拟(m)
P1	0.45	0.50	P8	0.8	0.74
P2	0.30	0.20	P9	0.35	0.28
P3	0.45	0.51	P10	0.30	0.31
P4	0.35	0.3	P11	0.60	0.70
P5	0.50	0.45	P12	0.30	0.25
P6	0.50	0.57	P13	0.20	0.15
P7	0.50	0.56	P14	0.80	0.73

（2）模型验证

采用气象大楼站和越秀区少年宫站两个雨量站的实测降雨作为管网降雨边界条件。从图中可以看出，该场内涝是由典型的短历时（1h）强降雨引起，因此具有较强的代表性。珠江前航道各河道出口采用中大站 2014 年 6 月 23～24 日实测潮位过程作为一维河网模型下边界条件，见图 6-26。

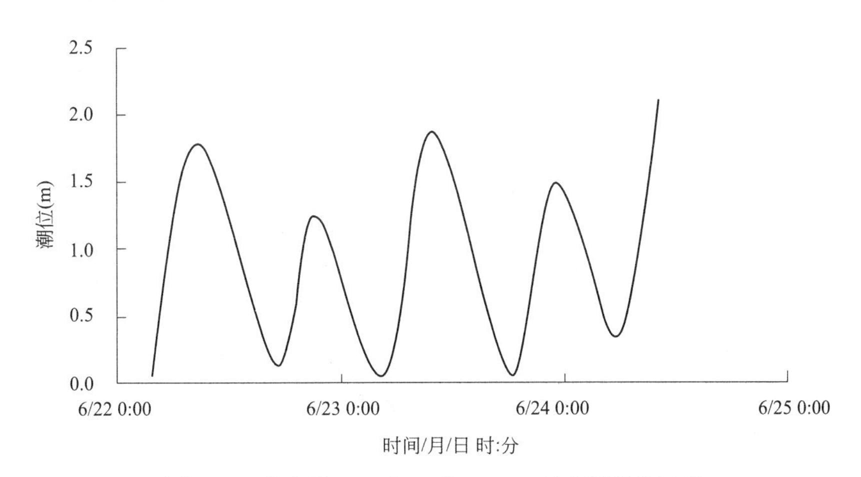

图 6-26　中大站 2014 年 6 月 23～24 日实测潮位过程

图 6-27 为研究范围内模型验证的积水分布图。2014 年“6・23”一雨一报资料中仅记录了积水深度为 30cm 及以上的内涝点，其分布如图 6-27 中黑色三角形所示。从资料记录的积水点有 5 处，本次模拟的积水区域涵盖了资料记录的积水点。由于模拟出的其他内涝点的积水深度多数小于 30cm，因此并不在一雨一报的资料记录范围内。本书采用图 6-27 中的 5 个内涝点的最大积水深度进行效果评估。表 6-15 为实测和模拟积水深度的对比表，经计算，其模型模拟的积水深度的纳什效率系数为 0.692，表明该模型能够较好地模拟城市积水范围。

2014 年“6・23”暴雨最大积水深度　表 6-15

监测点序号	实测值(m)	模拟(m)	监测点序号	实测值(m)	模拟(m)
P1	0.50	0.55	P4	0.30	0.32
P2	0.30	0.37	P5	0.40	0.37
P3	0.50	0.56			

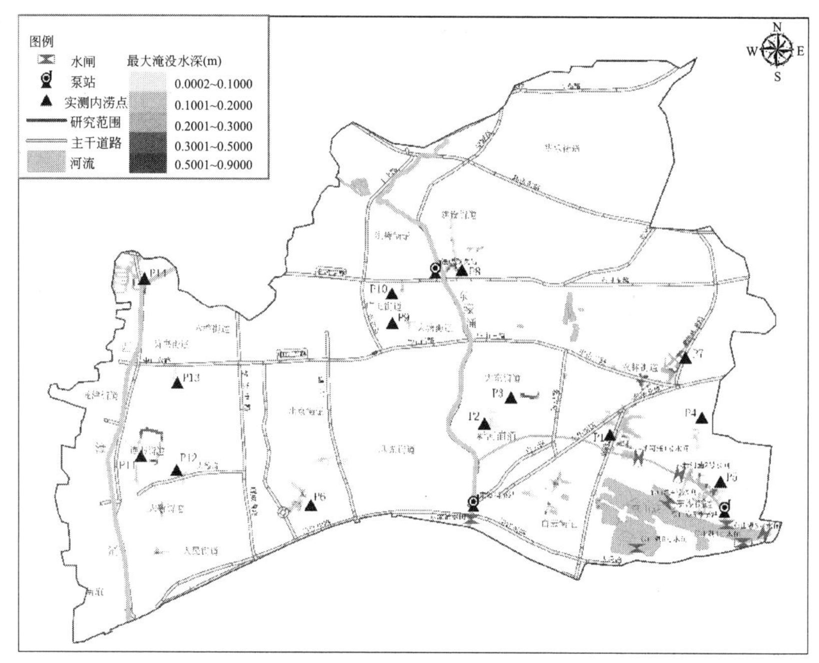

图 6-27　研究范围内 2014 年“6・23”暴雨积水分布图

5. 积水成因初步分析

越秀区内涝积水一般是由短历时暴雨强度大、排水管网过流能力不足、部分地势低洼、河道和珠江水位顶托、湖泊调蓄容积不够等原因造成的。本次以 2011 年“10・14”暴雨内涝为典型，基于城市雨洪模型初步研究珠江潮水顶托及湖泊汛期正常蓄水位对区域积水的影响。

对比图 6-22 和图 6-24 可以看出，暴雨过程与珠江涨潮过程一致，且当暴雨强度达到峰值的 41.5mm 时，珠江接近最高潮。本次考虑将潮位平移，使得暴雨强度大时，珠江处于退水或最低潮，如图 6-28 所示。经模型计算，潮位平移后的暴雨积水分布如图 6-27 所示。对比图 6-24 和图 6-28 可以看出，潮位过程平移前和平移后的积水分布差异微小，平移前和平移后的（最大积水深度，平均积水深度）分别为（0.800，0.158）和（0.802，

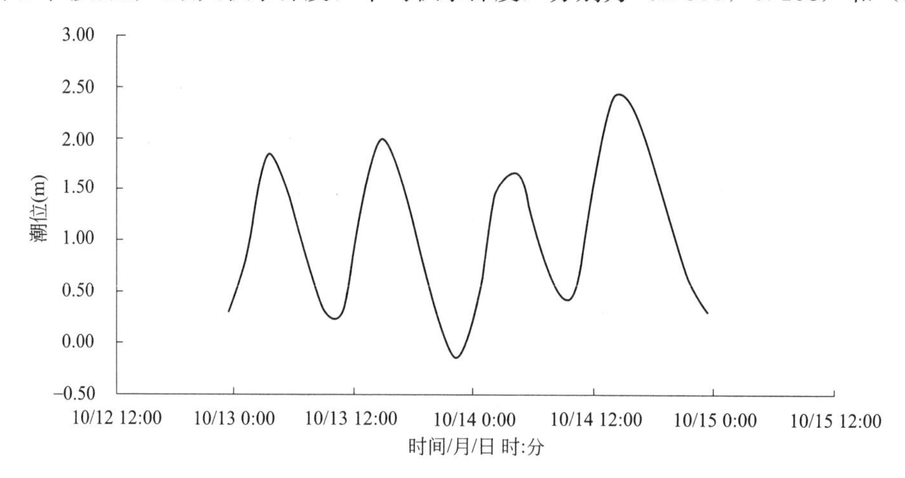

图 6-28　中大站 2011 年“10・14”的潮位过程偏移

0.157)，表明潮位顶托对该场暴雨内涝积水的影响很小（图 6-29）。

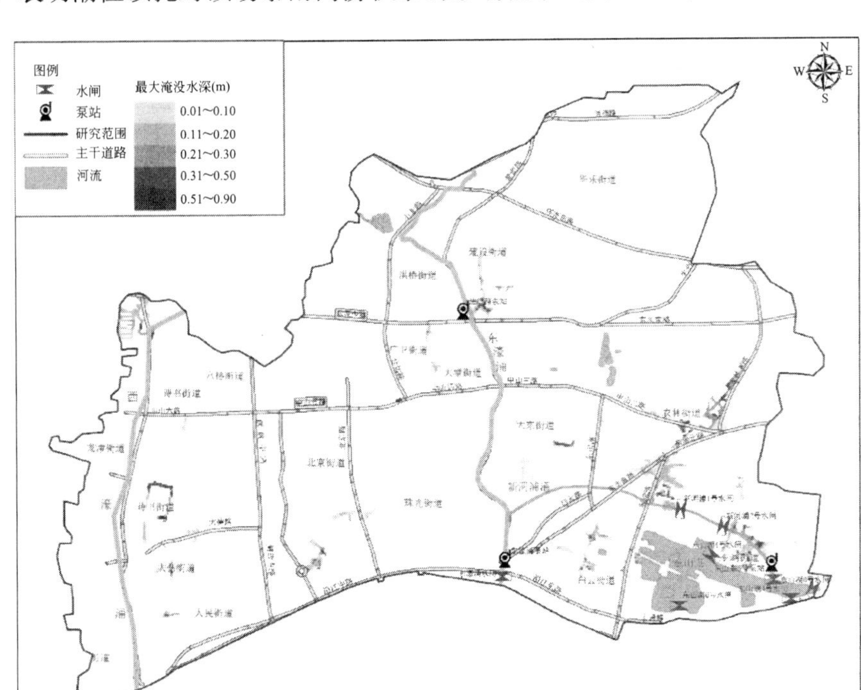

图 6-29　潮位过程偏移后 2011 年“10・14”暴雨积水分布图

东濠涌是研究范围内排水的主要通道。本次将东濠涌断面拓展到 100m 来分析河道水位对排水口的顶托作用。图 6-30 为东濠涌断面拓宽后的暴雨内涝分布图。通过对比图 6-25 和图 6-30 可以看出，断面拓宽前后的积水分布相差不大（最大积水深度，平均积

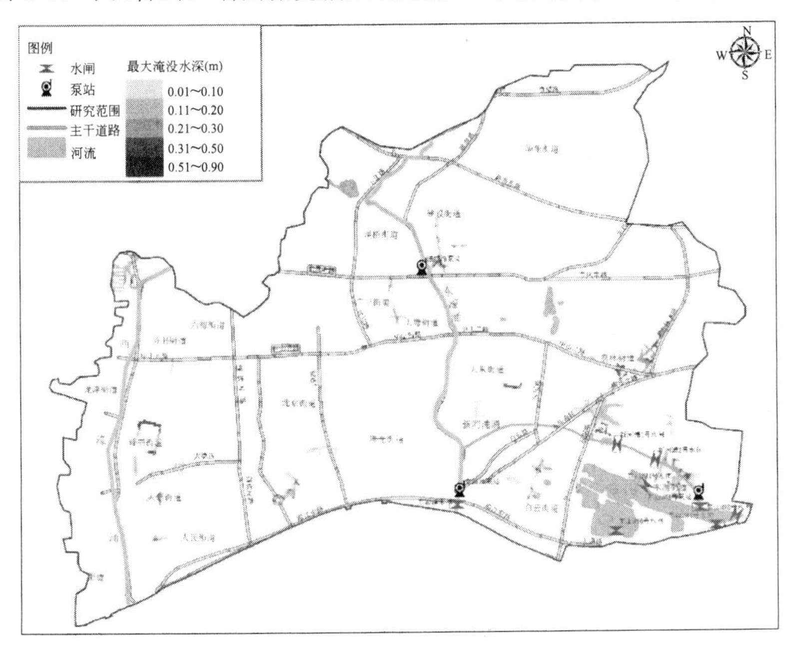

图 6-30　东濠涌断面拓宽后 2011 年“10・14”暴雨积水分布图

水深度）分别为（0.800，0.158）和（0.799，0.158），表明该场暴雨河道水位对排水口的顶托作用较小。

根据调度原则，东山湖在汛期的调蓄水位为1.34m，本次考虑降低调蓄水位至0.744m，研究其影响。计算结果如图6-31所示，最大积水深度，平均积水深度为（0.801，0.158），与图6-25较为一致，表明东山湖水位的高低对研究范围内的内涝程度并无显著影响。

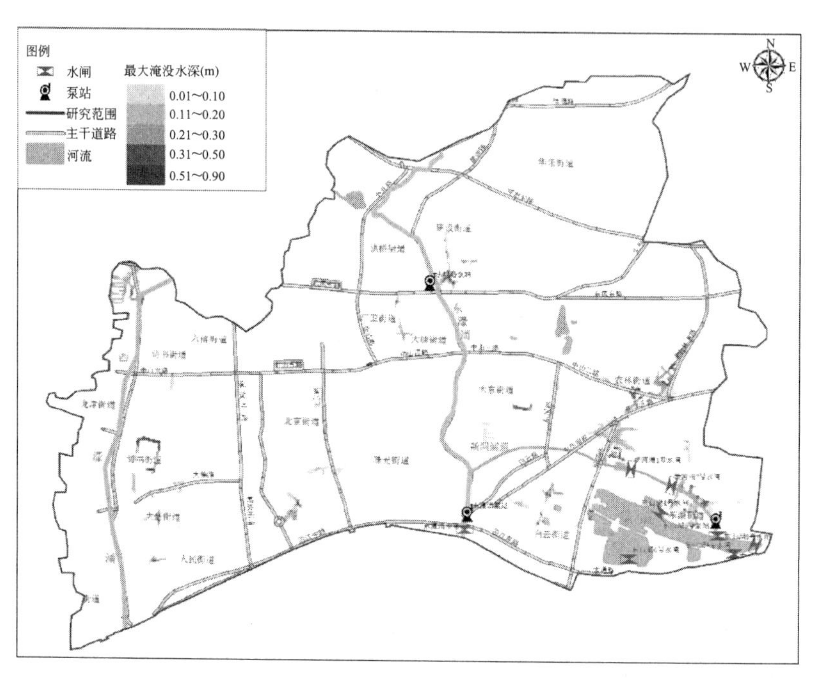

图6-31　东山湖降低水位后2011年“10.14”暴雨积水分布图

越秀区现状排水管网的排水能力一般为1～3年。广州市排水重现期1年、2年、3年的累计小时暴雨量如表6-16所示，其中3年一遇4h的累计暴雨量为104mm。图6-32为研究范围内现状排水管网遭遇3年一遇累计3h的积水分布图。对比图6-25和图6-32可看出，现状排水管网遭遇3年一遇3h累计降水的积水范围要小于模型所模拟的2011年“10·14”实测暴雨的积水范围，这是由于在2011年“10·14”实测暴雨中，13日21时至14日0时累计4h的暴雨量多达124mm（如图6-25所示），远大于其市政排水能力。

越秀区市政排水不同重现期累计小时暴雨量　　表6-16

重现期	1h/mm	3h/mm
1年	54	72
2年	63	87
3年	69	96

因此，从以上分析可以看出造成研究范围内局部积水的主要原因是其市政排水能力严重不足，因此建议进一步提升越秀区的管网排水能力，同时增加城市下沉式绿地、透水铺装等措施，减少地表径流从而提高雨洪的资源化利用。

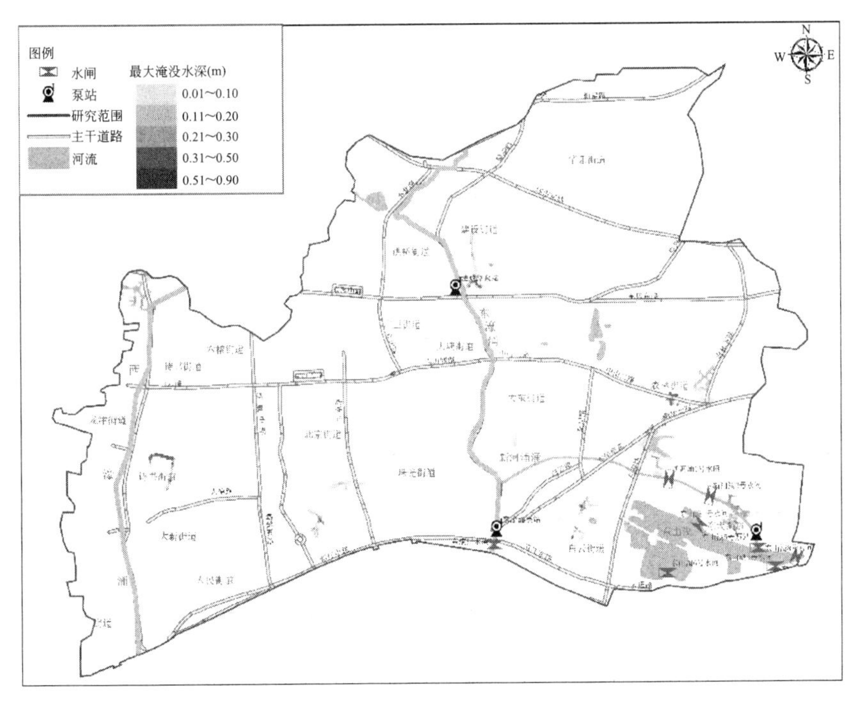

图 6-32　现状排水管网遭遇 3 年一遇累计 3h 的积水分布图

6. 小结

采用 MIKE 模型构建了能够模拟外江潮汐、内河涨退水、地面积水和管网排水过程的城市暴雨内涝数学模型。与传统的城市暴雨内涝模型相比，该模型能够较好地模拟排水管网流动过程以及河道水流对排水管网的顶托作用。将该模型应用于模拟广州市越秀区的两场典型暴雨，计算结果较为可信。采用该模型研究 2011 年“10・14”暴雨的内涝积水原因，结果表明内涝积水受河水顶托、湖泊调蓄的影响较小，主要原因是排水管网能力不足，这与广州市的调查结果较为一致，表明该模型能较好地分析城市暴雨内涝成因。建议结合海绵城市建设，进一步提升越秀区的管网排水能力。

6.2.6　广州市天河区暴雨内涝研究

1. 区域概况

广州市天河区位于老城区越秀区东侧，为 20 世纪 80 年代后期设立，是广州近 30 年来的发展中心。天河区北部为白云山，南部为珠江前航道，地势北高南低。猎德涌位于天河区西侧，起源于华南理工大学西湖，通过暗涵下穿广深铁路，自北往南流向珠江前航道，全长约 4.3km。

重点研究广深铁路以南的猎德涌集水范围的排水情况。范围东起华南快速干线、西至体育西路，南起珠江前航道、北至广深铁路沿线，总面积约 10.28km^2。主要排水系统由猎德涌、排水管网、岗顶泵站、暨大泵站、猎德涌泵站和猎德涌水闸等排水设施组成。研究区域范围见图 6-33。

20 世纪 80 年代以前，天河区主要为农田林地，水系发达，历史上没有暴雨内涝的记载。近年来，随着城市化的快速发展，区域建筑面积不断提高，水系萎缩，出现了岗顶、暨大、华师等典型内涝黑点。

图 6-33　天河区研究范围及主要排水设施示意图

图 6-34 为猎德涌排涝范围现状水系和 20 世纪 80 年代水系的对比图。由图中可以看出，在城市化以前，该区域水系由多条枝杈状河道和池塘连接形成河网，河道呈自然弯曲形态，而现状水系主要由猎德涌组成，且已被人工裁弯取直。经计算，水面率由 3.8%降至 1.3%，现状水面率下降了 65%；建筑物密度由 6.3%增至 31.7%，现状建筑密度提高了 404%。

岗顶、暨大和华师等内涝黑点在城市化以前为局部汇水区的地势低洼处。随着城市化

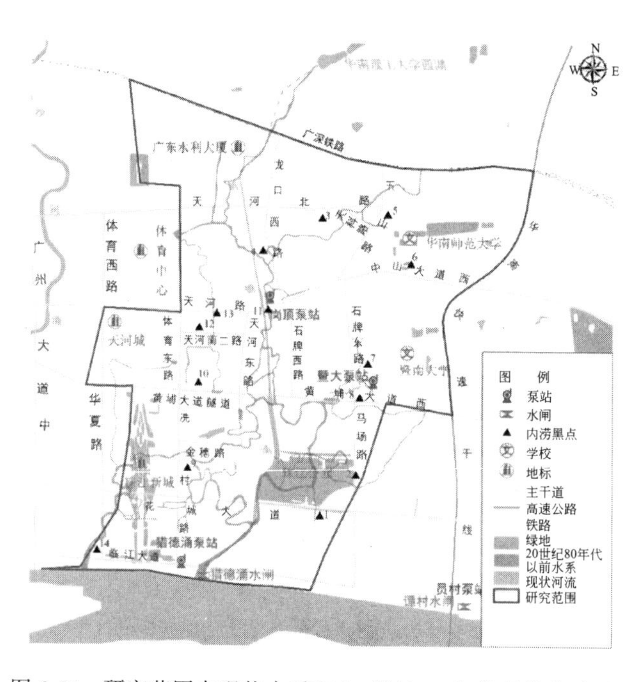

图 6-34　研究范围内现状水系和 20 世纪 80 年代以前水系对比

的不断发展，区域水系面积大幅减小导致调蓄能力减小，建筑面积增加导致地面不透水率提高、雨水汇集时间缩短，河道填埋或箱涵化导致排水能力不足，道路建设及土地填高导致局部低洼区域排水不畅。上述原因综合导致地势低洼处容易形成暴雨内涝黑点。

本节以广州市天河区猎德涌排涝片区为研究对象，初步分析了近30年来该区域城市化进程中水系和下垫面的演变。针对城市化导致的典型内涝黑点，采用完整的城市雨洪模型模拟了下垫面、河道和排水管网过流能力对内涝黑点的积水影响，分析了研究区域严重内涝的主要成因。

2. 研究方法

（1）模型构建

本文建立能够完整描述水流运动机理的城市雨洪模型，定量分析区域典型内涝黑点的积水成因。

采用MIKE11构建一维河道水动力模型。该模型采用Abbott六点隐式差分格式求解圣维南方程组。本次模拟河道主要为猎德涌。上边界为广深铁路处，下边界为河口。猎德涌在河口处设置有猎德涌水闸和猎德涌泵站。当外江水位低时，泵站关闭，通过水闸自排涝水至外江；当外江水位高时，水闸关闭，通过泵站强排涝水至外江。

采用MIKE21构建二维漫流模型。该模型采用ADI交替隐式格式进行时空积分。二维模型主要用于模拟管网溢出水流在地面的漫流过程。为准确分析城市暴雨内涝的风险，需采用精细地形构建二维模型，本次基于1∶2000地形图提取高程，采用10m×10m的网格对研究区域进行剖分，网格单元约15万。为反映建筑物的阻水作用，对所有建筑物高程均拔高10m。

采用MIKE URBAN构建一维管网模型，其中降雨产汇流过程采用水文学模型TA时间面积法求解，作为管网边界条件，然后采用MOUSE引擎计算管网的水流运动过程。排水分区参考地形高程进行划分，以人孔为中心，按照泰森多边形划分汇水区，径流按就近原则排入人孔。

本次结合管道流向、管底高程、管径和坡降对区域内管网进行概化，主要考虑400mm以上管径的骨干管网和箱涵的排水能力，概化后的主干管网见图6-35。

黄国如等人的研究表明城市雨洪模型中最大的影响因素为径流系数，地面坡度的影响因素最小。MIKE URBAN模型与之相对应的参数是不透水系数。本次未收集到研究区域内典型暴雨内涝积水的具体水深情况。为使得该城市雨洪模型计算结果较为合理，本次基于1∶2000地形图，参考《广州市城市洪水风险图编制报告》，选取了越秀区雨洪模型针对不同土地类型设置的不透水系数，如表6-17所示。越秀区雨洪模型针对2011年10月14日和2014年6月23日的两场暴雨内涝进行了率定和验证，结果较为合理。

越秀区不同下垫面类型不透水率 **表6-17**

类型	不透水率
建筑	0.85
道路	0.75
绿地	0.25
水系	1.0

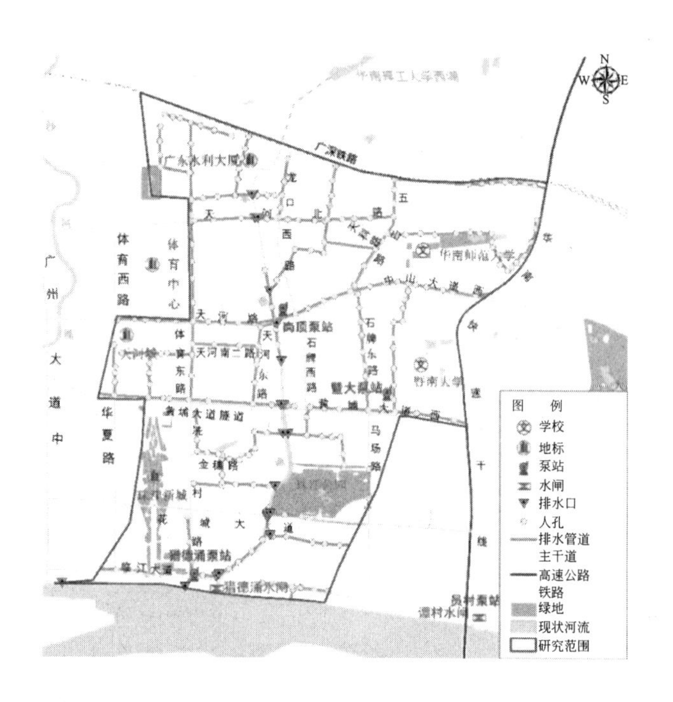

图 6-35　研究范围内主干管网概化图

（2）设计暴雨

本节以 20 年一遇最大 24h 设计暴雨为例对区域内涝积水成因进行研究。根据猎德涌所在地理位置，通过《广东省暴雨参数等值线图》和《广东省暴雨径流查算图表》查算最大 1h、6h 和 24h 暴雨均值及相关参数，求得 20 年一遇最大 24h 设计暴雨，采用珠江三角洲设计雨型进行时程分配，如图 6-36 所示。

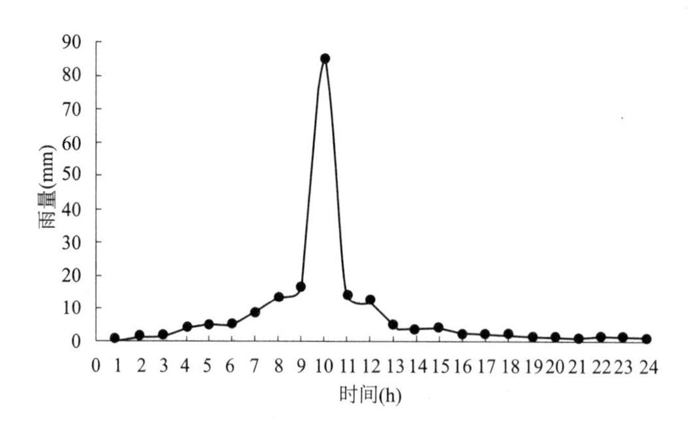

图 6-36　20 年一遇最大 24h 设计暴雨时程分布图

3. 模拟结果

采用猎德涌防涝片区雨洪模型模拟遭遇 20 年一遇的暴雨内涝积水情况。淹没范围、内涝黑点及最大淹没水深见图 6-37 和表 6-18 所示。

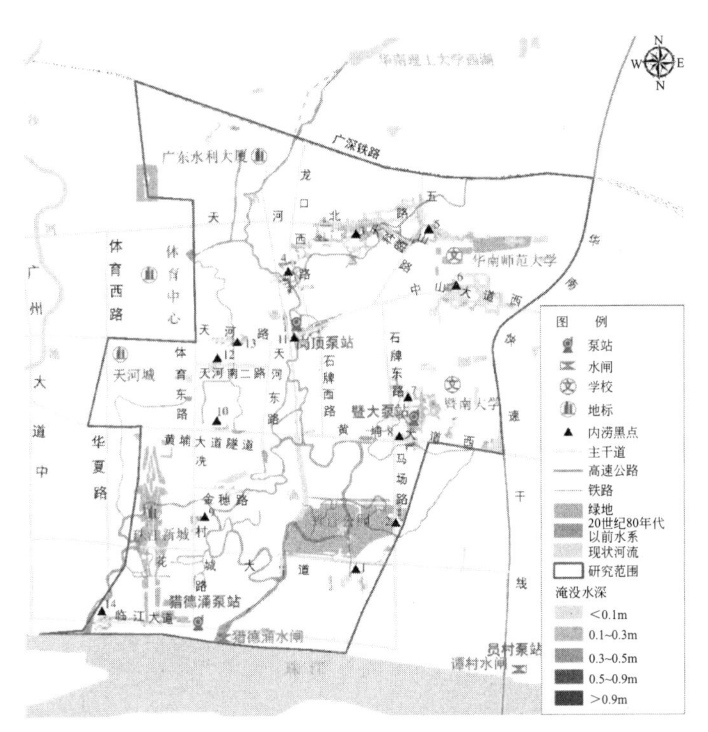

图 6-37　猎德涌防涝片区 20 年一遇设计暴雨积水分布图

积水点最大淹没水深　　**表 6-18**

监测点序号	最大淹没水深(m)	监测点序号	最大淹没水深(m)
1	0.52	8	1.17
2	0.61	9	0.51
3	1.21	10	0.50
4	1.25	11	1.17
5	0.69	12	0.38
6	0.52	13	0.46
7	0.67	14	0.57

从图 6-37 可以看出，研究范围内主要淹没区域位于华南师范大学西门（监测点序号 5）、天河北路与天科路周边（监测点序号 3）、华师大北门附近（监测点序号 6）、天河路岗顶附近路段（监测点序号 11）、暨南大学石牌东路和黄埔大道西附近（监测点序号 7 和 8）、龙口西路段（监测点序号 4）以及珠江新城马场路（监测点序号 2）。采用城市雨洪模型模拟的上述积水区域与天河区实际易涝点较为一致，表明该模型计算的内涝分布结果较为合理。

4. 积水成因分析

根据前文区域概况分析可知，天河区典型内涝黑点位于局部地势低洼处，主要是由城市化过程中水系萎缩、建筑面积增大、河道箱涵化排水标准低及道路填高等因素造成。本次采用城市管网模型重点定量分析在城市化过程中不透水层增加、河道缩窄、河道箱涵化导致排涝能力减小对不同内涝黑点造成的影响，从而定量确定内涝黑点产生的主要原因。城市不透水层主要为建筑和道路的不透水层。为研究城市化过程中不透水面积的改变对暴雨内涝积水的影响，本节以天河区现状不透水层的面积为基准，考虑现有不透水层面积的减少比例分别为 10％（方案 2）、30％（方案 3）、50％（方案 4），采用城市雨洪模型进行模拟，积水结果如图 6-38 和表 6-19 所示。方案 2、3、4 与基准方案（方案 1）相比，最大淹没水深分别减少了 1.3％、5.1％、35.8％，平均最大淹没水深分别减小了 5.8％、15.1％、12.1％，淹没面积分别减少了 10.3％、37.5％和 71.1％，总径流量分别减少了 7.3％、22.1％和 36.9％。由计算结果可以看出不透水层面积的减少对总径流量和内涝淹没面积的影响较大，但对最大淹没水深和平均最大淹没水深的影响较小。

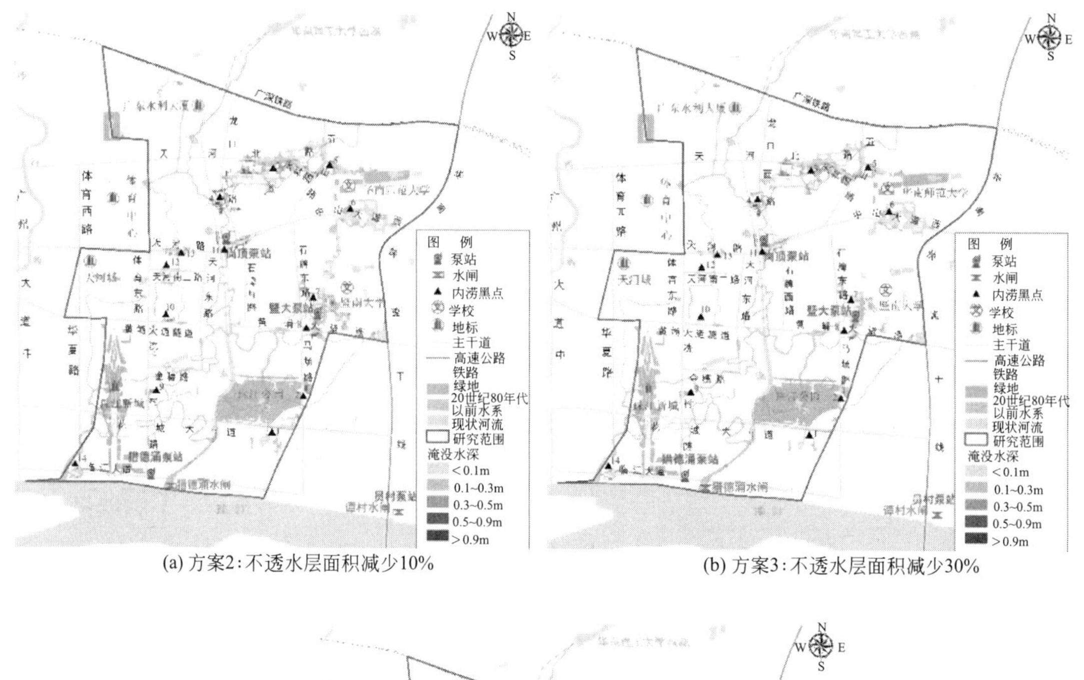

(a) 方案2：不透水层面积减少10%　　(b) 方案3：不透水层面积减少30%

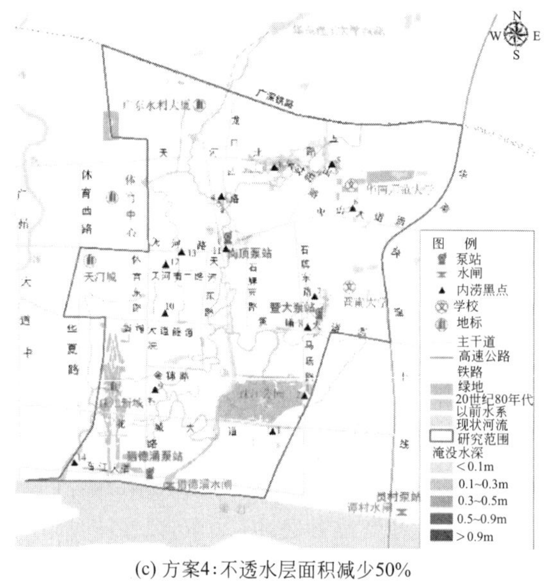

(c) 方案4：不透水层面积减少50%

图 6-38　城市各不透水层面积方案下的积水分布图

下垫面不透水层面积的改变对猎德涌防涝片区积水的影响　　表 6-19

方案	不透水层面积减少比例	累计径流量（万 m^3）	最大淹没水深(m)	淹没面积（万 m^2）
1	基准方案	89.1	1.25	73.7
2	10%	82.6	1.23	66.1
3	30%	69.4	1.19	46.1
4	50%	56.2	0.80	21.3

20 世纪 80 年代猎德涌排涝片区河网密布，经过城市化发展，猎德涌是目前研究范围内的主要排水通道，下游平均河宽约 40m，上游河宽 10～15m。本次研究猎德涌对排水管网的顶托作用，考虑上游河道拓宽至 30m（方案 5）、上下游河道拓宽至 50m（方案 6）两种情况进行内涝模拟。积水结果如图 6-39 和表 6-20 所示。经统计，方案 5 和方案 6 的最大积水深度较拓宽前（方案 1）分别减少了约 0.4%、1.1%，平均最大积水深度分别减少了约 1.6%、6.4%，淹没面积分别减少了约 1.7%、7.5%。从计算结果可以看出河道拓宽后对内涝的影响程度较轻，表明在现状排涝条件下，猎德涌的河道水位对排水管道出口并没有较明显的顶托作用。

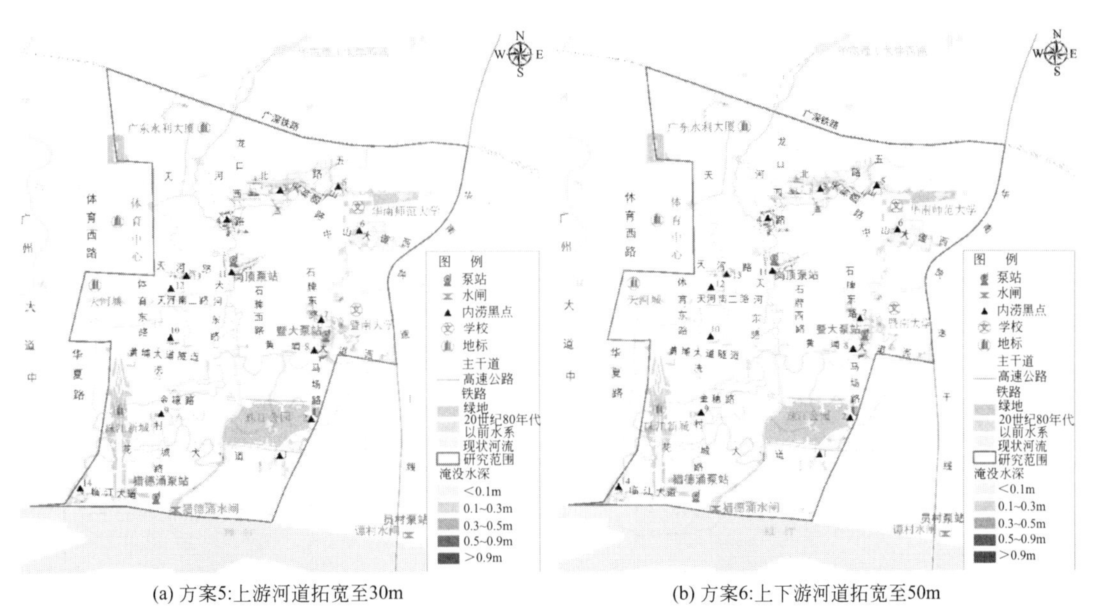

(a) 方案5:上游河道拓宽至30m　　(b) 方案6:上下游河道拓宽至50m

图 6-39　猎德涌河道拓宽后的积水分布图

猎德涌河道拓宽后对猎德涌防涝片区积水的影响　　表 6-20

方案	河道断面拓宽(m)	最大淹没水深(m)	淹没面积(万 m^2)
5	上游拓宽至 30m	1.25	72.4
6	上下游拓宽至 50m	1.24	68.1

如图 6-39 和表 6-20 所示，基准方案内涝黑点基本都分布在 20 世纪 80 年代原有水系

周边，其中华师大周边、天河北路与天科路周边、龙口西路附近、岗顶天河路附近、暨大东门附近积水较为严重，周边现有排水管道平均管径约为 1.2m，箱涵平均宽度和高度分别约为 2m 和 1m。研究区域内 20 世纪 80 年代原有水系平均宽度和深度约为 17m 和 2.7m。本次研究参照 80 年代原有水系的走向、宽度和深度，在上述内涝严重的黑点附近将现有排水管道分别改造为宽 5m、高 2.7m（方案 7）和宽 10m、高 2.7m（方案 8）的大箱涵来研究区域原有水系对城市排涝的影响，箱涵布置见图 6-40。模拟结果如图 6-41 和表 6-21 所示。方案 7 和方案 8 的积水分布基本相同（如图 6-41 所示），区别在于方案 8 中内涝严重的华师大西门、暨大和岗顶地段的积水全部消失，而方案 7 中暨大东门附近仍有 1.3 万 m^2 积水（如图 6-41a 黑色虚线方框所示）。对比表 6-21 和表 6-19 可以看出，方案 7 和方案 8 只需沿原有水系改造部分排水管道，其积水程度就与方案 4 较为接近，与基准方案相比排涝效果提高显著，表明原有水系格局对城市排涝具有关键影响。

排水管道改造为大箱涵后对猎德涌防涝片区积水的影响　　表 6-21

方案	说明	最大淹没水深(m)	淹没面积(万 m^2)
7	排水管道改造为宽 5m、高 2.7m 的箱涵	0.86	33.0
8	排水管道改造为宽 10m、高 2.7m 的箱涵	0.84	31.7

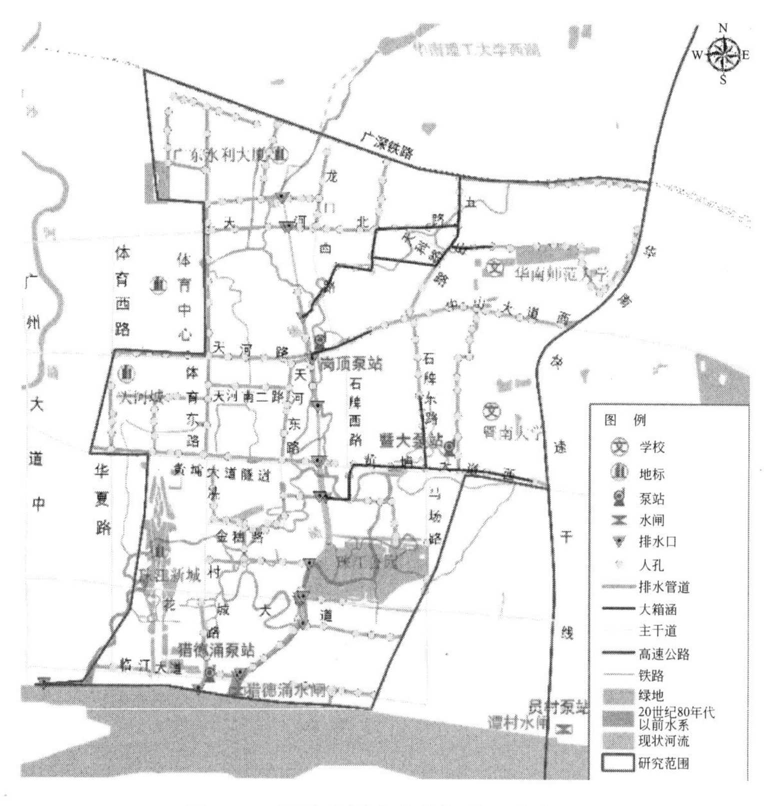

图 6-40　研究范围内大箱涵布置分布图

综合上述分析可以看出，通过减小研究区域的不透水率可以减少地表径流，减轻城市暴雨洪涝灾害损失。因此在城市化过程中，应结合海绵城市建设，增加城市绿地、透水铺

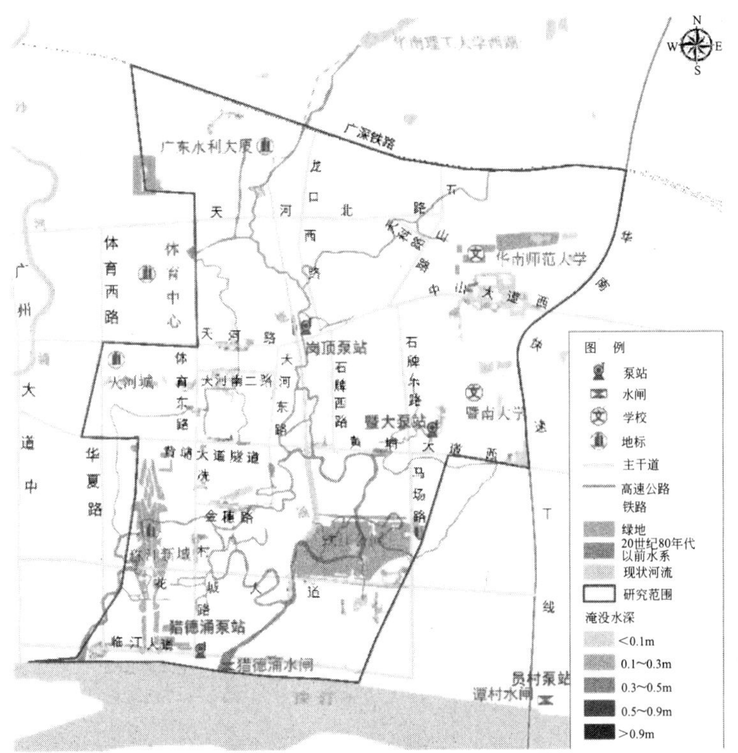

(a) 方案7:排水管道改造为宽5m、高2.7m的箱涵

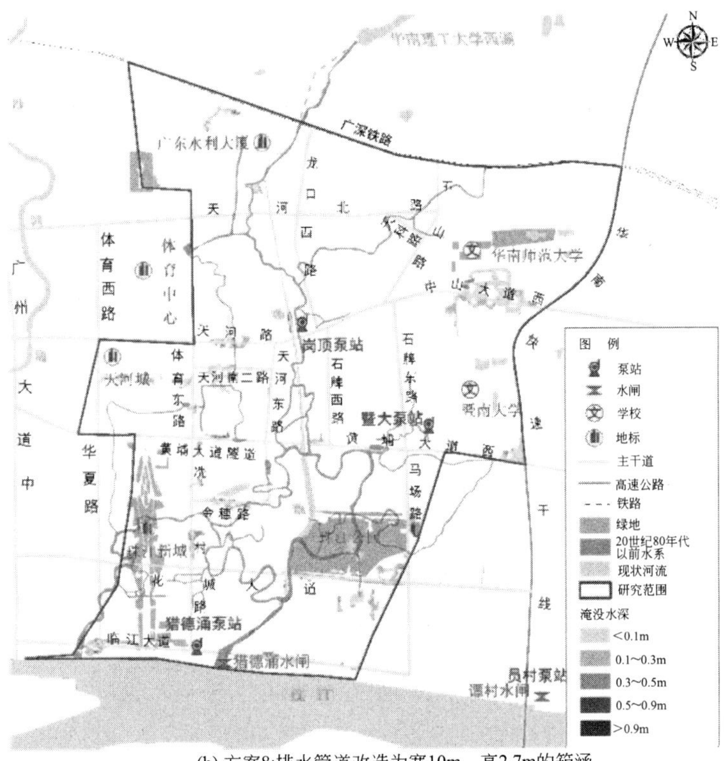

(b) 方案8:排水管道改造为宽10m、高2.7m的箱涵

图 6-41　排水管道改造成大箱涵后的积水分布图

装等措施，提高城市地块蓄滞洪能力。但城市暴雨洪涝治理更为关键的措施是恢复城市原有水系的排涝能力。

5. 小结

基于MIKE模型构建了一维河道、一维管网以及二维地面漫流的耦合模型，初步研究了广州市天河区城市发展过程中的河道演变和下垫面变化情况对区域内涝积水的影响程度。研究结果表明：（1）原有水系对城市排涝具有关键影响，应重点保护原有水系格局；（2）对于建成区的严重内涝地段，在进行海绵城市设计的同时，应着重提升原有水系周边的排水管网能力。

6.2.7 内涝治理思路

1. 统筹兼顾，全面谋划广州城市内涝治理工程

广州内涝，究其原因，最主要的是最初的城市规划设计没有充分考虑到暴雨袭击的危害性。不能统筹协调城市规划、设计、建设、管理等问题，造成整个城市相关基础设施设计不当、建设不力的结果。

因此，广州治理城市内涝，必须科学规划，改变建设、管理思路，立足于全局与未来，综合考虑各种因素，共同提高城市洪涝救灾能力。首先，必须对广州城市内涝治理的长期性、复杂性和艰巨性有充分的认识，按照“整体规划、分期分批、先易后难、先重后轻、先急后缓”的原则，逐步治理；其次，高标准建设新城区的排水工程，不要让内涝问题进一步扩大；最后，积极引导各种媒体对于内涝现象的报道，正确看待新闻报道的影响，坚持既定的治理目标和工作思路，杜绝在舆论压力下出现“头痛医头、脚痛医脚”的短期行为，有效避免“年年治理年年涝”的现象。

2. 科学制定广州城市排水标准，制定标准严格的政策法规

任何城市的排水措施，都只能在一定经济、技术保障下防御一定程度的内涝。无论怎样制定防御标准，理论上都有可能出现超出防御标准的情况。标准定得过高，不但不经济，而且也不可能完全实施；反之，假如设计标准越低，城市被淹的可能性就越大，生命财产遭受巨大损失的概率也就越高。因此，如何在高标准和投资效益之间找到一个合理的平衡点，直接影响着能否制定一个科学、合理的防御标准。

制定标准严格的政策法规，强制、规范雨水的利用、要治理广州“水浸街”现象，就要全面深入地规范雨水利用的相关准则，将雨水利用变为强制性要求，纳入城市建设项目立项审批、备案的前置必要条件，并且鼓励个人、私营企业和社会各界投资兴建雨水集蓄工程，调动全民实施雨水利用，减少雨水排放。例如可以效仿德国，规定在新建区，无论是工业区、商业区还是居民小区，都要设计雨水利用设施，如果没有，政府将征收雨水排放设施费和雨水排放费。也可以效仿美国《雨水利用条例》，要求所有新开发区必须实行“就地滞洪蓄水”，并对有雨水利用的建设项目，政府给予优先审批。或像日本通过“水资源有效利用融资法”和“地区水资源有效利用促进基金”，对居民利用雨水的设施实施事业给予低利贷款和补助。

3. 综合利用“截、渗、蓄滞”等海绵城市建设措施

（1）截。城市在建设发展过程中应该保留足够多的湿地，以增强对城市暴雨的调节能力。

（2）渗。有关部门应当加大修建城市雨水渗透设施的力度，如修建透水路面、透水广场等；又如在停车场铺设透水路面或碎石路面，并建设渗水井，都可以加速雨水渗流，从而达到减轻城市内涝的目的。

（3）蓄滞。目前广州几乎没有专门用于调蓄雨水的设施。随着水环境恶化日益严重，广州市水资源日趋紧张，如让这低污染水源——雨水，白白流走实在太过可惜。针对雨水的渗蓄，2006 年日本东京完成了一项具有 67 万 m^3 蓄洪容积的名为“首都圈外围排水”的防涝泄洪工程。2010 年英国政府启动了建设“可持续排水系统”计划，要求将雨水引入水池、盆地或区域池塘及湿地，进行资源化利用。中国在地下工程施工技术与方法上已达到国际先进水平，广州在处理“水浸街”问题上，可考虑借鉴国外发达国家，建造大型的地下雨水储蓄池，把雨水用于灌溉、景观、洗车、冲厕所。这必定能节省市政和居民用水开支，带来直接或间接的经济效益。

4. 运用智能化信息化管理系统进行雨水管理，加强暴雨预警预报应急体系建设

英国在 2009 年利用气象预报技术和环境水文知识，成立起“洪水预报中心”，就强降雨可能引发的地表水风险发布预警。美国在 2004 年完成的欧洲联盟 COST-717 计划中建立了基于雷达信息的城市雨水管理信息系统。法国巴黎在 20 世纪 90 年代开始使用地下水道网络管理信息化处理（TIGRE）的地理信息化系统管理水道管网。同期，日本在建立了基于分布式水文模型的城市雨水管理信息系统。德国德雷斯顿市建立了基于德国本土软件的模拟降雨径流、管网雨水及其入渗补给地下水的雨水管理信息系统。城市雨水系统十分庞大，不可能单靠人工开闭各种阀门来实现系统在泄洪与蓄水之间的转换。广州“水浸街”现象的治理需要各职能部门的联动机制，利用数字化管理平台建立全面、系统、综合的城市雨水管理系统，提前预报雨水径流和可能出现积滞水的地点，实现自动远程监控，超前管理。

5. 改变“重建轻管”的习惯思维

针对城市化建设带来的内涝问题，广州市近几年出台了一系列相关法规：2007 年 6 月颁发广州地方规范《屋顶绿化技术规范》，2010 年 1 月颁发《广州市排水管理办法》，2013 年 1 月印发《广州市排水管理办法实施细则》，2014 年颁发《广州市建设项目雨水径流控制办法》等，明确要求在城市建设过程中应严格控制地表径流量，并给出了减少地表径流量的具体措施，但在实际建设中却很少得到落实，个别区水务部门工作人员甚至不知道这些法规，使得制定好的规范制度成为摆设。因此内涝防治的关键在于落实这些政策法规，做到有法必依，执法必严。

其次应当加强排水设施的日常维护工作。一方面，应当合理规划城市排涝建设资金，增加管道清淤养护等非工程措施的资金投入。应当对建成区的管网进行整治，理顺城市管网系统，对由于淤堵导致排水不畅的管段，开展排水管网排查、清疏、修复，通过增设雨水箅、设闸、加设泵井抽排等措施，提高城市的排水能力。另一方面对于那些侵占河道、骑压河道、偷排施工泥浆、水土流失等一系列违章违法行为，应当增大执法部门的执法力度，依法给予取缔。

6. 改变城市内涝防治的责任主体

城市内涝防治是一项庞大的系统工程，除了城市排水管网的完善外，还涉及城市建设多个方面，包括建筑、小区、城市道路、城市绿地、城市水系等多个内容。因此，城市内涝的治理不应该仅是水务部门的责任，它还牵涉规划、国土、气象、交通、城市建设等众多部门，在具体实施时需与城市建设、国土、规划、建筑设计、环保和园林等许多部门通力合作。另一方面，还应该完善排水管理模式，目前的多头管理模式往往会出现相互沟通不顺，协调困难等问题。城市暴雨的预见期较短，城市的排水预案、应急调度方面往往跟不上实际情况，在暴雨来临时需要协调多个管理部门，由于管理理念，技术手段的特点，对问题发生的处理流程不一致，可能会出现协调不畅，导致城市内涝的发生。

6.2.8 广州中心城区内涝小结

城市化是现代社会发展的必由之路。在城市化的进程中，在目前气候异常的阶段，洪涝灾害是不可完全避免的自然灾害，超纪录的暴雨洪水完全可能发生。随着认识水平的提高和水文气象监测技术的进步，防灾减灾要以洪水风险管理为基础，走综合治水之路，既要顺应自然规律又要遵循社会经济发展规律。

（1）原有水系对城市排涝具有关键影响，应重点保护原有水系格局。

广州市天河区的暴雨内涝研究表明原有水系格局对城市排涝具有关键影响，对于建成区的严重内涝地段，在进行海绵城市设计的同时，应着重提升原有水系周边的排水管网能力。

（2）开展广州市城市化对水文过程影响的基础研究，特别是城市化对雨洪径流的影响规律。

（3）及时进行排水排涝分析计算复核工作，探索暴雨选样方法和频率曲线分布，采用年最大值法协调城市排水与排涝的重现期，提高设计技术标准。重要干道、重要地区或短期积水即能引起严重后果的地区，一般选用 2～5 年，大于 10 年的重现期用城市防洪的暴雨公式进行计算。

（4）加强预警预报系统的建设，提高决策的科学性。

以卫星探测和雷达探测的雨量空间分布为基础，用地面预测数据进行实时校正，将精细数值预报与以雷达探测信息为主的临近预报技术相结合，提高降雨预报的精度和城市雨涝预见期。

（5）做好日常排水系统的维护，提高排水设施的养护水平。

暴雨期间，增派人员上街巡查排水管网，统一调度各控制站闸，确保河道及时泄洪。定期对排水设施进行检查，排涝抢险方式在自排雨洪的基础上增加泵站抽排。

（6）城市规划建设应保证足够的绿地面积，同时可考虑借鉴国外发达国家，建造大型的地下雨水储蓄池，通过雨水资源化利用减少城区雨水洪涝。

6.3 中山市中心城区现状内涝研究

6.3.1 模型模拟

采用 DHI MIKE URBAN 以及 MIKE 21 进行城市排水管网降雨过程水动力模拟。

城市管网模型 MIKE URBAN 整合了 ESRI 的 ArcGIS、排水管网系统 CS 和给水管网 WD 成一套城市水模拟系统。MIKE URBAN 建立在 AO（ArcObject）的构架基础上，工程文件采取 Geodatabase 数据库作为存储格式，这使得 URBAN 与 GIS 具有天然的联系，可以提供强大的 GIS 功能。

模型广泛应用于城市排水与防洪、分流制管网的入流/渗流、合流制管网的溢流、受水影响、在线模型、管流监控等方面。其水动力学模型选用DHI开发研制的管流模型（采用MOUSE标准模块～管流模块）。在管流模块中，先进的计算公式使模型能够准确描述各种水流现象和管网元素（如灵活的横截面形状），包括标准形状、圆形人孔（检查井）、蓄水区溢流堰泵站操控、水流调节构件、恒定或随时间变化的出口水位、恒定的或随时间变化的入流流量、人孔/集水区的水头损失、随深度变化的摩擦系数等。根据不同的设计雨强和雨型，模拟城市内涝、积水的情况，为决策者提供科学支持，提高对城市洪水灾害应急实际的预见性。

本项目利用MIKE系列软件，建立了城市排水系统水文、水动力学模型，二维地面漫流模型。利用建立好的模型对于项目区域的排水管网状况进行模拟分析，对积水区域积水发生的原因进行分析，并对规划管网进行复核。

6.3.2 城市水系

（1）联围情况

中山市主城区由中顺大围、张家边联围、雨水泵站、水闸、河道、排洪渠和水库组成了一个“外挡内蓄、堤库结合”的防洪排涝体系。外围主要依靠中顺大围、张家边联围抵御外江洪水的威胁，通过水闸泵站控制内河道水位；主城区雨水主要依靠内河道、雨水泵站、水闸和雨水管渠排除。当外江水位较低时，区域雨水通过开启水闸重力自排，可满足一般正常排涝需要；汛期时，区域雨水受外江洪潮水位顶托，需通过雨水泵站提升排除。五桂山丘陵区山体洪水主要由白石涌、小隐涌等河道排除，白石涌和小隐涌是山体洪水的主要排放通道。

中顺大围范围主要捍卫中山市主城区的大部分、小榄镇和横栏镇等17个镇区，总集雨面积约779.2km^2。现状中顺大围大堤防洪标准为50年一遇，防洪堤总长约119.1km，分为东干堤和西干堤，其中东干堤沿东海水道、小榄水道和横门水道布置，长约52.7km；西干堤则沿西江干流、海洲水道和磨刀门水道布置，长约66.4km，东南以五桂山为屏障，全围平面形态基本呈北窄南宽的三角形。

张家边联围位于中山市东部，北濒横门水道，为冲积平原和海积平原，主要捍卫中山港火炬开发区，现状堤防设计标准30年一遇，总集雨面积约95.4km^2，其中长江水库以上集雨面积36.4km^2。围内主要河流小隐涌，起源于长江水库，注入横门水道，全长约11.0km，是全围的主要排洪河流，河口建有洋关泵站（图6-42）。

（2）河道情况

主城区主要内河道（排水渠）共计68条。17条位于石岐区；12条位于东区；8条位于南区；8条位于西区；21条位于火炬开发区；2条位于五桂山区，五桂山区另有多条支流河道。

主城区主要的68条河道中，全覆盖河道12条，它们是九曲河、大王庙涌、张溪涌、青溪涌、员峰涌、后岗涌、方基涌、洪家基涌、南三涌、柏山排水渠、下闸涌和夏洋涌，其中9条位于石岐区（九曲河、大王庙涌、张溪涌、青溪涌、员峰涌、后岗涌、方基涌、洪家基涌、南三涌），2条位于东区（柏山排水渠、夏洋涌），1条位于西区（下闸涌）；另有多条河道部分河段被覆盖。具体详见表6-22。

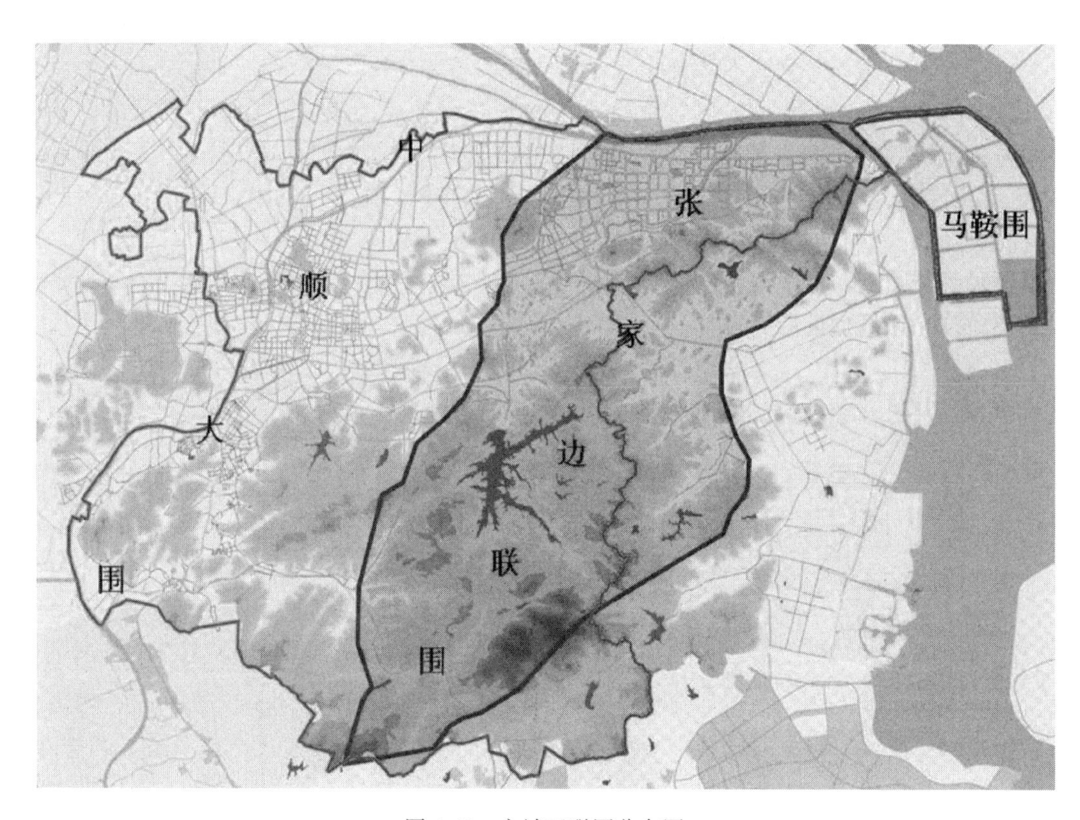

图 6-42　主城区联围分布图

主城区主要河道情况　　**表 6-22**

镇区	河道	汇入河流	河长（km）	覆盖情况	备注
石岐区	岐江河	横门水道	39	未覆盖	流经南区、石岐区、火炬开发区
	大滘涌	岐江河（东河）	1.5	部分覆盖	
	北排渠一	岐头涌	2.2	部分覆盖	
	岐头涌	岐江河（东河）	2.1	部分覆盖	
	张溪涌	岐江河（东河）	0.9	全覆盖	
	青溪涌	岐江河（东河）	0.4	全覆盖	
	员峰涌	岐江河（东河）	0.4	全覆盖	
	后岗涌	岐江河	0.7	全覆盖	
	九曲河	岐江河	2.1	全覆盖	
	方基涌	九曲河	0.6	全覆盖	
	大王庙涌	白石涌	1.5	全覆盖	包括方基涌

续表

镇区	河道	汇入河流	河长(km)	覆盖情况	备注
石岐区	洪家基涌	九曲河	0.5	全覆盖	
	南三涌	白石涌	1.3	全覆盖	包括洪家基涌
	白石涌(部分)	岐江河	13.3	未覆盖	流经石岐区、东区
	发疯涌	岐江河	4.5	部分覆盖	其下游段位于南区
	港口河	岐江河(东河)	1.4	未覆盖	全长6km,位于规划区内的河段长约1.4km
	横涌(部分)	港口河	7	未覆盖	部分位于规划区内,规划区内1.2km
	合计:17+0=17				
东区	中心河	岐江河(东河)	3.8	未覆盖	
	羊角涌	岐江河(东河)	3	未覆盖	
	崩山涌	岐江河	6.2	部分覆盖	
	柏山排水渠	分别与九曲河和崩山涌相接	2	全覆盖	
	夏洋涌	白石涌	1.4	全覆盖	
	白石涌(部分)	上游与长命涌相接	13.3	未覆盖	流经石岐区、东区
	长命涌(部分)	与白石涌相接	4.8	未覆盖	流经五桂山区、东区
	金钟水库排洪渠	分别与白石涌和金钟水库相接	3.1	未覆盖	
	长江水库排洪渠	与长江水库和小隐涌相接	4	未覆盖	其下游河段位于火炬开发区
	小隐涌支流一	长江水库排洪渠	3.1	未覆盖	
	小隐涌支流二	小隐涌	6.3	未覆盖	
	白石涌支流一	白石涌	3	未覆盖	
	崩山涌支流一	崩山涌	1	全覆盖	
	合计:9+3=12				
南区	马岭水库排洪渠	与马岭水库和北台涌相接	2.1	未覆盖	
	北台溪	与岐江河相接	6.8	未覆盖	
	马恒河	岐江河	2.3	未覆盖	
	称钩湾河	岐江河	1.7	未覆盖	
	发疯涌支流一	发疯涌	1.4	未覆盖	
	岐江河支流一	岐江河	1	未覆盖	

续表

镇区	河道	汇入河流	河长（km）	覆盖情况	备注
南区	岐江河支流二	岐江河	0.8	未覆盖	
	岐江河支流三	岐江河	1	未覆盖	
	合计:4+4=8				
西区	下闸涌	岐江河	1.3	全覆盖	
	狮滘河	岐江河	20.4	未覆盖	下游河段位于规划区内,规划区长度2.4km
	西河涌	岐江河	3	未覆盖	
	沙朗涌		6	未覆盖	
	新涌	狮滘河	2.4	未覆盖	
	石特涌		6.5	未覆盖	
	十六顷涌		4.1	未覆盖	
	马涌	狮滘河	2.4	未覆盖	
	合计:8+0=8				
火炬开发区	濠头涌	岐江河（东河）	8.5	未覆盖	
	大湾涌	东河	3.1	未覆盖	
	公涌	东河	1.9	未覆盖	上游少量覆盖
	关帝涌	东河	0.9	部分覆盖	
	张家边涌	横门水道	4.2	部分覆盖	
	师炎涌	横门水道	2.2	未覆盖	
	六孖涌	横门水道	2.9	未覆盖	
	八公里河	小隐涌	8.2	部分覆盖	
	小隐涌	横门水道	24.5	未覆盖	
	岐江河支流四	东河	0.7	未覆盖	
	岐江河支流五	东河	0.5	未覆盖	
	岐江河支流六	东河	1.7	未覆盖	
	岐江河支流七	东河	2.6	未覆盖	
	岐江河支流八	东河	3	未覆盖	
	岐江河支流九	东河	1.2	未覆盖	
	小隐涌支流三	小隐涌	2.8	未覆盖	
	小隐涌支流四	小隐涌	1.9	未覆盖	
	小隐涌支流五	小隐涌	1.2	未覆盖	
	八公里河支流一	六孖涌	1.3	未覆盖	汇水面积包括六孖涌

续表

镇区	河道	汇入河流	河长（km）	覆盖情况	备注
火炬开发区	八公里河支流二	张家边涌	1.5	未覆盖	
	濠头涌支流一	濠头涌	2.4	部分覆盖	
	合计：9+12=21				
五桂山区	北台溪	北台涌		未覆盖	发源于五桂山，另有众多支流
	北台涌	岐江河		未覆盖	北台溪下游即北台涌
	长命涌（部分）	白石涌	4.8	未覆盖	流经五桂山区、东区
	合计：3（−1）=3（2）				
总计	48+20=68				
	（即 48 条已知名称河道，20 条未知名称河道，共计 68 条）				

（3）现状水库

主城区现有 11 宗水库，分别是长江水库、田心水库、金钟水库、石榴坑水库、马岭水库、长坑三级水库、石塘水库、宝鸭塘水库、长龙坑水库、暗龙上级水库、田寮水库，总库容 6364.38 万 m^3，调洪库容 2390.41 万 m^3。除长江水库为中型水库外，其余均为小型水库。见表 6-23。

主城区水库表　　**表 6-23**

水库名称	序号	工程规模	集雨面积（km^2）	总库容（万 m^3）	兴利库容（万 m^3）
长江水库	1	中型	36.4	5040	3463
田心水库	2	小(1)型	4.42	295	211
金钟水库	3	小(1)型	4.24	320	211.2
石榴坑水库	4	小(1)型	2.38	222	143
马岭水库	5	小(1)型	2.31	122	92
长坑三级水库	6	小(1)型	5	131.72	92.84
石塘水库	7	小(1)型	2.7	113.52	80.29
宝鸭塘水库	8	小(2)型	0.97	22.48	17.69
长龙坑水库	9	小(2)型	2.2	28.59	17.91
暗龙上级水库	10	小(2)型	0.9	21.12	16.35
田寮水库	11	小(2)型	0.63	47.95	36.94
总计	11		62.15	6364.38	4382.22

（4）现状水面率

据统计，主城区水库、湖面及水塘面积为 6.95km^2，河道面积为 11.73km^2，合计水面面积为 18.68km²，主城区水面率为 5.47%。南区水面率最高，达 9.23%，五桂山街道由于森林面积较大，水面率最低，为 1.55%（表 6-24）。

主城区水面率 表 6-24

镇区	区行政面积（km^2）	水面面积（km^2）	水面率（%）
石岐区	21.98	1.79	8.13
火炬区	92.35	7.53	8.15
西区	24.04	0.38	1.56
东区	71.40	4.61	6.46
南区	30.45	2.81	9.23
五桂山街道	101.23	1.57	1.55
主城区	341.45	18.68	5.47

6.3.3 城市雨水排水分区

雨水排水分区与城市排涝区域的划分相一致，并以其为基础对城市雨水排水分区进行划分，全区按现有的管网普查资料，分为 9 个主要的排水区。分别为东升南排涝区、港口排涝区、崩山涌排涝区、羊角涌排涝区、白石涌排涝区、西区排涝区、石岐南排涝区、北台涌排涝区、三乡北排涝区。

通过对现状雨水管渠普查资料的分析，主城区现状雨水管渠主要表现为两种主要的分区情况：

第一种管渠建设与分布呈环状管网体系结构，主要分布在崩山涌排涝区、羊角涌排涝区、白石涌排涝区、西区排涝区这四个排涝区内，城市建设为旧城区及依托老城发展的建设完善区。区内排水干管暗渠纵横交错连接，管网呈现环网结构体系，看上去增大了雨水流通排放的通道，实际上集水区域混乱无序，容易受下游水位顶托，或者管径变化引起管道流态不畅造成水位壅高，容易溢出地面受淹。

第二种管渠建设与分布呈支状管网体系结构，主要分布在东升南排涝区、港口排涝区、石岐南排涝区、北台涌排涝区、三乡北排涝区这五个周边原镇属地区的排涝区内，集水区域明确清晰，但由于城市开发的急促，部分地区会出现下游建设不顾上游需要，所建的雨水管道管径偏小，导致上游城市化后，径流增大而突显下游管道管径不足的情况。

东升南排涝区：现状雨水管渠集水区域面积约 2.74km²，主要以十六顷涌和石特涌为雨水排放水体。

港口排涝区：现状雨水管渠集水区域面积约 14.05km²，主要以十六顷涌、石涌、沙朗涌、马涌和新涌、横涌和岐江河为雨水排放水体。

崩山涌排涝区：现状雨水管渠集水区域面积约 16.79km²，主要以大滘涌、岐头涌和崩山涌和岐江河为雨水排放水体。

羊角涌排涝区：现状雨水管渠集水区域面积约 6.71km²，主要以羊角涌为雨水排放水体，最终排入岐江河。

白石涌排涝区：现状雨水管渠集水区域面积约 21.06km²，主要以白石涌、发疯涌、九曲河、柏山排水渠、方基涌、大王庙涌、洪家基涌、南三涌和夏洋涌等为雨水排放水体，最终排入岐江河。

西区排涝区：现状雨水管渠集水区域面积约 7.15km^2，主要以西河涌、狮滘河、下闸涌和岐江河为雨水排放水体。

石岐南排涝区：现状雨水管渠集水区域面积约 4.56km^2，主要以岐江河为雨水排放水体。

北台涌排涝区：现状雨水管渠集水区域面积约 11.40km^2，主要以红旗河和北台溪为雨水排放水体。

三乡北排涝区：现状雨水管渠集水区域面积约 2.59km^2，主要以田心水库下泄河道为雨水排放水体（图 6-43）。

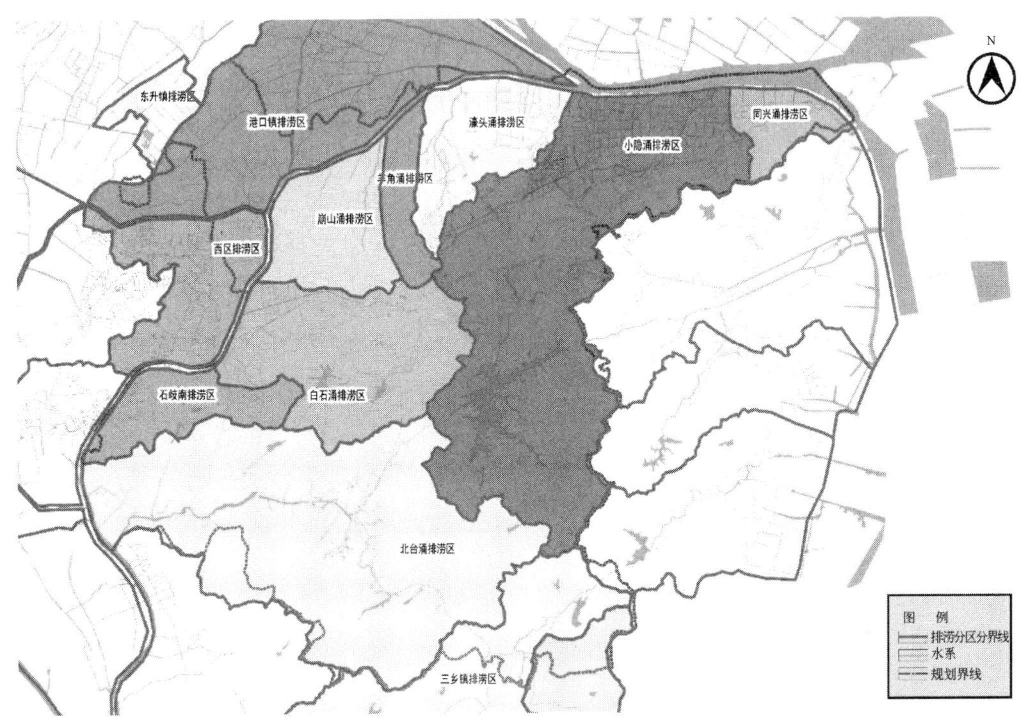

图 6-43　主城区现状排水分区示意图

6.3.4　道路竖向

中山市地形以平原为主，地势中部高，四周平坦，平原地区自西北向东南倾斜。地貌由大陆架隆起的低山、丘陵、台地和珠江口的冲积平原、海滩组成。

主城区为围绕五桂山北面的三角洲冲积平原地区，以及西部和南部的低山丘陵台地。

五桂山山脉。是中山市的主要山脉，主峰海拔 531m，是中山市最高的山峰，面积 42.31km^2。

地面高程是产生内涝的主要因子之一。石岐河是中山主城区排涝主要出口，根据中山市水文资料及对内涝灾害的调查，中山市石岐河水位在 2.044m 以下，城区内涝严重时石岐河的最高水位控制在 2.8m 左右。主城区大部分建设用地在 3.2m 以上，只有旧城区靠近石岐河的部分区域地势较低。部分旧城区城中村等受原有建设标准影响，地坪标高略低，岐江河北岸新港与东升南部区域，新建设城市用地标高都能满足 2.8m 控制标高以上，尚未建设的农田鱼塘及乡村旧貌地区地势较低，部分低洼地区还在1～2m。

总体来讲，城市道路建设标高基本高于2.8m，不易成为受涝对象。

6.3.5 历史内涝

1992年6月1日8时至15日8时，中山普降暴雨，过程雨量石岐349.8mm、坦洲436mm、翠亨529mm。6月13日8时至14日8时降雨量最大，其中南朗横迳255mm、翠亨230.4mm、坦洲大涌口198mm。暴雨使全市农田淹浸8.69万亩，鱼塘过水1282.7亩，崩决山塘2宗，冲坏水库1宗，冲崩渠道39处452m，倒塌泥砖屋15间、茅屋2间，损坏公路3处，损坏水泥10t、化肥12t，2人受伤，直接经济损失586.9万元，其中水利设施损失28.7万元。

1993年6月9日，中山普降大暴雨、局部特大暴雨，其中翠亨降雨177.7mm、板芙264mm（其中6时30分至9时降雨191mm）。暴雨引发山洪暴发。全市农田受浸10.1万亩，鱼塘过水380亩，受浸房屋41间、工厂22间、商店70间，冲崩山塘1座（板芙大坑口山塘），死亡2人，失踪1人，直接经济损失671.5万元，其中水利设施损失41万元。

1994年7月下旬，中山遭遇暴雨袭击，7月21日西河站的降雨量324mm，两天雨量508mm。在此期间，又遇西江百年一遇特大洪水，受外洪顶托，城区一些街道积水成河，部分水浸长达10天，三乡、神湾等圩镇水深近1m，骤成泽国；坦洲、板芙、横门镇及村庄也不同程度受浸；广珠公路一度中断，部分通信中断。全市受涝人口7万多人，被涝灾围困425人，紧急转移5365人，倒（损）房屋2890间，死7人、伤3人，直接经济损失2亿多元。

1997年7月2～3日，中山大部分地区降中到暴雨，南部地区降特大暴雨，坦洲大涌口1h降雨83mm，西河水闸90min降雨149mm。暴雨造成山洪暴发，积水成涝，南部神湾镇水深1.3～1.5m，坦洲申堂村水深1m左右，三乡镇水深0.3～0.4m，城区多处受浸，105国道板芙路段、神湾路段水深0.6～0.8m；山塘水库水位急剧上涨，9宗小（2）型水库超防限水位。全市共有11个镇、1.83万人受影响，紧急转移1532人，损坏房屋6间，受浸农作物8.9万亩，死亡牲畜20头、“三鸟”480只，鱼塘漫顶1.08万亩、走失鱼1137t，全停产工厂54家，冲毁桥涵3座，损坏堤岸1处，直接经济损失3350万元。

1998年5月24日3～12时，中山城区降雨263.8mm，雨水大加上城管水闸未及时开启排水，大部分地方受浸，城区亭子下、梅基街水深1.5m，逢源东街、中街水深1.2～1.38m，受浸最长时间达15h。有1万多间房屋受浸，中区西林山山泥倾泻倒塌房屋围墙2处，7家工矿企业部分停产，21条供电线路被中断，14条公共汽车线路一度中断，直接经济损失3450万元。

2000年4月13日，中山中、南部地区出现罕见的特大暴雨，其中坦洲日降雨量463mm，破中山日降雨量428.7mm的历史记录。山塘水库水位急剧上升，长坑三级水库在泄洪洞全开的情况下，水位日升幅仍达6.43m，长江水库日升幅0.94m，为历史罕见。坦洲、三乡等镇积水最深超1m，一般40～60cm。禾田受浸8.78万亩，鱼塘漫顶6360亩，房屋受浸5144间，紧急转移980人，停产工矿企业30家，直接经济损失1500万元。

2002年9月11～16日，中山受18号强热带风暴云带及南海低压槽影响，连降大到暴雨、局部特大暴雨。15 日 8 时至 16 日 8 时雨量测报，石岐站 286.8mm，黄圃水闸 255mm，东凤莺哥咀站 218mm，南朗逸仙水库 202mm；16 日 1～7 时三防办雨量站 183mm，暴雨强度达到 8 年一遇。全市房屋受浸 3588 间，作物受浸 8.98 万亩，鱼塘漫顶 1.5 万亩，工矿企业部分停产 15 家，直接经济损失 2468 万元。

2014 年 5 月 11 日，中山市遭遇百年一遇的暴雨，当日出现的最大降雨量在坦洲，日雨量 302.9mm。强降雨造成三乡、坦洲、五桂山、南朗、板芙、主城区、火炬开发区、南区、港口等镇区部分低洼地区积水受浸，多个路段出现积水现象，部分水浸路段导致过往车辆死火，造成局部交通拥堵；暴雨使全市近 777 台车辆水淹，中山市全市 24 个有车险业务的保险公司，一共报有 1000 多宗车险。三乡、坦洲镇由于雨量大，降雨持续时间长，造成城镇中心区大面积受浸，坦洲镇共有七条村受浸，古鹤加油站、城桂路丽桃苑路段、坦洲西部沿海高速月环出口、坦洲坦神北路锦绣阳光花园等积水严重，水深 0.4～0.6m，三乡镇文阁河泵站附近区域路面水深达 0.8m；坦洲镇新塘村、三乡镇西山村、板芙镇金钟村等均有部分民居、商铺进水。据初步统计，“5·11”暴雨致全市农业直接经济损失 1959.5 万元，工业直接经济损失 17 万元，295 间企业部分停产，18 条三级以上公路一度中断，合计直接经济总损失近 2000 万元。

6.3.6　主城区内涝点统计

中山市主城区现状排涝标准：10 年一遇 24h 暴雨 2 天排干。

根据 2014 年的统计资料，中山市主城区的内涝点主要有 49 个，其中石岐区内涝点 7 个，西区内涝点 8 个，东区内涝点 11 个，南区内涝点 7 个，火炬区内涝点 13 个，港口镇内涝点 1 个，五桂山内涝点 2 个。具体分布及情况详见表 6-25。内涝点分布图见图 6-44。

内涝点分布情况一览表　　　　表 6-25

序号	内涝点位置	行政区	长度(m)	宽度(m)	发生时间	最大水深(m)
1	康华路(完美公司门口)	石岐区	30	7	2014.5.8	0.11
2	康华路(石岐小学对开红绿灯)	石岐区	55	9	2014.5.8	0.12
3	康华路(与东华路交叉口)	石岐区	36	8	2014.5.8	0.1
4	康华路(湖滨北路至清溪路)	石岐区	350	12	2014.5.8	0.13
5	莲兴路(莲塘东路至宏基路)	石岐区	350	12	2014.5.8	0.09
6	宏基路(富康路至湖滨中路)	石岐区	600	7	2014.5.8	0.1
7	中山一路白朗峰至国际酒店路段	西区	200	22.5	2014.5.8	0.3
8	康华西路	石岐区	250	30	2014.5.8	0.2
9	北外环奥园路口	西区	150	7.5	2014.5.8	0.3
10	翠沙路	西区	350	22.5	2014.5.8	0.2
11	长洲大街	西区	80	15	2014.5.8	0.2
12	升华路	西区	80	22.5	2014.5.8	0.25
13	富华道通安车站路段	西区	100	7.5	2014.5.8	0.25
14	彩虹大道匝道转入北外环	西区	150	7.5	2014.5.8	0.3
15	翠洲路(景新路至翠景大道之间路段)	西区	600	18	2014.5.8	0.65

续表

序号	内涝点位置	行政区	长度（m）	宽度（m）	发生时间	最大水深（m）
16	兴中道（中山三路至孙文东路）	东区	450	10	2014.5.8	0.08
17	兴华街（康乐大街至华柏路）	东区	400	9	2014.5.8	0.13
18	中山四路与起湾道交叉路口（中山日报）	东区	70	28	2014.5.8	0.13
19	华柏路（华柏公园对开）	东区	50	6	2014.5.8	0.1
20	博爱四路（优雅山房对开）	东区	200	21	2014.5.8	0.23
21	起湾道（与富湾路交叉口）	东区	60	7	2014.5.8	0.12
22	长江路（绿华园）	东区	90	17	2014.5.8	0.7
23	银湾南路（洗车场至蔷薇山庄之间路段）	东区	350	9	2014.5.8	0.3
24	银湾东路（幼儿园至壹加壹之间路段）	东区	180	15	2014.5.8	0.15
25	齐乐路	东区	70	15	2014.5.8	0.45
26	鳌长路（同心士多对开约 80m 长度）	东区	80	7	2014.5.8	0.4
27	福源路	港口镇	300	20	2014.5.8	0.3
28	康南路（兴南路至日华路之间路段）	南区	220	22	2014.5.8	0.25
29	日华路（康南路至星华路之间路段）	南区	150	7	2014.5.8	0.2
30	悦盈新城	南区	缺少统计数据			
31	火炬路格林特厂段	火炬区				
32	敬业路	火炬区				
33	温泉路	火炬区				
34	东镇大街	火炬区				
35	逸仙路逸华路段	火炬区				
36	博爱七路（逸仙路口交界）	火炬区	120	42	2014.5.8	0.6
37	环茂路黎村段	火炬区	缺少统计数据			
38	环茂路义学村段	火炬区				
39	江陵东路嘉和苑段	火炬区				
40	江陵西路陵岗牌坊段	火炬区				
41	明珠路与康辉路	火炬区				
42	孙文路与濠东路	火炬区				
43	东镇东二路	火炬区				
44	盛安街	南区				
45	渡头隧道	南区	缺少统计数据			2
46	西环二路（环美包装厂至聚合化工厂门口）	南区				0.8
47	竹秀园北大街	南区				0.2
48	五桂山石鼓马槽村	五桂山	缺少统计数据			
49	五桂山长命水管理区城桂路段	五桂山				

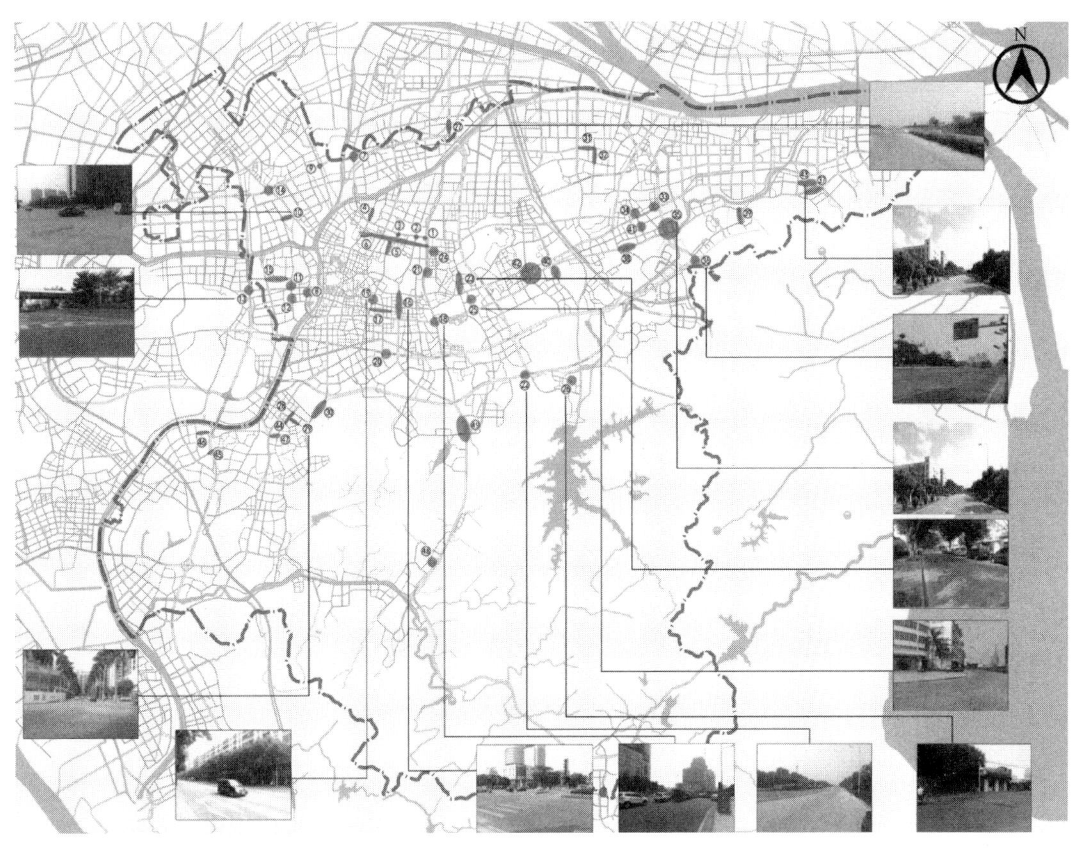

图 6-44　内涝点分布图

6.3.7　城市排水设施

建成区内，西区、石岐区、东区和火炬区有部分区域采用雨、污分流制，南区和五桂山区则为雨污合流制。目前已修建合流制管（涵）约 802.87km，分流制雨水管（涵）约 157.18km，合流制明渠 1.3km。统计数据详见表 6-26。

现状主要市政排水管渠统计表　　表 6-26

排水分区	雨污合流管网长度（km）	雨水管网长度（km）	合流制排水明渠长度（km）	雨水明渠长度（km）
西区	127.14	20.98	0	0
石岐区	153.57	37.10	0	0
东区	137.85	73.60	1.3	0
南区	111.04	0.00	0	0
火炬区	211.00	11.18	0	0
五桂山	62.28	14.31	0	0
合计	802.87	157.18	1.3	0

6.3.8 城市内涝防治设施

（1）现状水闸

石岐河是中山市的母亲河，河流长度约 39km，河面宽度 74～280m，东河口设有雨水泵站和水闸、西河口设有水闸控制水位和流向。外江高水位时，通过雨水泵站和水闸控制岐江河水位不高于 1.857m，中顺大围主城区范围的雨水均由区域内河道排入岐江河，再经岐江河从东、西河口分别通过横门水道、磨刀门水道排出。

东河水闸最大泄洪量 $1020m^3/s$，西河水闸最大泄洪量 $1075m^3/s$。闸内水位控制在 2.22m 以内，在外江潮位达到 2.22m 时，即需关闭水闸挡水。东河设有排涝泵站，规模 $273m^3/s$，工程投入使用后岐江河城区段水位可控制在 1.857m 以下。

东河水利枢纽工程由水闸、船闸、泵站三部分组成：水闸总净宽 150m，分为 10 孔，船闸为 500t 级，净宽 16m，长 120m；泵站总装机 10800kW，总设计流量 $273m^3/s$。

西河水闸总净宽 150m，共分 10 个孔，每孔净宽 15m。船闸闸室宽 23m，船室长 180m，闸室为混凝土空箱结构，可通航 500 吨级以下轮船。

另外火炬区的多条独排出外海的河道均建有水闸，主城区外排水闸表见表 6-27，共计有 10 宗外排水闸。

主城区外排水闸表　　表 6-27

水闸名称	序号	所在河道	所在镇区	水闸规模		水闸结构
				孔数（个）	净宽（m）	
东河闸（大型）	1	小榄水道	石岐区	10	15	混凝土
张家边涌闸	2	横门水道	火炬区	2	9	混凝土
狮炎涌闸	3	横门水道	火炬区	1	5	混凝土
孖涌闸	4	横门水道	火炬区	1	7	混凝土
小隐闸（中型）	5	横门水道	火炬区	8	7	混凝土
同安闸	6	横门水道	火炬区	1	5	砌混凝土预制块
永安闸	7	横门水道	火炬区	2	3	混凝土
玻璃闸	8	横门水道	火炬区	1	5	混凝土
同兴闸	9	横门水道	火炬区	2	3	混凝土
白雾围闸	10	横门水道	火炬区	1	4	混凝土
总计	10					

除外排水闸外，主城区有多条河道排到石岐河，与石岐河出口处已建成闸门、拍门，见表 6-28。主城区已建内排闸门共 22 宗，拍门 1 宗。

主城区内排闸门表　　表 6-28

序号	闸门名称	闸门型号（长×宽×数量）
1	崩山排水闸	6000×4000×3
		4000×4000×1
2	长堤排水闸门	HF/LQ-Φ1500×1
		SFZ-2500×2500×1

续表

序号	闸门名称	闸门型号(长×宽×数量)
3	华柏排水闸	7000×2500×1
4	莲兴涌排水闸	SFZ-3200×3200×2
		ZMQYΦ600×1
5	安栏排水闸	5500×260×1
6	发疯涌水闸	Z73F-10Φ1000×2
7	名树园排水闸	SAFZ2000×2000×2
8	大滘涌水闸	4200×2500×1
9	东裕南路白石涌水闸	AZY-Φ1000×1
10	银通街乒乓球馆旁排洪闸	SAFZ2000×2000×2
11	崩山涌截污闸	AZY-Φ1000×6
		AZY-Φ1200×2
		AZY-Φ1400×1
		AZY-Φ1500×3
		XTY-2100×2100×1
12	白石涌翻板闸	24000×2000(4 孔)
13	员峰闸门	1.2×1.2×2
14	东河北闸	AZY×Φ1000×2
15	岐头涌水闸	SAFZ2500×2800×2
		Φ400×1
16	沿江路 1 号水闸	SAFZ1200×1200×1
17	沿江路 2 号水闸	SAFZ1200×1200×1
18	沿江路 3 号水闸	SAFZ1500×1500×1
19	西提闸	HF/LQ-Φ1100×4
20	西河涌闸	FZ-3600×3000×3
21	江滨东路污水闸	SYZ-500×2
22	方形闸(15 个)	Φ1200×1
		Φ1000×5
		Φ800×6
		Φ500×3
拍门		
1	兴中道体育馆旁拍门	Φ1200×3

(2) 现状泵站

主城区现有排涝泵站共 48 宗，总的排涝流量为 506.05m^3/s，其中外排泵站有东河泵站，设计流量 273m^3/s；张家边泵站，设计流量 60m^3/s；洋关泵站，设计流量 130m^3/s；茂生泵站，设计流量 1.15m^3/s；白雾围泵站，设计流量 1.2m^3/s。见表 6-29。

主城区排涝泵站表 **表 6-29**

泵站名称	序号	所在镇	所在村	设计流量(m^3/s)	功能(√)	
					内排	外排
东河泵站	1	港口镇	张家边	273		√
高冲	2	石岐区	张溪	0.9	√	
横冲一	3	石岐区	张溪	1.15	√	
鸭利沙	4	石岐区	团结	1.15	√	
横冲二	5	石岐区	张溪	1.15	√	
横冲四	6	石岐区	张溪		√	
大兴	7	西区	沙朗	1.2	√	
穗兴	8	西区	沙朗三队	1.15	√	
南围	9	西区	沙朗	1.15	√	
二队	10	西区	沙朗	1	√	
南八	11	西区	农场	1.15	√	
秀丰	12	西区	隆昌	1.15	√	
隆昌四	13	西区	隆昌	0.52	√	
隆昌四队	14	西区	隆昌	1	√	
隆平一	15	西区	隆平	0.9	√	
六冲	16	西区	隆平	0.9	√	
六冲新	17	西区	隆平	0.52	√	
七队	18	西区	沙朗	0.52	√	
隆平二	19	西区	隆平	1.15	√	
安合新	20	西区	沙朗五队	1.15	√	
广丰	21	西区	广丰	1.15	√	
良种场	22	西区	良种场	0.52	√	
周六顷	23	港口镇	新隆	1.15	√	
北围	24	港口镇	新胜	1.15	√	
荔围北	25	石岐区	员峰	2	√	
荔围南	26	石岐区	员峰	2.2	√	
张溪冲口	27	石岐区	张溪	1.15	√	
岐头	28	石岐区	岐头	1.15	√	
大水河	29	西区	长洲	1.15	√	
荔枝围	30	沙溪镇	濠冲	0.52	√	
四角围	31	沙溪镇	大同	0.52	√	
沙田	32	南区	沙田	0.52	√	
树冲	33	南区	沙田	0.52	√	
曹边	34	南区	沙田	0.52	√	
金溪	35	南区	金溪	0.52	√	

续表

泵站名称	序号	所在镇	所在村	设计流量 (m^3/s)	功能(√)	
					内排	外排
北台	36	南区	北台	0.52	√	
张家边	37	火炬区	东利	60		√
洋关	38	火炬区	东利	130		√
下陵	39	火炬区	东利海傍	1.15	√	
穗生	40	火炬区	东利	1.15	√	
茂生	41	火炬区	茂生	1.15		√
下顷九	42	火炬区	顷九	2.2	√	
三涌	43	火炬区	沙边	2.2	√	
同兴	44	火炬区	东利	0.52	√	
松排	45	火炬区	灰炉	0.52	√	
大环站	46	火炬区	大环	0.52	√	
上顷九	47	火炬区	顷九	0.52	√	
白雾围	48	火炬区	茂生	1.2		√
总计	48			506.05		

主城区的雨水泵站有 16 宗，见表 6-30。总的设计排水量流量为 $305m^3/s$。

主城区雨水泵站表　　表 6-30

泵(闸)站名称	序号	设计总排水量 (m^3/s)
后岗涌排水泵站	1	12
南三涌排水泵站	2	12
员峰排水泵站	3	9
华光排水泵站	4	12
沙岗排水泵站	5	3
崩山涌排水泵站	6	18
银湾排水泵站	7	10
夏洋排水泵站	8	10
大王庙涌排水泵站	9	15
安栏路排水泵站	10	10
白石涌排水泵站	11	5.4
张溪涌排水泵站	12	9
下闸排水泵站	13	25
大滘涌排水泵站	14	12
富弘排水泵站	15	8
白石涌外排泵站	16	135
总计	16	305

6.3.9 内涝问题及成因分析

（1）区域联围地势分析

主城区位于中顺大围中部，包括东区、南区、西区和石岐区，镇域面积共为 170.1km²，属于中顺大围围内区域的集雨面积为 142.52km²。该区域地面高程在 1.6～3.0m 之间，主要内河道为白石涌、崩山涌、岐江河等。该区域现有市政泵站共 14 座，分别为崩山涌泵站、下闸泵站、大王庙泵站、大滘泵站等，总设计排涝流量 276m³/s。由于地势较低，该区域内涝问题比较突出。

火炬区位于中顺大围东部，主要在张家边联围内，镇域面积 158.74km²，属于中顺大围围内区域的集雨面积为 22.1km²，其余均在张家边联围内。该区域地面高程在 1.3～2.5m 之间，主要内河道为洋角涌、濠头涌等。该区域现有大型外排泵站 4 座，即东河泵站，设计排涝流量 273m³/s，洋关泵站，设计排涝流量 130m³/s，张家边泵站，设计排涝流量 60m³/s。涝灾的成因主要是外江水位高时，围内降雨排泄不畅，造成积水。由于地势较低，该区域内涝问题比较突出。

五桂山区位于中顺大围中南部，镇域面积 101.23km²，属于中顺大围围内区域的集雨面积为 70.21km²。该区域地面高程在 2.4～3.8m 之间，主要内河道为北台溪，无排涝泵站。由于地势较高，该区域基本不存在内涝现象。

（2）各涝点技术数据分析

对各内涝点的技术数据进行分析，根据现状排水管网的勘察资料，对内涝点的排水干管进行过流能力校核，位于石岐河、羊角涌、白石涌范围内的片区，由于排水管网系统已成型，且拥有详细的管网勘察资料，通过排水模型的建立对其排水主干管进行技术数据分析；对于有管网勘察资料，但由于排水管网尚未成系统的地区，根据管网勘察资料，通过对内涝点的排水管道及其下游出流管道进行集雨面积划分，计算设计重现期 $P=1$ 年和 $P=2$ 年的雨水径流量，核算现状排水管道的过流能力是否满足其需求；对于缺少管网勘察资料的火炬片区，按照所收集的资料，并按照雨水管的最少敷设坡度 0.001 进行核算，各内涝点的排水系统能力具体数据见表 6-31 内涝点技术数据分析表。

内涝点技术数据分析表 **表 6-31**

序号	内涝点位置	所属行政区	集雨面积(ha)	设计流量(L/s)(P=1)	设计流量(L/s)(P=2)	雨水干管	计算坡度(‰)	现状管过流能力(L/s)	校核结果
1	康华路(完美公司门口)	石岐区	利用水力模型评估管道水力运行状况						$P=2\sim3$
2	康华路(石岐小学对开红绿灯)	石岐区	利用水力模型评估管道水力运行状况						$P=2\sim3$
3	康华路(与东华路交叉口)	石岐区	利用水力模型评估管道水力运行状况						$P=2\sim3$
4	湖滨北路(康华路至清溪路)	石岐区	利用水力模型评估管道水力运行状况						$P=2\sim3$
5	莲兴路(莲塘东路至宏基路)	石岐区	利用水力模型评估管道水力运行状况						P 小于 1
6	宏基路(富康路至湖滨中路)	石岐区	利用水力模型评估管道水力运行状况						$P=1\sim2$

续表

序号	内涝点位置	所属行政区	集雨面积(ha)	设计流量(L/s)(P=1)	设计流量(L/s)(P=2)	雨水干管	计算坡度(‰)	现状管过流能力(L/s)	校核结果
7	康华西路	石岐区	排水工程尚未完善,不具备水力计算分析条件						
8	中山一路白朗峰至国际酒店路段	石岐区	2.2	433	491	d800	1	432	P小于1
9	北外环奥园路口	西区	排水工程尚未完善,不具备水力计算分析条件						
10	翠沙路	西区	6.2	1220	1383	2d600	2	552	P小于1
11	长洲大街	西区	3.7	728	825	d800	3	730	P=1~2
12	升华路	西区	5.3	1043	1182	d800 d1000	0.38462	648	P小于1
13	富华道通安车站路段	西区	位于主城区外,且资料不足,不具备水力计算分析条件						
14	彩虹大道匝道转入北外环	西区	排水工程尚未完善,不具备水力计算分析条件						
15	翠洲路(景新路至翠景大道之间路段)	西区	利用水力模型评估管道水力运行状况						P=1~2
16	兴中道(中山三路至孙文东路)	东区	利用水力模型评估管道水力运行状况						P=1~2
17	兴华街(康乐大街至华柏路)	东区	利用水力模型评估管道水力运行状况						P小于1
18	中山四路与起湾道交叉路口(中山日报)	东区	利用水力模型评估管道水力运行状况						P=2~3
19	华柏路(华柏公园对开)	东区	利用水力模型评估管道水力运行状况						P=1~2
20	博爱四路(优雅山房对开)	东区	12.2	2400	2721	2d1000	3	2660	P=1~2
21	起湾道(与富湾路交叉口)	东区	利用水力模型评估管道水力运行状况						P小于1
22	长江路(绿华园)	东区	8.7	1711	1940	d1200	3.33	2150	P=2~3
23	银湾南路(洗车场至蔷薇山庄之间路段)	东区	20.5	4033	4572	d1000 1400×1200	1	2674	P小于1
24	银湾东路(幼儿园至壹加壹之间路段)	东区	利用水力模型评估管道水力运行状况						P=1~2
25	齐乐路	东区	利用水力模型评估管道水力运行状况						P小于1
26	鳌长路(同心士多对开约80m长度)	东区	13.1	2577	2921	1200×800	2.5	1425	P小于1
27	福源路	港口镇	位于主城区外,且资料不足,不具备水力计算分析条件						
28	康南路(兴南路至日华路之间路段)	南区	利用水力模型评估管道水力运行状况						P=2~3
29	日华路(康南路至星华路之间路段)	南区	利用水力模型评估管道水力运行状况						P=1~2
30	悦盈新城	南区	20	3934	4460	2d600	1	384	P小于1

续表

序号	内涝点位置	所属行政区	集雨面积(ha)	设计流量(L/s)(P=1)	设计流量(L/s)(P=2)	雨水干管	计算坡度(‰)	现状管过流能力(L/s)	校核结果
31	火炬路格林特厂段	火炬区	18	3541	4014	2*d*1200	1	2500	P小于1
32	敬业路	火炬区	3	590	669	2*d*800	1	832	P大于3
33	温泉路	火炬区	1.2	236	268		1	1250	P大于3
33	温泉路	火炬区	因缺少排水管网资料，不具备水利计算分析条件						
34	东镇大街	火炬区	1.9	374	424	*d*800	1	416	P=2～3
35	逸仙路逸华路段	火炬区	4.1	807	914	2*d*600	1	384	P小于1
36	博爱七路(逸仙路口交界)	火炬区	41	8065	9143	*d*1000,*d*800	1	1166	P小于1
37	环茂路黎村段	火炬区	因缺少排水管网资料，不具备水利计算分析条件						
38	环茂路义学村段	火炬区	7	1377	1561	*d*600	1	384	P小于1
39	江陵东路嘉和苑段	火炬区	7.8	1534	1739	2*d*1000	1	1540	P=1～2
40	江陵西路陵岗牌坊段	火炬区	24	4721	5352	2*d*1200	1	2500	P小于1
41	明珠路与康辉路	火炬区	1.7	334	379	2*d*600	1	384	P大于3
42	孙文路与濠东路	火炬区	3	590	669	2*d*600	1	384	P小于1
43	东镇东二路	火炬区	2.8	551	624	2*d*800	1	832	P大于3
44	盛安街	南区	利用水力模型评估管道水力运行状况						P小于1
45	渡头隧道	南区	4.3	846	959	*d*600	10	620	P小于1
46	西环二路(环美包装厂至聚合化工厂门口)	南区	6.7	1318	1494	*d*500	8	340	P小于1
47	竹秀园北大街	南区	利用水力模型评估管道水力运行状况						P小于1
48	五桂山石鼓马槽村	五桂山	利用水力模型评估管道水力运行状况						P小于1
49	五桂山长命水管理区城桂路段	五桂山	利用水力模型评估管道水力运行状况						P小于1

(3) 各涝点形成原因分析

在各涝点技术数据分析的基础上，针对各内涝点形成内涝的原因进行详细分析，其结果见表6-32。根据内涝形成原因，大致可分为4大类：1）排水管道出现问题，需要重新建设排水管道的内涝点；2）河道水位顶托导致积水的内涝点；3）路面低洼或雨水口不足导致积水的内涝点；4）多种原因综合而造成的内涝点；5）由于资料不全或该点排水工程施工尚未完成而不能分析的内涝点。

内涝点技术成因分析表 **表6-32**

分类	序号	内涝点位置	所属行政区	内涝主要成因分析
排水管道出现问题，需要重新建设排水管道的内涝点	11	长洲大街	西区	下游排水管道排水能力不足
	15	翠洲路(景新路至翠景大道之间路段)	西区	下游排水管道管径小，排水能力不足
	17	兴华街(康乐大街至华柏路)	东区	排水管道排水能力不足
	19	华柏路(华柏公园对开)	东区	华柏路与中山三路交界处，4×2.5m的箱涵接入*d*1800的雨水管，造成排水瓶颈

续表

分类	序号	内涝点位置	所属行政区	内涝主要成因分析
排水管道出现问题，需要重新建设排水管道的内涝点	22	长江路(绿华园)	东区	敷设的管道过小，$D800$的排水管与$D600$排水管交汇后接入一条$D300$的排水管，造成排水瓶颈
	23	银湾南路(洗车场至蔷薇山庄之间路段)	东区	该路段地势较低，原排水管下沉起伏，排水缓慢。距洗车场前顺府小区开发商新增雨水管接入原$DN600$管道，主管排水不及时，且下游排水是接入旧有盖板渠，下游盖板渠淤积
	25	齐乐路	东区	管径偏小
	30	悦盈新城	南区	排水管管径偏小
	31	火炬路格林特厂段	火炬区	排水管管径偏小
	35	逸仙路逸华路段	火炬区	道路没有敷设排水管道
	37	环茂路黎村段	火炬区	因地势低，没有敷设排水管道，排水无出处
	46	西环二路	南区	现有路面下仅有一条$D400$～$D500$排水管，排水管排水能力不足
	49	五桂山长命水管理区城桂路段	五桂山	现有宽70m的道路下仅敷设两条分别为300×300、400×400的排水管，排水能力不足
河道水位顶托导致积水的内涝点	1	康华路(完美公司门口)	石岐区	当崩山泵站抽排时下游水位升高，造成管道灌涌导致水浸
	2	康华路(石岐小学对开红绿灯)	石岐区	当崩山泵站抽排时下游水位升高，造成管道灌涌导致水浸
	20	博爱四路(优雅山房对开)	东区	白石涌水位顶托
	21	起湾道(与富湾路交叉口)	东区	当崩山泵站抽排时下游水位升高，造成管道灌涌导致水浸
	24	银湾东路(幼儿园至壹加壹之间路段)	东区	当崩山泵站抽排时下游水位升高，造成管道灌涌导致水浸
	28	康南路(兴南路至日华路之间路段)	南区	秤钩湾河水位顶托
	29	日华路(康南路至星华路之间路段)	南区	秤钩湾河水位顶托
	44	盛安街	南区	秤钩湾河水位顶托
	47	竹秀园北大街	南区	秤钩湾河水位顶托
路面低洼，或雨水口不足导致积水的内涝点	26	鳌长路(同心士多对开约80m长度)	东区	地处低洼，缺少雨水口
	39	江陵东路嘉和苑段	火炬区	因路面严重下沉
	43	东镇东二路	火炬区	路面下沉
	48	五桂山石鼓马槽村	五桂山	地势低，现状雨水抽排泵站规模不够
多种原因综合而造成的内涝点	3	康华路(与东华路交叉口)	石岐区	河道水位顶托，管道错位沉降，路面下沉，无法排水而导致水浸
	4	湖滨北路(康华路至清溪路)	石岐区	管道排水能力不足，岐江河水位顶托
	5	莲兴路(莲塘东路至宏基路)	石岐区	河道水位顶托，管道错位沉降，路面下沉，无法排水而导致水浸
	6	宏基路(富康路至湖滨中路)	石岐区	河道水位顶托，管道错位沉降，路面下沉，无法排水而导致水浸
	8	中山一路白朗峰至国际酒店路段	石岐区	下闸涌河水顶托，地面标高低，周边雨水大量汇集于此

续表

分类	序号	内涝点位置	所属行政区	内涝主要成因分析
多种原因综合而造成的内涝点	10	翠沙路	西区	排水管道排水能力不足,河道堵塞
	12	升华路	西区	路面高程低下沉,北面长洲大街的内涝点的路面雨水漫流至升华路
	16	兴中道(中山三路至孙文东路)	东区	地势坡度大,汇水急,道路排水管道管径过小。受河道水位顶托
	18	中山四路与起湾道交叉路口(中山日报)	东区	路面地势低,易造成大量汇水,崩山涌覆盖渠存在过流瓶颈
	32	敬业路	火炬区	排水管管径偏小,敬业路与火炬路交界处为周边地块最低点,雨峰期间造成大量雨水汇聚于此
	33	温泉路	火炬区	地势低,路面下沉,暴雨天没有及时开启一河两岸水闸,导致闸门上游的排水暗渠不能及时泄水,导致其水位对排水管道发生顶托
	34	东镇大街	火炬区	地势低,路面下沉,暴雨天没有及时开启一河两岸水闸,导致闸门上游的排水暗渠不能及时泄水,其水位对排水管道发生顶托
	36	博爱七路(逸仙路口交界)	火炬开发区	管径偏小,同时受东桠涌水位顶托
	38	环茂路义学村段	火炬区	因路面下沉及无排水边井,排水管径太小,现状仅得一条D600的排水管
	40	江陵西路陵岗牌坊段	火炬区	因地势低,路面下沉及排水管径小导致水浸
	41	明珠路与康辉路	火炬区	地势低,路面下沉,暴雨天没有及时开启一河两岸水闸,导致闸门上游的排水暗渠不能及时泄水,其水位对排水管道发生顶托
	42	孙文路与濠东路	火炬区	地势低洼,路面下沉,管径偏小
	45	渡头隧道	南区	现仅有一条D600排水管,排水能力不足,原排水管道的排出口的下游水体受到堵塞,造成排水没有出处,隧道没有加装强排水设备
由于资料不全或该点排水工程施工尚未完成而不能分析的内涝点	7	康华西路	石岐区	排水工程尚未完善,不具备水力计算分析条件
	9	北外环奥园路口	西区	因北外环路工程改造
	13	富华道通安车站路段	西区	位于主城区范围线外,资料不足,不能分析
	14	彩虹大道匝道转入北外环	西区	排水工程尚未完善,不具备水力计算分析条件
	27	福源路	港口镇	位于主城区范围线外,资料不足,不能分析

6.3.10 中山市中心城区内涝成因小结

结合各内涝点的情况，从体制、机制、规划、建设、管理等方面进行分析：

（1）降雨强度增大，导致内涝发生频率增加。短时强降水或过程量偏大的降水天气过程是引发中山市内涝的直接气象因素，随着城市化的发展，城市化诱发的“热岛效应”改变了城市及周围地区的温度场分布和次级环流，从而改变降雨的时空分布，在城区形成“雨岛”。极端雨强的强度及大于10mm/h降水的总时次数均有上升趋势，强降水发生概率的提高加强了内涝灾害发生频率及强度。

（2）河流汛期水位高于城市建成区海拔，一旦发生暴雨，涝水不能自流入河，排涝泵站流量不能满足现状需求时，雨水管网将受到内河道水位的顶托，不能将雨水顺畅排入就近河道内，造成内涝。

（3）地面硬化率高，渗水面积大幅度减少。中山市现状地面基本采用混凝土或沥青硬化，铺设成广场、商业街、人行道、停车场、社区活动场地。不透水面积迅速增加，导致汇水面积上平均径流系数增大，地面的渗水能力越来越差，相同降雨形成的径流量增大，这也是导致中山市近年来内涝问题严重的原因之一。

（4）天然地形地貌遭到改变。在自然的状态下，天然的沟塘河渠都有排洪的能力，天然的森林植被和湿地有涵养水源的价值。因缺乏科学论证而盲目填水挖山，土地高强度开发，导致不少作为排洪命脉的河道被填平，具有蓄水作用的湿地被开发，建成楼房和道路，原有的自然水系遭到破坏，原有的排洪通道没有了，不仅调蓄容量变小了，洪水出路也减少了。

（5）雨水管渠设计标准偏低。中山市主城区内的雨水管道工程大部分是根据《室外排水设计规范》GB 50014—2006（2011 年版）或更早的规范版本采用排涝标准。据调查，中山市目前普遍采取标准规范的下限。旧城区的重点区域甚至比规范规定的下限还要低，有些甚至达不到 1 年一遇，一旦降雨超标，路面就会产生积水。现有的排水系统只能应对小到中雨的降雨规模，遇到超出管渠设计标准的大雨、暴雨、特大暴雨势必造成内涝发生。

（6）地下排水管网乱接现象严重。经管线普查资料分析，地下雨水排水管道工程存在标高逆接的问题，排水方向与排水管道坡向相反，导致雨水在通过排水管道排水时，不能利用水力条件重力流顺坡排放，只能通过重力水头压力流强行排放，大大减低排水管道的排水能力，导致排水管网的排水能力不足。

（7）地面沉降影响排水。由于路面施工、路面日常维护缺失等原因，造成地面沉降，不仅造成地面积水，排水困难，而且造成雨水流向发生变化，有些原排水管道设计的顺坡变成逆坡。地面沉降大大降低了排水管道的排水能力，一遇暴雨就出现排水不畅，造成大面积积水现象。

（8）管网维护管理不到位。据实地调查，中山市主城区排水管道部分存在淤积、堵塞现象，由于管护不到位，部分地下排水管网，还受到树根的破坏，导致城市内部管渠和外围河流水系淤积、淤塞严重，过水能力大大降低。

总之，传统的管道系统一般只解决小重现期的暴雨径流，要解决高重现期暴雨内涝问题，解决超管渠设计标准的雨水出路问题，必须构建大排水系统，或称内涝防治体系。该体系主要针对超常暴雨情景，应能抵御高于管网系统设计标准、低于防洪系统设计标准的暴雨径流形成的内涝，目前排水规划的核心问题是在顶层设计中缺少大排水系统，没有应对超过管道设计标准的雨水系统，即没有内涝防治体系。

第7章 广东省城市洪涝现状评价与建议

7.1 城市洪涝现状评价

7.1.1 城市洪涝灾害影响及涉及面剧增

城市“傍水而建、随水而兴”，既享水之利，又受水之害。城市是我国社会经济建设的精华，也是防洪减灾的重点和难点。2013年我国城镇常住人口7.3亿人，城镇化率已达53.7%，城市面积18.3万km^2，建成区面积4.45万km^2，城市在国家政治生活和经济建设中起着举足轻重的作用。据统计，我国有641座建制城市面临洪涝灾害威胁，每年有百余座城市不同程度发生暴雨洪涝灾害，2013年高达234座。

近20年来，我国城镇化快速推进，城市面积不断扩大、城镇人口急剧增加、社会财富快速聚集、城市地面硬化率显著提高。大幅增加的城镇常住人口和流动人口，给城镇社会经济发展注入了活力，也加重了城市洪涝风险，给城市防洪工作带来了巨大挑战。城市洪涝灾害呈现出一些新特点：城市暴雨突发频发、强度骤增；城区雨洪汇流速度加快，大大超过城市排水能力，容易形成内涝灾害；城市空间的立体开发及对供水、供电、供气、交通、通信等生命线系统的依赖性增大，基础设施高度集中，关联度高，增大了城市面对暴雨洪涝的脆弱性；城市防洪排涝设施建设滞后于城市发展，城市洪涝灾害损失难以降低。[29]

7.1.2 广东地形及人口分布加剧城市洪涝影响

广东北依南岭，南临南海，全境地势北高南低，从粤北山地逐步向南部沿海递降，形成北部山地、中部丘陵、南部以平原台地为主的地貌格局。广东整体属于平原地形，河网密集，地势平坦开阔，容易积水。

广东省特殊的地理气候条件，决定了降水年内时空分布不均、年际变幅很大，加之人口众多，受洪涝灾害威胁的土地不断开发利用，洪涝灾害频发。近年来，省政府高度重视防洪抗旱减灾体系建设，防洪抗旱减灾工作取得了巨大成效，水旱灾害的影响已大幅度减轻，有效地保障了经济社会持续稳定发展。但是随着气候变化加剧，极端天气增多，人口、社会财富向社会风险区高度集中，社会对防洪抗旱安全保障的要求越来越高，洪涝灾害问题依然是我省面临的主要公共安全问题之一，洪涝灾害的威胁将长期存在。

7.1.3 降雨及台风双重影响

暴雨是导致广东省洪涝灾害的主要原因，广东暴雨强度之大，日数之多，季节之长，皆居全国前列。全省年平均暴雨日数各地为2.9～9.4天/年，全省平均6.0天/年，空间分布上存在3个高值中心（恩平、海丰、龙门），分别与年降水量高值中心相对应。各地大暴雨日数为0.4～4.0天/年，全省平均为1.4天/年，空间分布也呈3中心特征。特大暴雨日数各地为0.0～0.3天/年，全省平均为0.06天/年，空间分布只有恩平、海丰2个中心。年平均总暴雨日数各地为3.3～13.3天，全省平均7.4天，其发生频率之高在全国是十分突出的。总暴雨日数空间分布与暴雨分布相似，呈典型3中心分布特征。全年均有可能出现暴雨，但以4～9月的汛期比较集中，占全年的85%以上，非汛期（10月～翌年3月）特别是11月～翌年2月出现暴雨的概率很少。暴雨分布在时间上有一个从北向南推进的过程，北部地区开始和结束均较南部早。[30]

短时强降水（小时雨量≥20mm）是广东最为多发的灾害性天气之一。由于华南地处热带、亚热带季风区，常受到大陆性气团及海洋性气团的共同影响，降水对流性结构复杂，由对流引发的短时强降水因突发性强、时空分布不均匀，极易发生泥石流、洪水、城市内涝、交通堵塞等灾害而备受关注。广东短时强降水的时空分布特征结果表明：（1）广东的短时强降水多发区集中在3大暴雨中心以及珠三角城市群和西南部的湛江、茂名地区；短时强降水的空间分布与地形关系密切，多产生于河谷、湖泊和喇叭口地形区。（2）短时强降水有明显的月变化，5月份短时强降水次数爆发性增长，次数可占全年总次数的25%，其次是6月和8月。（3）短时强降水的日变化总体表现为双峰型。

从1990～2018年登陆我国的台风数据来看，登陆我国的台风季节性特征明显，6～12月均有台风登陆，但主要集中在7～9月份，这三个月份登陆的台风数占总登陆台风次数的83%以上。从台风登陆我国的地点来看，广东省的登录次数最多，为105次，占登陆总数的39.62%，其次是福建省、海南省（图7-1）。

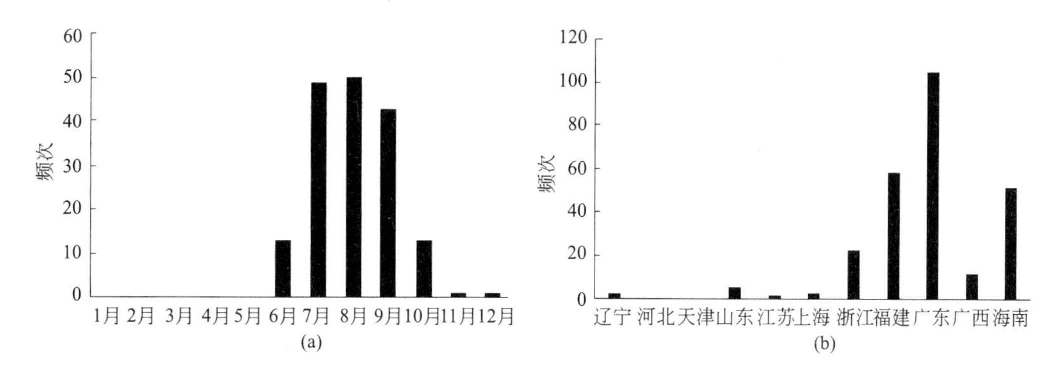

图7-1　登陆中国沿海地区台风的月际变化和登陆地点的空间分布

从2000～2018年我国各省市受台风风暴潮灾害情况看，灾害损失从北向南呈空间增长分布，在南部沿海地区达到峰值。累计直接经济损失最多的三个省是广东省、福建省和浙江省；广东省的农田受灾最为严重；海南省、福建省、广东省和浙江省的房屋倒塌数量远远多于其他沿海地区（图7-2）。

广东省的台风及风暴潮灾害有如下特征：（1）．1990～2018年间登陆我国的台风不仅次数多，强度大，而且登陆的频率和强度都在增加，这对我国沿海地区的威胁进一步加剧。（2）登陆我国的台风季节性特征明显，主要集中在7～9月份，登陆地点遍布中国沿海地区，主要集中在沿海省市。（3）受台风风暴潮灾害影响，沿海地区受损严重，尤其是广东省、福建省、海南省和浙江省，这与台风登陆地点有很好的相关性。（4）随着我国防

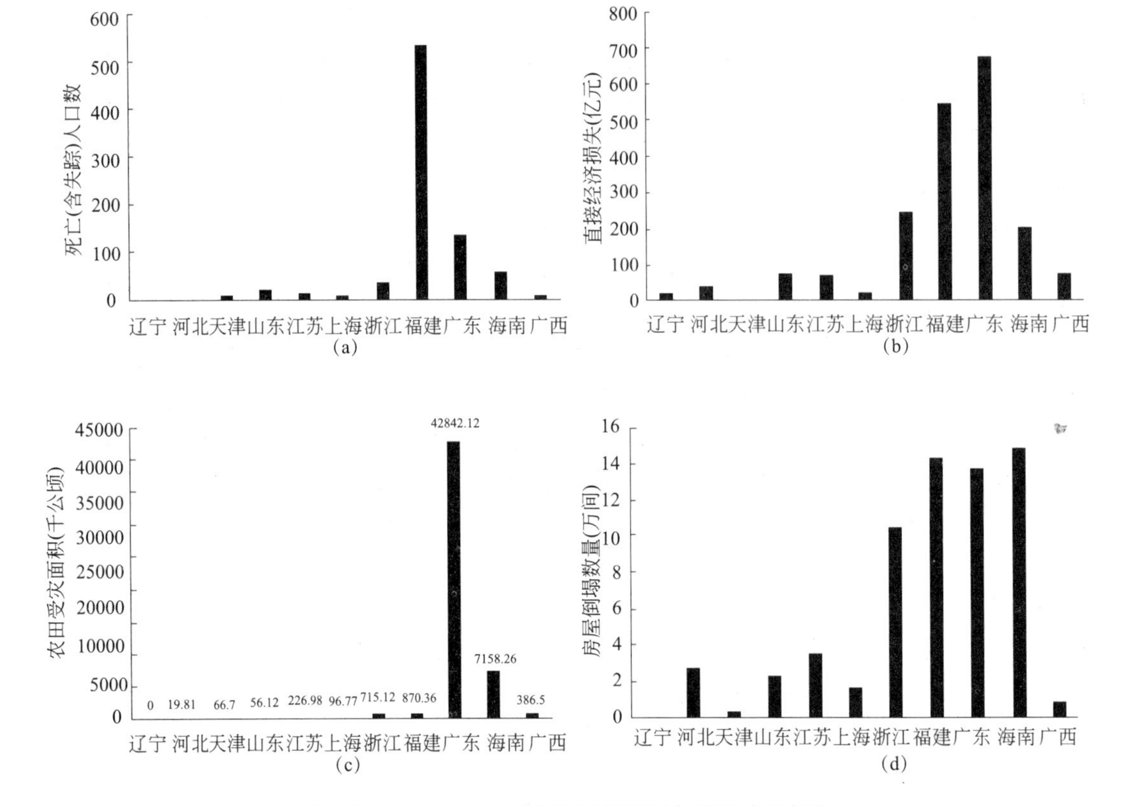

图 7-2　2000～2018 年台风风暴潮对各省造成的损失

灾减灾意识的加强，近年来台风风暴潮灾害给我国沿海地区带来的灾害损失有所减弱。但平均每年人员伤亡、经济损失、农田受灾面积和房屋倒塌数量仍然很高。面对日益严峻的台风风暴潮灾害，我国需要努力完善台风风暴潮风险评估体系，提高灾害预警能力，采取更多的措施来降低台风风暴潮对我国沿海地区的不良影响。[31]

7.1.4　国内外城市内涝研究分析方法小结

我国城市频繁遭遇强暴雨袭击，导致城市内涝严重。北京市 2012 年“7・21”暴雨，城区平均降雨量 215mm。广州市 2010 年“5・7”暴雨，五山站 1h 最大降雨量达 99.1mm。随着城市化的不断发展，城市暴雨内涝灾害趋于严重。

城市暴雨内涝与城市化进程中水文过程的异变密切相关。城市化导致热岛效应日趋显著，相关研究表明城市化使得汛期暴雨次数和暴雨量增加 10%以上。土地硬化导致地面截水能力降低，林良勋等的研究表明城市化建设可使得洪峰提前 1～2h，洪峰流量增大近 1 倍，径流系数增大 30%。此外，城市化对河湖的侵占导致区域洪水调蓄能力降低，而排水管网等设施建设滞后导致内涝灾害频发。广州市中心城区 48%以上的内涝点是由于排水管网缺乏或标准偏低造成的。

目前对城市暴雨内涝机理的研究主要有三类方法：数理统计法采用长序列水文气象资料和历史灾害资料进行统计分析，该方法结果较为可靠，但长序列资料一般较难获取；模型反演法采用历史影像资料分析城市下垫面变化，结合水文模型分析城市化对降雨产汇流的影响，该方法对发展变化不大的城市适用性较差；情景分析法基于地形、管网和土地利用资料构建水文、水动力数学模型，根据暴雨、水位的边界条件的设定模拟暴雨洪水的传播过程，该方法计算精度较高，但所需资料要求较多，计算复杂。

欧美国家从 20 世纪 60 年代开始基于水文、水动力数学模型研究城市暴雨内涝机理，其中应用较为广泛的模型包括 SWMM 模型、Wallingford 模型和 MIKE 模型。近年来，国内也逐渐采用城市雨洪模型对排涝系统进行研究。张晓昕采用 MIKE 模型建立了北京市奥林匹克公园地区雨水管网模型，并提出防洪应对措施。王嘉仪采用 SWMM 模型研究了郑州市运粮河组团的内涝情况，实例验证该方法较为可行。

7.1.5　基于 ArcGIS 划分广东的洪涝风险区

基于 ArcGIS 对暴雨洪涝灾害的致灾因子、孕灾因子、承灾因子和防灾减灾能力进行分析，考虑 4 个评价因子的综合作用，得到广东省暴雨洪涝灾害的风险区划。从风险区划的初步结果可以看出，广东省暴雨洪灾主要发生在粤东、粤西沿海区域和北江中下游清远附近区域。治涝区划以及现状治涝工程统计成果分析表明：珠三角地区治涝工程建设相对较好，该地区未来在保障防洪排涝安全的同时，需要兼顾水生态等多方面的需求；而非珠地区受经济发展条件制约，则相对落后，防洪排涝工程建设仍需以保安全为主，未来亟待加强和完善。对于城市洪涝灾害风险可通过包括防洪标准、涝区面积、人口、人均 GDP 4 个因素的承灾风险因子以及包括灾害频次、成灾面积比例、淹没水深、淹没历时、经济损失值 5 个因素的灾害损失因子的评价体系进行评判。通过水动力模型对典型城市案例现状防洪排涝的研究结果表明：MIKE 模型计算结果具有一定的可信度，与传统排水模型相比，该模型能较好地分析内涝成因。

7.1.6　基于承灾风险及灾害损失指标的广东省涝区评估

基于指标体系理论，洪涝灾害风险因子是由承灾风险因子和灾害损失因子构成。其中承灾风险因子包括防洪标准、涝区面积、人口、人均 GDP 4 个因素，灾害损失因子包括灾害频次、成灾面积比例、淹没水深、淹没历时、经济损失值 5 个因素。

7.1.7　基于排水管网及河网模型耦合分析内涝典型区域

城市涉水系统的运行和调度极为复杂。按照城市雨洪过程，城市排涝体系一般由排水管网系统、内河和湖泊，水闸、泵站以及外江构成。以往城市管网的设计仅从管网排水的角度考虑，忽略了管网系统与其他排涝系统的衔接。受制于管网资料的匮乏，为快速评估城市排涝能力，部分城市雨洪模型按照管网的排水能力扣除雨量，然后采用二维模型模拟地面积水流动过程。该方法没有考虑雨水在排水管网中的运动过程，难以定量考虑河道的顶托作用，对积水成因分析具有一定的局限性。

传统内涝风险管理多从定性或单因素角度分析，一般归结为高强度降雨、外江顶托、城市下垫面硬底化、地下排水管网设计标准过低和排水设施落后。随着暴雨内涝造成的威胁进一步增大，城市内涝风险管理需要更高精度的定量分析和准确模拟以为指挥决策提供科学依据。

城市雨洪模型能准确模拟城市的雨洪过程，是定量分析暴雨内涝成因以及评估治涝效果的有效方法。目前城市雨洪模型的建立主要有三种方法：一是耦合雨水管网模型和一维河网模型[6]，该方法不能模拟地面的积水流动，无法准确评估内涝风险；二是耦合一维河网模型和地面二维漫流模型，按照管网的排水能力扣除雨量，该方法难以考虑河道对排水管道的顶托作用；三是建立管网模型、一维河道模型和二维漫流模型的耦合模型，该方法能够准确描述水流的运动机理，完整的模拟水流的运动过程，目前该类模型在国外已被广泛应用于城市暴雨内涝评估中，我国城市地区也进行了一些相关应用，但基于该类模型对城市化过程导致的内涝成因的定量分析仍然较少。

以广州市越秀区为例，基于 MIKE 模型，建立能够模拟排水管网流动、地面漫流、内河湖泊的涨退水及珠江涨落潮过程的城市雨洪模型。将模型应用于模拟 2011 年“10·14”暴雨和 2014 年“6·23”暴雨，模型计算淹没范围和淹没水深与实测区域较为一致，表明该模型能够较好地模拟复杂水文条件下的城市雨洪过程，这对研究城市暴雨内涝机理以及海绵城市建设具有一定的应用价值。

以广州市天河区猎德涌排涝片区为研究对象，初步分析了近 30 年来该区域城市化进程中水系和下垫面的演变。针对城市化导致的典型内涝黑点，采用完整的城市雨洪模型模拟了下垫面、河道和排水管网过流能力对内涝黑点的积水影响，分析了研究区域严重内涝的主要成因。

7.2 城市防洪治涝建议

7.2.1 城市洪涝危害加重，防洪治涝建设需科学防控

我国城镇化将进入新一轮快速发展期，2019 年年末，全国总人口 140005 万人，城镇化率 60.6%，到 2025 年中国城镇化率将达到 65%左右（数据来源：中国社会科学院农村发展研究所、中国社会科学出版社联合发布的《中国农村发展报告 2020》），未来一段时期，我国城市防洪治涝的任务将会越来越重。

我国城市经济社会不断受到暴雨内涝的威胁，有效分析城市内涝成因并提出相应治涝措施迫在眉睫。城市需采取有力措施，结合城市防洪实际需求，以更先进的分析手段，更全面分析城市洪涝成因，推进城市河道治理、堤防建设、山洪灾害防治、水库涵闸除险加固等城市防洪设施建设，城市防洪减灾工程体系进一步完善。

7.2.2 加强防洪治涝法规建设，依法管理

1988 年以来，国家先后制定了《中华人民共和国水法》《中华人民共和国防洪法》《中华人民共和国河道管理条例》《中华人民共和国防汛条例》等法律法规，为规范城市防洪排涝减灾工作提供了基础支撑。各地在遵照执行以上国家法律法规的同时，结合自身实际，陆续出台了一系列规范城市防洪排涝职责分工、日常管理、预报预警、监测巡查、应急转移等有关工作的地方性法规和管理办法。例如，《上海市防汛条例》《四川省城市排水管理条例》《南昌市城市防洪条例》《武汉市城市排水条例》《浙江省防御洪涝台灾害人员避险转移办法》《成都市城市排水设施管理实施办法》《平湖市城市防洪工程运行管理办法》等，多层次全方位的城市防洪治涝法制化管理体系正在逐步建立和完善。广东省内相关法规也在近年进行多次完善及补充，如《广东省北江大堤管理办法》分别在 1985 年、2006 年及 2018 年进行发布及修订，《广东省水利工程管理条例》于 2000 年、2014 年及 2019 年进行发布及修订，2020 年还出台了《广东省河道管理条例》，对广东省的河道空间等防洪设施及通道以法律法规的形式进行维护管理。

城市河湖管网是防洪治涝基础设施，《中华人民共和国防洪法》第三十四条明确规定：

“城市建设不得擅自填堵原有河道沟汊、贮水湖塘洼淀和废除原有防洪围堤”。应督促各地城市水行政主管部门依法行使监督权，维护城市自然水系防洪排涝功能。城市扩建过程中涉及洪泛区、蓄滞洪区的，要按照《中华人民共和国防洪法》和水利部《关于加强洪水影响评价管理工作的通知》的要求做好建设项目洪水影响评价管理，防止将重要城市基础设施布设到洪水威胁区和低洼积水地带，保障设施的防洪排涝安全。加强城市建设项目施工管理，坚决制止城市建筑废弃物侵占河湖洼淀，防止施工不当而发生阻碍行洪、堵塞排水管网的行为，制止单位和个人向河道弃置工业和生活垃圾，维护河道、排水管网通畅。

7.2.3　提升城市洪涝技术分析手段，提升城市韧性

城市内涝预报是降低内涝灾害风险、保障人身财产安全的重要措施。针对传统城市内涝预报方法空间分辨率低、预见期短，无法准确、及时预测出内涝过程的问题，通过集成降雨过程、管网模型、河网水动力模型，构建内涝全过程模拟模型，为城市内涝分析提供更为准确及科学的分析手段。模型能较好地预测城市内涝淹没过程，可为城市防涝减灾提供决策依据。对于基于 ArcGIS 对广东省暴雨洪涝灾害风险的研究，在以后的实际运用和研究中，可进一步优化评价模型，增加评价因子，提高风险区划的精度。本书采用广州市及中山市这两个典型城市分析研究，在 MIKE 模型基础上，构建城市雨洪数学模型，分析城市现状洪涝灾害的成因、防洪排涝的薄弱环节，并提出应对策略。展望未来，结合天气预报的发展，可以结合城市内涝模型，提前预报及预警，提升城市安全。

7.2.4　适度提升城市防洪治涝规划

（1）逐步完善的城市防洪规范

2013 年国务院办公厅《关于做好城市排水防涝设施建设工作的通知》（国办发[2013] 23 号），2016 年出台的《治涝标准》SL 723—2016 及 2018 年《海绵城市建设评价标准》GB/T 51345—2018 发布，更加全面规范指导城市防洪治涝建设，建成满足城市防洪治涝安全需求与防洪设施建设相协调的城市防洪治涝设施体系。

（2）加强城市防洪规划管理

科学合理适度超前的城市防洪治涝规划，对于指导城市开发和防洪减灾建设具有重要作用。建议建立城市防洪规划工作督促机制，指导、促进规划的编制修订，妥善处理城市防洪规划、城市内涝与城市建设发展规划之间的关系，科学规划、合理布局，加强水利部门与住房城乡建设部门沟通与协调，妥善处理城市排水、治涝、竖向与防洪关系，做好城市排水管网、排涝河道与防洪河道衔接，形成科学合理防洪治涝体系。

7.2.5　强化城市防洪组织管理及应急管理

（1）进一步加强城市防洪减灾组织领导

十八届三中全会审议通过的《中共中央关于全面深化改革若干重大问题的决定》（以下简称《决定》）明确指出，要“完善城镇化健康发展体制机制。优化城市空间结构和管理格局，增强城市综合承载能力。”为实现《决定》目标，必须进一步提高对城市防洪排涝减灾组织领导，坚持以人为本、人水和谐、统筹兼顾、科学防控、依法防控、群防群控，正确处理好城镇化建设与防洪排涝建设、城市防洪与流域防洪、近期建设与远期建设、工程措施与非工程措施、政府主导与社会参与、统一指挥与部门联动的关系，扎实推进城市综合防洪体系建设，全面提高城市防洪排涝减灾能力。

（2）健全城市防洪应急预案管理

城市防洪预案是城市防洪减灾应急管理的基础，目前各城市都编制了防洪应急预案，但不同程度地存在覆盖面不全、可操作性不强等问题。建议尽快出台《城市防洪应急预案管理办法》，规范预案的编制、审批、发布、备案、修订、演练、培训和宣传等环节，增强城市防洪应急预案的科学性、适用性、实效性和可操作性。组织各地深入开展城市防洪应急预案的编制与修订工作，完善城市应对各类各级洪涝灾害处置方案，健全街道、社区、重要企事业单位、物业管理单位等基层防汛组织，全面提升城市防汛组织保障和应急响应能力，提高城市防洪应急管理水平。

（3）继续加强城市防汛指挥现代化建设

城市防灾减灾工作的复杂性决定了城市防洪排涝减灾必须要有现代化的指挥系统。各地城市要结合国家防汛抗旱指挥系统工程、山洪灾害非工程措施项目以及中小河流治理项目等建设成果，进一步加强城区内信息采集、通信和网络、防洪排涝预警预报系统的建设，建立城市防汛指挥统一信息平台，促进水文、气象、交通等部门沟通协作、信息资源共享，因地制宜建设和改造城市防洪排涝减灾指挥系统。

第 8 章　国内外城市洪涝治理进程与方向

8.1　国外洪涝灾害治理的历程和进展

城市作为巨大的承灾体，人口集中及财富集中使其日益脆弱，城市灾害为城市科技工作者提出了新课题——重新认识城市，探索城市规划设计的新思路，协调城市与灾害的关系。从 1990 年联合国提出“国际减灾十年计划”，全球统一行动适应全世界频繁发生的灾情，到 1996 年“国际减灾日”的口号明确提出“城市化与灾害”，可以看出在全球范围内，城市灾害已经成为减灾重点。

国外洪涝灾害治理主要经历了几个阶段：一是以防洪治涝工程为主的阶段，二是工程防洪涝策略受质疑的阶段，三是以非工程性措施为主的阶段。

（1）以防洪治涝工程为主的阶段

20 世纪 50 年代以前，工程防洪策略在世界各国一直处于主导地位，其目标是限定在地表径流的流经范围内，降低其流速和减少流量，以消除或降低地表径流发生灾害变化的可能性，主要措施包括修筑堤防、防洪水库和蓄滞洪区等。国外大规模防洪治涝工程建设主要是这个阶段完成的。

美国经过近 200 年的努力，各大江河至今都已形成相对完备的防洪工程体系，并取得巨大效益，如 1936～1966 年间，陆军兵团负责的防洪工程总投资 70 多亿美元，减免水灾损失 148 亿美元。

印度在第一个五年计划（1951～1956 年）的头三年，向防洪工程投资 1400 万卢比，修建了总长达 656km 的堤防，从 1954～1990 年，堤防总长度由 6000km 增加到 1.6 万 km。

东南亚各国也是如此，如泰国西部地区，水库总库容已达年径流量的 61%[1]。

工程措施在整个防洪体系中的作用是巨大的，其带来的直接效果也是相当可观的。

（2）工程防洪涝策略受质疑的阶段

20 世纪 60 年代开始进入第二阶段，防洪的工作重心由工程措施转向洪泛区土地利用的管理，主要的目标是使防灾费用和灾害损失之和最小化。

欧洲许多国家认为，虽然防洪工程取得很大成效，但也打破了自然的原有秩序，给生态环境造成不利影响，从而严重威胁到人类自身的利益安全。

1993 年美国密西西比河洪水引发了有关洪灾防洪策略的争论，一部分专家认为，如不能有效地改善土地利用的配置，就难以真正达到洪灾损失最小化目标[32]。

之后，越来越多学者认为：洪水作为一种自然现象是不可能不发生的，人为改变洪水的自然条件，过多地对生态环境施加干扰，很可能会加重洪灾。为使河流尽可能保护自然状态，采取洪灾防治措施时必须考虑它对环境的影响。

为妥善处理这个问题，德国巴伐利来州有意识地将原来规则的堤防断面改为不规则的断面，将原来直线的河道改为弯曲河道，让河流保护自然状态。欧洲人认为，河流运动有其自然摆动的范围，所以必须要给洪水留有足够的通道。洪灾防治措施应以保护人的生命为主，其次是保护好可能给周围环境造成污染的企业，其他设施则应任其自然，不必为了制止某块土地被淹而花费太多的人力、物力。例如，德国科隆市已达防御 100 年一遇大洪水的能力，但发生 10 年、50 年或 100 年一遇的洪水时，仍允许淹没一些地区。

美国也提出了防洪适应性策略，主要是指以承灾体为管理对象，对人类在洪泛区的建设活动进行约束的管理策略。美国对于防洪的法律法案非常健全，对洪泛区的相关管理制度、规范十分完善，包括对洪水灾害的认知与监控、洪泛区内建设行为的控制与约束、生态区内自然生态的保护与恢复、社区与民众的参与等各方面措施，并且将恢复生态、引导洪水及社区防灾作为防洪避灾的新途径[33]。

（3）以非工程性措施为主的阶段

这个阶段始于 20 世纪 70 年代，其主要目标是最大限度减少灾后恢复的难度。此时，调整财富存量布局、人财保险开始发挥巨大作用。

非工程措施主要包括以下几项：一是优化土地资源配置，二是将雨云催至指定地区降雨，三是划分洪泛区，四是建立洪水预报系统，五是培育洪灾保险市场，六是洪泛区居民承受一部分损失，但它的量不能超过他们为洪灾承担的投入，七是通过社会救济，补偿洪泛区居民的一部分损失。

日本于 1955 年制定了洪水预报和防汛警报制度。2005 年全日本共 520 个市街村发布了“可能受灾区域的洪水险情图”，并制订了避难指示、避难路线等措施[34]。

8.2 国内洪涝灾害治理的历程和进展

我国城市出现约有 4000 年的历史，城市的发展与江河、湖海密切相关，古代人们为方便生活、交通、守备多把城市选在河岸的左右，素有“城非河不守，河非堤不安”的说法。

城市防洪这个术语我国最初使用于 20 世纪 80 年代初期。到 2006 年底，我国 660 个城市中，就有 642 个城市需要防洪，并且许多城市都不同程度地遭受过江河洪水的威胁。

我国对于城市防洪排涝问题的成因研究，分析的结论主要是：暴雨频发而强度骤增、河道淤塞致泄洪能力降低、城市位置不当及布局不合理、渗水地面减少而径流速度加快、防洪排涝标准偏低而不匹配、现状防洪排涝设施配套不足且运行不力、城区地面标高处理不合理等[35]。

我国城市众多，分布地域广阔，城市所处位置及其相应的洪水特征是造成洪涝灾害的决定性因素，为便于分析，根据城市面临洪水的威胁程度和特点，将城市进行分类，并提出各类城市的防洪治涝策略[36]。将城市分为滨河城市、山丘城市、平原城市与沿海城市等四大类，其中山丘城市与平原城市各划分两个亚类，即山丘（1）与山丘（2）类，平原（1）与平原（2）类。山丘（2）类城市表示主城区主要分布在河谷地段，受洪水影响较严重，反之为山丘（1）类；平原（2）类为平原地区受较大湖泊洪水影响的城市，反之为平原（1）类。

我国防洪排涝管理体制日趋完善，防洪应急预案工作也正扎实推进，2012年统计，全国已有240座城市实现了城市防洪排涝一体化管理。全国有600座城市编制了城市防洪应急预案，占有防洪任务城市的95%。但仍然存在应急管理体制机制不健全、应急预案体系不完善、灾害预测预报预警能力不足、应急保障能力不足、避险宣传教育滞后等问题[37]。

2012年4月，在《2012低碳城市与区域发展科技论坛》中，“海绵城市”概念首次提出；2013年12月12日，习近平总书记在《中央城镇化工作会议》的讲话中强调：“提升城市排水系统时要优先考虑把有限的雨水留下来，优先考虑更多利用自然力量排水，建设自然存积、自然渗透、自然净化的海绵城市”。

我国海绵城市概念的提出带来了一波巨大的建设热潮。海绵城市试点建设既取得了一些可喜的成效，但也暴露出一些问题，引发了对海绵城市建设的不同看法、误解甚至质疑[38]。从早期的认为海绵城市就是为了解决城市看海的问题，能彻底解决城市洪涝的思想转变到理性的思想，即海绵城市建设并非城市看海模式的速效救心丸，海绵城市建设是一个长期复杂的过程[39]。

8.3　城市防洪治涝研究的问题与方向

（1）城市化与暴雨洪涝灾害的关系研究

城市化使原有的水循环发生显著变化，造成洪涝灾害频繁发生，20世纪中叶美国人已发现了这一现象。今天，美国人在20世纪中叶城市发展过程中遇到的水循环系统变化、洪水频发的问题在我国也已出现。目前，我国城市防灾的严峻态势与城市化快速发展比例极不适应，不仅对城市灾害损失估计不足，更未进行工程项目灾害风险经济评估，如城市防洪严重不足，“八五”期间城市防洪投入仅占年均城建固定资产投入的1.2%～1.5%。从20世纪50年代至今，我国城市水灾呈持续上升趋势，洪涝灾害对城市发展构成了严重的威胁。我国大部分城市是沿江河湖海分布，不少城市本身就处于洪泛区内。

城市化触发城区洪涝灾害的原因主要分为自然条件的变化以及社会经济原因两方面。

自然条件变化主要是孕灾环境的变化与致灾因子的变化[40]。对于孕灾环境的变化主要体现在：地面硬化，城市雨洪径流通过城市排水系统很快地进入河道，地面径流汇水时间缩短，洪峰出现时间提前，河道被挤占，水面率降低。致灾因子主要是城市热岛效应、城市阻碍效应和凝结核效应改变了城市上空的天气，加之全球气候变化的作用，表现出夏季降雨发生明显变化的特点，城市上空的降雨明显高于郊区[41-42]。

城市洪涝灾害触发的社会经济原因主要是城市化实现了人口、财富向城市的转移，转移的结果就是人口财富的大量聚集，一旦发生洪涝灾害，就会造成巨大损失[43]。

（2）防洪治涝标准研究

目前，我国大部分城市，城市防洪与城市排水分属水务和市政两个行业，在学术研究上，两者分别属于水利学科和城市给水排水学科。

要区分城市防洪、排涝及排水三种设计标准，先要明白洪灾与涝灾的区别。按水灾成因划分，洪灾通常指城市河道洪水（客水或外水）泛滥给城市造成严重的损失，而涝灾则是由于城区降雨而形成的地表径流，进而形成积水（内水）不能及时排出所造成的淹没损失。为了保护城市免受洪涝灾害，需要构建城市防洪排涝体系。

一个完整的防洪排涝体系包括防洪系统和排涝系统。防洪系统是指为了防御外来客水而设置的堤防、泄洪区等工程设施以及非工程防洪措施，建设的标准是城市防洪设计标准；而排涝系统包括城市雨水管网、排涝泵站、排涝河道（又称内河）、湖泊以及低洼承泄区等，城市管网、排涝泵站的设计标准一般采用的是市政部门的排水标准，排涝河道（内河）、湖泊等一般采用水务部门的城市排涝设计标准[44]。

城市排涝由自排和抽排两部分构成。对于自排标准，虽然城市排涝各区域支流的地形及出口高程不一样，但是自排主要是在堤防与支流出口处设闸，其孔口尺寸的大小对工程量及投资影响不大，因此一般自排标准取不低于堤防标准的年最大24h设计暴雨量，根据排涝区不允许淹没的范围、调蓄区调蓄容积及排涝区内地表情况，计算确定自排流量。对于抽排标准，标准定得越高，抽排流量就越大，相应地装机容量就越大，投资就越大。必须科学地选取抽排标准，选择抽排标准时，应根据各排水区支流的地形、出水口高程和关闸后外江涨水到退水开闸此过程，即按雨洪同期遭遇的排频标准计算选取，但对于城市，由于支流较多，排水区划分太多，这样做工作量大。一般取某一排水区支流的排水口关闸水位，关闸后外江涨水到退水开闸引水过程统一计算雨洪同期遭遇不同频率不同时间组合的设计暴雨量，再根据这一设计暴雨量和各排涝区不允许淹没的范围、调蓄容积及排涝区内地表情况，计算确定各排涝区抽排流量[45]。

目前国内的防洪治涝标准研究主要是对于防洪治涝标准存在问题的研究[46-47]、水利排涝标准与市政排水标准衔接研究[48-50]。

（3）城市防洪治涝措施研究

城市水系竖向设计兼具城市设计与工程技术双重视野，综合考虑城市防洪、地面排水防涝、城市景观、道路桥梁交通以及建筑布置等多方面的要求，对自然地形进行利用、改造、确定坡度、控制高程和平衡土石方等工作[51-57]。

现有城市总体中的排水专业规划，虽然覆盖面大，但深度不够。详细规划中的排水专业规划，虽然比较细致，但系统性差，更多侧重于管道、泵站等排水设施的布置，而对大小排水系统的衔接、管道和河道的衔接考虑不足，缺乏系统规划。城市用地规划布局时很少考虑雨水排水的出路，做城市竖向设计和道路竖向设计时，也很少结合雨水的综合利用和排放，导致排水不畅[58]。

第 9 章　城市防洪治涝策略

9.1　防洪策略

防洪常用的工程措施分为“蓄、滞、挡、截、排”。“蓄”就是利用山区地势修建水库调蓄洪水，其优点是可以蓄水进行综合利用，如防洪、发电、供水等功能，其缺点是需要一定的地形条件，有的地区可能出现大量的移民征地问题；“滞”就是利用低畦地形建立滞洪区，在洪水到来时用滞洪区滞洪错峰，洪水过后排走洪水，其优点是有效利用了低地给洪水以出路，其缺点是滞洪区如不加限制，其人口密度不断提高，社会经济得到较大发展后，将会难以按滞洪区运行，使滞洪功能大打折扣，另外滞洪区防洪标准低，也不适宜支撑地区人口、经济大规模发展；“挡”就是通过建设堤防外挡洪水，是防洪常用的手段，其优点是防洪堤可以保障保护区免受防御标准以下洪水影响，其缺点是如出现超标准洪水，出现漫堤，或可能出现决堤的情况会造成更大的灾害，另外外挡洪水使洪水归槽加重了下游防洪压力；“截”就是通过截洪、分洪将洪水引走，避免对保护区直接冲击，其优点是通过截洪可以分区分流治理洪水，缺点是截洪渠受地形条件限制；“排”是通过疏浚、拓宽河道，让洪水迅速排往下游，减少对上游的影响，其优点是让洪水下泄通畅，其缺点是排洪效果与河流有关，对于较平缓的河流下排的效果并不理想，加速下排也会加大下游防洪压力。表 9-1 表示了以上五种防洪措施的优缺点。

常用防洪措施对比表　　**表 9-1**

防洪工程措施	具体工程	适用地区	优点	缺点
蓄	水库	山区	蓄水综合利用	受地形条件限制，投资大，可能带来征地移民问题
滞	滞洪区	平原	让洪水出路错峰	难以管理滞洪区发展
挡	堤防	山区、平原、滨海	可防止设计标准下洪水影响	投资大，出现超标准洪水灾害更大，洪水归槽影响下游
截	截洪渠、分洪渠	山区	分洪避免对保护区直接冲击	受地形条件限制
排	疏浚	山区	让洪水迅速下泄	加大对下游影响，平缓河流效果不佳

9.2　治涝策略

常用的治涝策略主要有调蓄、自排、抽排三种模式。

调蓄是利用内河道、广场、低洼地进行蓄水，调蓄容量大小主要受调蓄水深与调蓄水面制约，起调水位低、水面率大，调蓄容量就大，但起调水位越低，反过来影响景观、通航，水面率越大，则城区可供开发的土地越小，城市价值得不到充分体现。

自排是当内河道水位高于外江时，通过打开外江水闸利用重力流排涝到外江。自排方式相对于抽排的方式可靠性更高，更为节能。但自排能力受水闸过流能力以及外河洪（潮）水位制约，水闸过流能力低自排能力小，外江洪（潮）水位高自排能力下降甚至受洪（潮）水位顶托不能自排。

抽排是通过泵站将内河道较低水位的涝水抽到较高水位的外江中。抽排相对自排更耗能，可靠性低。抽排能力主要受泵站装机规模制约，装机越大抽排能力越大，但相对投资就越大（图 9-1）。

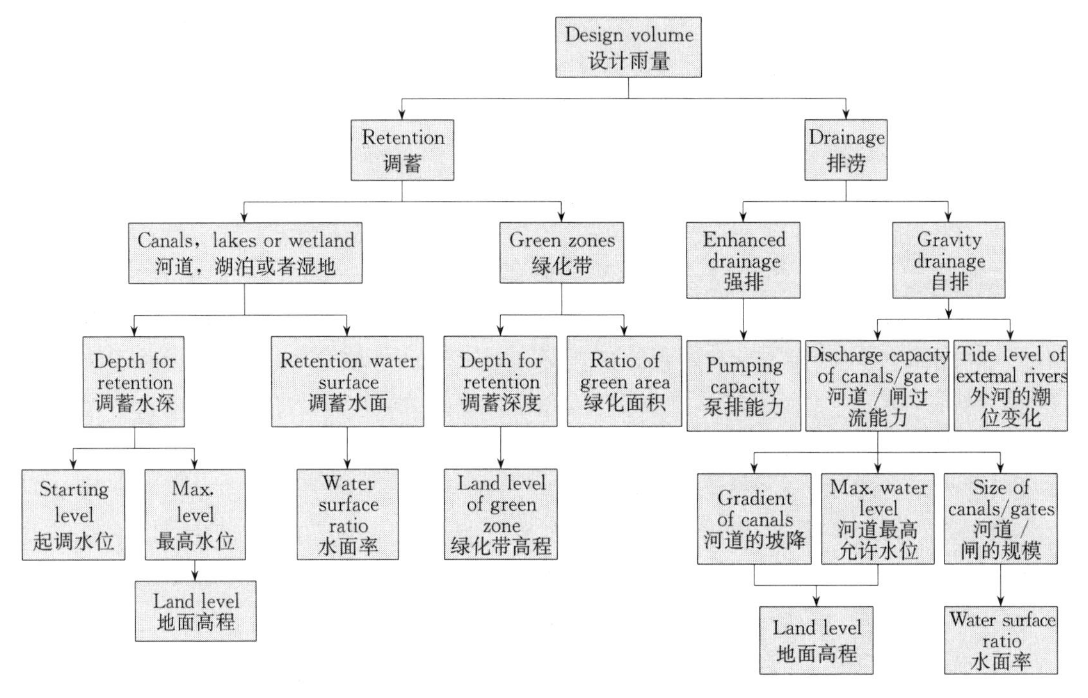

图 9-1　排涝模式

表 9-2 表示了以上三种治涝措施的优缺点及规模指标。调蓄水库、湖、绿地常用水面率指标来衡量，水面率是指区域中的水面面积（广义上包括了调蓄绿地面积）与区域总面积之比，根据《城市水系规划规范》GB 50513—2009，广东省所属的一区城市适宜水域水面率为 8%～12%，但规范中未说明这个水面率是指内水面率还是包括内水和外江的综合水面率，从广东省各城区实际情况出发，有的滨海城市外海面积较大，外江对城市蓄水没有作用，因此，统计内水面率对治涝更具意义，一般广东省城市 20～50 年一遇暴雨一般为 200～300mm，如果内水面率达到 8%～10%，意味着整个区域下的暴雨蓄在区域的湖体中，仅会使湖水上涨 2～3.7m，一般湖体能有 1～2m 的水位变化就能将区域内一半的暴雨吸纳，因此内水面率达 8%～10%对于一个城市调蓄起到相当大的作用，但水面率过大又会减少土地利用价值。对于自排而言，河道、水闸的排峰率是指它们的实际排流量达到涝区汇流洪峰的比例，排峰率对于排除城市涝水有很重要的意义，对于城市骨干河道，其排水速度快慢影响到上游雨水管道的排放，从而影响上游区域涝水排泄速度，只有

让骨干河道的排峰率达100%甚至大于涝区汇流洪峰，才能使涝水在能够自排的情况下通畅快速地排走。排涝模数，是指集雨区域内泵站排流量与区域面积之比，其大小反映了抽排所占的比重，对于低洼地区，排涝模数较大，对于地势高的地方，排涝模数较小。最后还有一个调蓄：自排：抽排，可以反映这三种治涝措施占的作用比重，一般这个比例应较为均匀，合理利用三种措施共同治涝。

常用治涝措施对比表　　**表9-2**

治涝工程措施	具体工程	适用地区	规模指标	优点	缺点
调蓄	水库、湖、绿地	山区、平原、滨海	水面率(适宜水面率8%～10%，不包括外江)	蓄水综合利用	受地形条件限制，投资大，可能带来征地移民问题
自排	河道、水闸		排峰率（最好达100%）	快速排除涝水，投资少	受外水顶托不能自排
抽排	泵站		排涝模数	可将低洼水排到顶托外江	更耗能，可靠性低、投资大，大泵站可能长期安置浪费

9.3　研究手段

本次研究主要手段是：

(1) 选择典型的城市，根据影响城市防洪治涝的上下游河流范围，构建一、二维河网水动力数学模型，包含城市的外部水道和主要排水内河道，概化排水管网，一般作为源汇项加入，对于大的主干管涵和重点区域管网拟采用MIKE URBAN，将水系与管网耦合概化嵌入模型。

(2) 基于CAD平台，在ZDM软件的基础上进行二次开发。开发程序实现排水分区的自动划分、管网属性文件的生成和成果标注功能。

9.4　研究方法

从广东省21个地级市中按上述城市分类，各选择典型进行研究分析。经过普查，实地调研，收集整理广东省内主要城市的经济社会发展、水文气象、地形地貌、防洪治涝体系建设和洪涝灾害受灾情况等方面的资料，分类选取典型城市作为重点研究对象，可分为三大类：山洪影响城市，潮汐影响城市及洪潮影响城市。

针对典型城市工程现状及防洪排涝存在的问题作现状评估分析；再根据该城市片区未来发展的定位与需求及相关规划成果，分析目前片区内排涝工程及雨水管网存在的问题，提出雨水排涝体系设计目标与任务；通过标准确定、案例分析，围绕着防洪治涝体系设计的目标任务，制订规划策略；对应建设策略提出防洪治涝体系建设的工程措施与管理措施(图9-2)。

技术路线见图9-2。

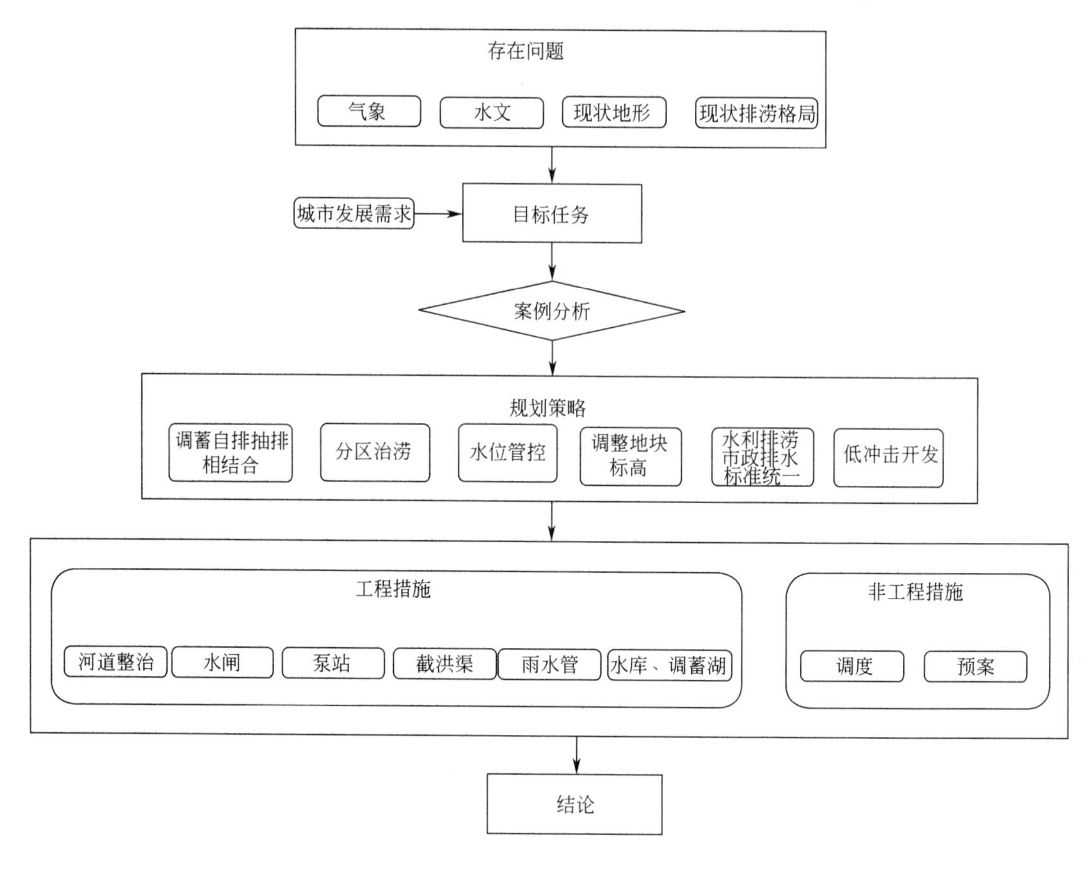

图 9-2　技术路线图

9.5　典型城市的分类与选取

（1）典型城市的选定原则

1）典型城市能代表特定类型城市的防洪排涝格局；

2）需有一定的工作基础，便于研究工作的开展；

3）通过研究某几个典型城市的防洪治涝策略能指导全省防洪治涝工作。

广东北部为山区、中部为珠三角平原，南部为口门区。据此广东省城市主要可分为三类：山区城市，滨海城市及平原城市。其中山区城市主要受山洪影响，滨海城市主要受潮汐影响，平原城市受上游洪水及下游潮汐共同影响。

（2）典型城市的选定

通过以上原则，拟选取增城派潭镇区、阳山县城东新区、云浮新城区、广州市南沙新区、中山市区、潮州市区、东莞谢岗镇粤海产业园作为典型研究。

增城派潭镇区（旧城区）、阳山县城东新区（新城区）、云浮新城区（新城区）为山区城市代表，南沙新区蕉东联围及黄阁镇（旧城区）、广州市南沙新区起步区（新城区）为滨海城市，中山市（旧城区）、潮州市（旧城区）、东莞谢岗镇粤海产业园（新城区）为平原城市。以上选取的典型城市，包括了山区城市，滨海城市及平原城市，同时每一种典型又包括了新城区、旧城区，所选取的典型城市已经包含了全省各种洪涝灾害的特点，因此通过对以上典型城市的研究，就可以对不同类型的城市防洪治涝策略作出全面研究，可指导其他城市制订防洪治涝策略。

第 10 章　实例一(山区城市旧城区)——广州增城派潭镇

10.1　项目背景

派潭镇地处珠江三角洲地区北端，是增城区北部最大的山区镇，拥有深厚的历史文化底蕴，风景秀丽的白水寨省级风景名胜区着力发展生态文化旅游业，景区内瀑布景观罕见独特，球状风化地形地貌神奇特异，田塘村林特色明显，温泉湖泊森林生态相依。该镇基本无工业污染，负离子含量高，是邻近广州少有的氧吧，堪称南国乡村大公园。

2014 年 5 月 23 日，派潭镇及其周边地区普降大暴雨，局地特大暴雨，其中大封门录得 24h 雨量达 477.4mm，造成派潭河流域发生严重的洪涝灾害，派潭河流域防洪排涝专项研究是增城区委市政府工作部署和要求，也为山区型旧城区典型城市制订防洪治涝策略提供经验。

本项目高程系统统一采用珠基高程。

10.2　区域概况

10.2.1　地理位置

派潭镇是广州市增城区北部最大的山区镇，距增城区中心 28km，距东莞市 60km，距广州市 70km，北面与从化市接壤，东北面与惠州市龙门县毗邻。全镇面积 289.5km^2，现辖 36 个行政村、1 个居委会，派潭有耕地 5.4 万亩，山地 24 万亩，人口 7.97 万人。

10.2.2　流域气象

派潭河流域地处南亚热带，北回归线经过派潭镇附近，属海洋季风气候。多年均气温为 21.0℃，年平均最低气温为－2℃，最高气温 37.2℃，多年平均相对湿度 75%。流域内雨量充沛，据流域内派潭雨量站实测资料，多年平均降雨量为 2027mm，最大年雨量 2878mm（1975 年），最小年雨量 1304mm（1991 年），中北部地区属暴雨中心，每年 5～6 月受亚热带海洋气团影响形成暴雨，占全年降雨量的 48%，7～9 月常有台风雨，占全年降雨量的 29%。派潭镇三面环山，地势自北向南降低，为中低山谷地，山峰一般为海拔 500m 以上，其中牛牯嶂海拔 1087.3m，是境内最高峰。

10.2.3　洪水

派潭镇地处南亚热带，北回归线经过派潭镇附近，属海洋季风气候。其特征是：炎热多雨，长夏无冬。中北部地区属暴雨中心，每年 5～6 月受亚热带海洋气团影响形成暴雨，占全年降雨量的 48%，7～9 月常有台风雨，占全年降雨量的 29%，本地区年平均蒸发量为 1300mm，4～10 月占全年的 70%以上。

派潭河流域地处暴雨中心，降雨强度大，河床坡降陡，水流湍急，洪水陡涨陡落，水位变幅较大。虽然上游建设了一批小型水库，由于调蓄能力有限，导致洪涝灾害频发。

10.2.4　雨洪遭遇分析

派潭河属增江一级支流，派潭河流域内无水文站，派潭雨量站位于派潭镇政府所在地，距派潭河河口约 13km；增江中下游麒麟咀水文站位于增江派潭河口下游约 8km 处。经调查统计，通过派潭雨量站 1957～2010 年逐日降雨资料和麒麟咀水文站 1957～2010 年逐日流量资料来进行雨洪遭遇分析。

从派潭站暴雨与增江洪水相遭遇分析的结果可知，派潭河流域发生超过 20 年一遇降雨与增江 20 年一遇洪峰相遭遇的几率较大，因此在计算洪水水面线时，派潭河流域超过 20 年一遇洪水频率对应的增江水位采用 20 年一遇水位；派潭河流域 10 年一遇及以下洪水频率对应增江水位采用 10 年一遇水位。

由于派潭河干流总集雨面积不大，仅为 302.7km^2，各支流集雨面积占总集雨面积的 7%～21%，派潭河发生全流域洪水的可能性较大，因此在计算支流水面线时，按派潭河支流与干流洪水同频遭遇考虑。

10.3　派潭镇防洪治涝问题

(1) 派潭镇区及汉湖村未形成防洪保护区，与未来发展需求极不适应。

目前派潭镇区有 4800 人，耕地 3734 亩，汉湖村有 3000 人，耕地 2265 亩，人口多耕地多，但目前尚未建成堤防，由于地势低洼，易受 5 年一遇以上洪水影响。

派潭镇未来发展是作为增城区北部三镇的经济产业中心、珠江三角洲地区田园山水旅游的先导示范区、规模化生态农业开发与加工物流基地、人居和谐与城乡和谐发展的先行改革试验区。到 2020 年派潭镇的城镇化水平由现在的 8.54%提高到 32.8%。

目前镇区的防洪格局远未能满足派潭镇未来的发展需求。

(2) 水库调蓄洪水的作用未完全发挥。

派潭河流域小 (1) 型水库的特性见表 10-1。流域内有 8 座小(1)型水库，水库控制的集雨面积共计 63.34km^2，占流域集雨面积的 17.7%，总库容 3051 万 m^3，正常库容 2087.9 万 m^3。总库容与正常库容之间有 963.1 万 m^3 库容，可容纳集雨面积内 152mm 降雨，小于多年平均 24h 降雨量 180mm。大部分水库通过溢洪道泄洪，当水库水位超过溢洪道底坎自动泄流，未建成闸门控制泄流，未能更大程度发挥水库调蓄洪水的能力。

派潭河流域小 (1) 型以上水库特性表　　　　表 10-1

水库名称	工程地点	集雨面积 (km^2)	总库容 (万 m^3)	灌溉面积 (亩)
高埔水库	高埔村	11.02	783	5200
牛牯嶂水库	樟洞坑	2.2	151.4	2800
石礤水库	小迳村	6.6	590	7200
石马龙水库	上九陂	8.6	112.78	1700
拖罗河库	玉枕村	2.92	158	2000

续表

水库名称	工程地点	集雨面积 (km^2)	总库容 (万 m^3)	灌溉面积 (亩)
大封门水库	背阴村	25.8	695	
七星墩水库	高滩	4.6	396	
白水寨水库	高滩	1.6	165	1100
总计		63.34	3051.18	

(3) 部分堤防防御能力不足。

目前派潭河中下游已经建成了多宗堤防，通过近年加固达标后堤防标准达20年一遇，但未加固堤围存在土堤质量差，渗漏严重，防滑抗冲刷能力差，堤围年久失修，堤身单薄残破，不满足防洪要求，在2014年5月23日洪水中，围元围、陆寨围、庙潭围被冲垮，多处堤段出现管涌、爆裂的险情。

(4) 部分桥梁、陂头阻水，抬高上游水位。

派潭河主河道上有两座拦河坝，即高陂头拦河坝、何大塘拦河坝。高陂头拦河坝目前是无闸门控制，通过陂头抬高水位以利于灌溉，但洪水期间，由于陂头壅水抬高上游水位。另外派潭河干流沿程有部分桥梁行洪断面狭窄，阻碍行洪通畅。

(5) 防洪应急预案尚缺乏风险分布图支撑。

派潭河属山区河流，洪水急涨急落，平时河流水位较低，洪峰到来时水位高，流速快，影响面广，但历时短，洪水退落较快。目前派潭河流域水文测量站网不健全，只有对雨量的测量，还缺乏流量、水位的测量站，水情预测信息站网不完善。目前派潭河流域已经编制到各镇区的防洪应急预案，已建立起一套有效的应急预案机制，在“5·23”洪水中发挥了重要的作用，但是缺乏风险分布图支撑，对于洪水涨落时间、洪水影响程度缺乏数据支撑，导致洪水到来时难以估计洪水影响的程度及范围。

通过统计派潭河全流域洪量，得到 $P=1\%$、2%、3.33%及5%四个频率的三天洪量，考虑水库的调蓄作用，水库最大调蓄按全部水库调洪库容计算为1313.6万m^3，河道调蓄容积的计算则按5%水面线水位，计算此水面线以下的河道断面面积，乘以断面间里程得到各段河段的容积，再累加得到20年一遇水面线以下河道调蓄容积。通过二维地形数据统计出堤防外农田库容，最后通过天然洪水减去水库调蓄量、河道调蓄容积及堤防外农田调蓄量得到漫入堤防内的洪量。对于洪水总体安排见表10-2。

从表10-2中可见，对于20年一遇以下的洪水，通过现状的水库、堤防、一些堤外农田的临时滞洪，基本不造成灾害，但对于20年一遇以上的洪水，还有部分洪量会漫过堤防造成洪灾，必须通过措施解决。

洪水总体安排表 **表10-2**

项　　目	$P=1\%$	$P=2\%$	$P=3.33\%$	$P=5\%$	备注
天然三天洪量(万 m^3)	10630.8	9196	8163.8	7334.4	
现状河道调蓄容积(万 m^3)	1313.63	1313.6	1246	1119.4	
现状河道调蓄容积(万 m^3)	5004.5	5004.5	5004.5	5004.5	过洪通道
现状堤防外农田调蓄量(万 m^3)	1743.7	1743.7	1743.7	1210.5	临时滞洪区
未解决洪量(万 m^3)	2568.9	1134.2	169.6	0	洪泛区

10.4　派潭河流域一、二维耦合水动力模型

派潭河流域的河流属山区呈叶脉状分布，包括派潭河干流及其支流高埔河、拖罗河、车洞河、灵山河、高滩河、汉湖河、小迳河、陆寨河、罗塘河等，为系统反映工程措施的效果，将派潭河流域主要干支流建立一、二维河网模型联解，为反映实际情况，将派潭河干流的桥梁、水陂、支流的水闸、泵站均概化到模型中。对于派潭河流域低洼地区的地形概化为 100m×100m 方格进行计算。一维模型包括派潭河干流及主要支流，二维模型范围包括干流及主要支流沿岸地形高程低于 50m 的所有区域（图 10-1）。

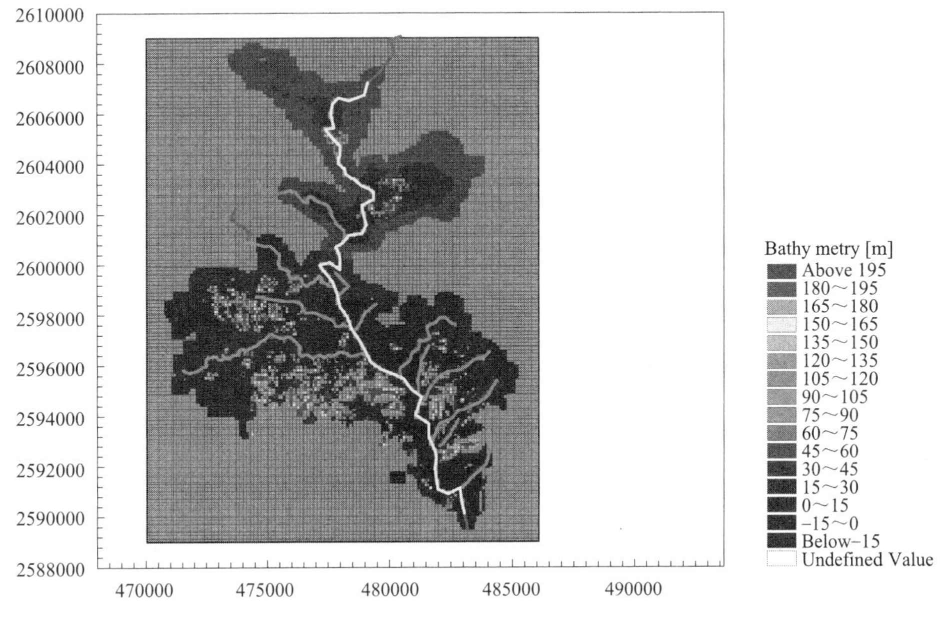

图 10-1　派潭河流域一、二维模型

由于派潭河流域未设置流量测站，缺少流量数据，仅能根据实测的 2014 年 5 月 23 日大洪水、2008 年 6 月 26 日洪水及 2010 年 5 月 14 日洪水进行率定，验证本次设计洪水计算成果符合实际。

10.5　派潭镇的防洪策略

10.5.1　总体布局

防洪常用的有蓄、滞、挡、截、排五种手段，见表 10-3。

通过表 10-3 的比较，可见从派潭河流域的实际情况出发，选择较优的防洪措施，水库建闸蓄洪，影响面较小，投资相对较小，是优先方案；疏通河道、拆除阻水建筑投资次之，为次优先方案；建设堤防投资巨大，只针对人口密集、耕地面积多的派潭镇区和汉湖村，利用现有道路建堤。

常用防洪措施对比表 表 10-3

防洪工程措施	具体工程	适用地区	优点	缺点	应用于派潭河的情况分析
蓄	水库	山区	蓄水综合利用	受地形条件限制，投资大，可能带来征地移民问题	大部分水库通过溢洪道泄洪，当水库水位超过溢洪道底坎自动泄流，未建成闸门控制泄流，建闸泄流工程措施相对经济
滞	滞洪区	平原	让洪水出路错峰	难以管理滞洪区发展	派潭镇能用于滞洪的农田、低地已基本用尽
挡	堤防	山区、平原、滨海	可防止设计标准下洪水影响	投资大，出现超标准洪水灾害更大，洪水归槽影响下游	派潭河中下游已经建成了多宗堤防，通过近年加固达标后堤防标准达 20 年一遇，派潭镇区及汉湖村未建堤防，建堤防投资较大
截	截洪渠、分洪渠	山区	分洪避免对保护区直接冲击	受地形条件限制	派潭镇已形成高水高排、低水低排的格局，新建截洪渠可能性较小
排	疏浚	山区	让洪水迅速下泄	加大对下游影响，平缓河流效果不佳	派潭河部分桥梁、陂头阻水，抬高上游水位，改造阻水建筑投资较大

防洪体系是以泄为主、泄蓄兼顾，建立“上蓄、中防、下排、外挡”和“堤库结合”的工程体系。上蓄——抓住重点，主要针对集雨面积超过 10km^2 的大封门水库及高埔水库进行研究，通过建设高埔水库溢洪闸，增加调节洪水能力；中防——按照分区设防的原则，对于人口集中、经济发达的地区实行重点堤防建设，新建汉湖村及派潭镇区堤防；下排——通过对派潭河至鹅兜围交界处约 6.5km 河段进行清淤疏浚、桥梁改造，以及降低何大塘拦河闸底坎，拆除高陂头拦河坝，改建高陂头拦河闸等措施实现洪水下排通畅；外挡——通过对下游朱古围、围元围、黄洞围、鹅兜围、庙潭围进行达标加固有效挡洪。

另外，按照“给洪水以出路，人与自然和谐相处”的原则，洪水期间利用农田暂时调蓄洪水，以避免及减轻对重要居民区的影响，提出行之有效的防洪应急预案的非工程措施。

10.5.2 洪水安排

（1）目标洪水总体安排方案

派潭河流域防洪标准为 20 年一遇，对于 20 年一遇及以下洪水的目标洪水，主要通过水库蓄水、堤防外挡、河道下排的办法，把洪水挡在防洪堤以外，以保护各堤围安全。通过表 10-2 可见，通过水库调蓄及河道外排后，会淹没一些堤外农田，堤防外农田需担负 1210.5 万 m^3 的临时滞洪量。

（2）超标准洪水总体安排方案

对于超过 20 年一遇洪水，除了通过水库蓄水、堤防外挡、河道下排的办法蓄排洪水，如洪水继续上涨，按照各堤围防洪标准，先让洪水进入设防标准较低的下游堤围，堤围内人员撤离到临时安置区，如洪水继续上涨，漫入镇区堤防，则启动镇区撤离预案。

表 10-2 列出了各频率洪水漫入堤防内的洪量，对于 30 年一遇洪水，漫入堤防内的洪量为 169.6 万 m^3；对于 50 年一遇洪水，漫入堤防内的洪量为 1134.2 万 m^3；对于 100 年一遇洪水，漫入堤防内的洪量为 2568.9 万 m^3。

10.5.3 上蓄策略——现有水库改造

派潭河流域小（1）型水库有 8 宗，集雨面积超过 $10km^2$ 的只有上游的大封门水库与高埔河支流的高埔水库。水库集雨面积在 $10km^2$ 以上，方能体现对全流域防洪效益，故下面重点研究高埔水库与大封门水库。

（1）扩建大封门水库。大封门水库位于增城区增江一级支流派潭河上游，南距派潭镇政府 19km。大封门水库修建于 1969 年，1970 年竣工，集雨面积 $25.8km^2$，总库容 665 万 m^3，兴利库容 516.7 万 m^3，正常蓄水位 267m，汛限水位 267m，50 年一遇设计洪水位 269.37m，500 年一遇校核洪水位为 270.1m；水库主坝为浆砌石拱坝，坝顶长度 180m，最大坝高 50m，坝顶高程 272.19m；副坝为堆石坝，坝顶长度 120m，最大坝高 31m；水库设开敞式实用堰，总净宽 50m，进口底坎高程 267m，出口底坎高程 226.77m，对应校核洪水位时，溢洪道最大泄流量 $669.1m^3/s$。目前，水库以发电为主，兼有灌溉，几乎无防洪作用，电站装机 5270kW，有效灌溉面积约 3000 亩。扩建后大封门水库可保护下游背阴新村、高滩、何大塘等地，并对派潭镇政府有一定防洪作用。水库现状正常蓄水位库容约为 550 万 m^3，扩建后正常蓄水位库容约为 1025 万 m^3，增加库容达 475 万 m^3，主要任务为防洪，可有效防护 20 年一遇洪水，并兼有发电和灌溉效益。现状水库灌溉面积约 3000 亩，扩建后可提高灌溉面积，增加增城区应急备用水源。

（2）改造高埔水库

高埔水库集雨面积为 $11.02km^2$，现状正常水位 38.19m，汛限水位 36.39m，设计洪水位 39.86m，校核洪水位 40.67m，总库容 700.88 万 m^3，正常库容 451.88 万 m^3，其设计标准为 50 年一遇，校核标准为 500 年一遇。水库泄洪主要靠溢洪道及泄洪涵。溢洪道宽 15.62m，进口底坎高程 37.79m，出口底坎高程 25.72m；对应设计洪水位时，溢洪道最大泄流量 $66.14m^3/s$，对应校核洪水位时，溢洪道最大泄流量 $119.7m^3/s$；另外高埔水库有一钢筋混凝土方涵泄水，孔口净高 2.55m，净宽 3.28m，进口底坎高程 29.39m，出口底坎高程 26.02m。水库主坝坝型为均质土坝，坝长 380m，最大坝高 16m，坝顶宽度 4m，坝顶高程为 41.39m。改造方案是将高埔水库原溢洪道改建为泄洪闸，以减轻下游防洪压力，闸底坎高程为 37.79m，闸宽拟定为 10m，汛限水位为 36.39m。仅通过控泄缓解下游防洪压力。

10.5.4 外挡策略——防洪堤建设

派潭河流域主要是农业用地，流域发生洪水陡涨陡落，洪峰流量大，但持续时间短，根据流域洪水的特点，可以还洪水出路，利用农田作为临时蓄洪区。但对于集中的居民区，为保障人民生命财产的安全，应当建设堤防进行保护。目前派潭河上游高滩镇已建有石岭围，中下游也建成了围元围、鹅兜围、湾吓围等堤围防护，形成现有的防洪体系。

本次主要是针对未形成防洪堤，而人口较为集中的汉湖村、镇区新建堤防。其中镇区新建堤防是重点，见图 10-2。

利用增派公路、高地及山体等天然屏障，在派潭镇区北面新建 151m 堤防连接增派公路及高地，再沿镇区北、东边新建 1km 堤防，利用南面 1.2km 现状的道路进行加高，形成 20 年一遇封闭的防洪保护圈。南面 1.2km 道路现状高程为 16.8～18m，20 年一遇水面线为 17.3m，因此该段道路需加高 0.6～1m。派潭镇区堤防规划利用抬高道路高程，结合总规的道路规划，提出堤路结合的措施。

派潭镇政府对岸三中为派潭镇重点学校，但其地势低洼，经常被浸，该段 20 年一遇水面线为 17.3m，现状田间道路及公路高程为 15m，低于 2 年一遇洪水位，因此加高派潭三中外围道路至 17.4m，抬高道路长 920m，使三中免遭受 20 年一遇以下洪水影响。在穿堤处建设旱闸，平时开闸通行，洪水期间关闸挡洪。

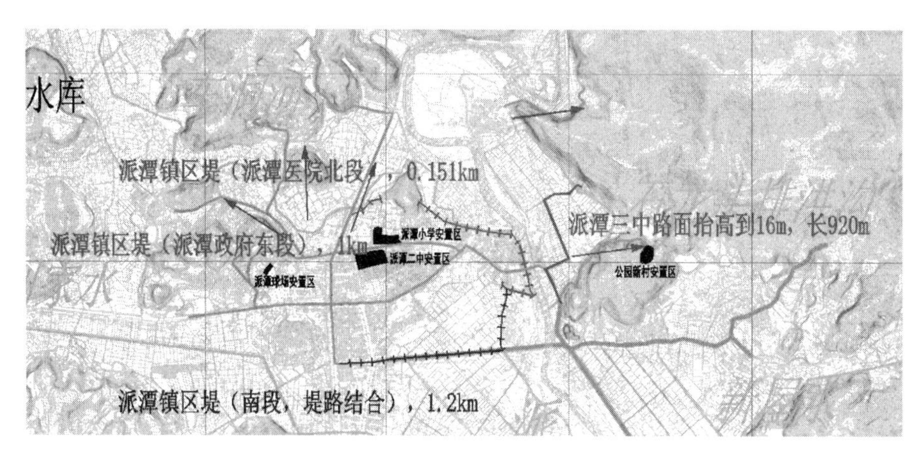

图 10-2　新建派潭镇区堤

10.5.5　下排策略——疏浚派潭河中下游段及跨河建筑物改造

（1）疏浚河道

对局部被束窄的河段进行开挖扩宽，使上下游过流河宽接顺。河道清淤疏浚开挖边坡均为 1∶2.5，清淤后的河底宽度为 30m，基本与现有主河槽吻合，局部过于狭窄段进行开挖拓宽，与上下游河道接顺；设计河底高程按坡降 0.6%计，基本沿现有河道底下挖 0.5～1.5m，并进行岸坡防护，稳固河岸（图 10-3、图 10-4）。

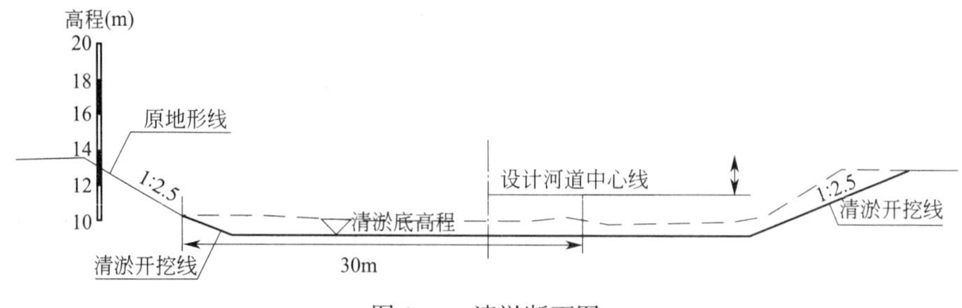

图 10-3　清淤断面图

（2）桥梁改造

现派潭河高陂头以下至派潭河河口之间一共有 8 座跨河桥梁，其中较大的交通桥有 5

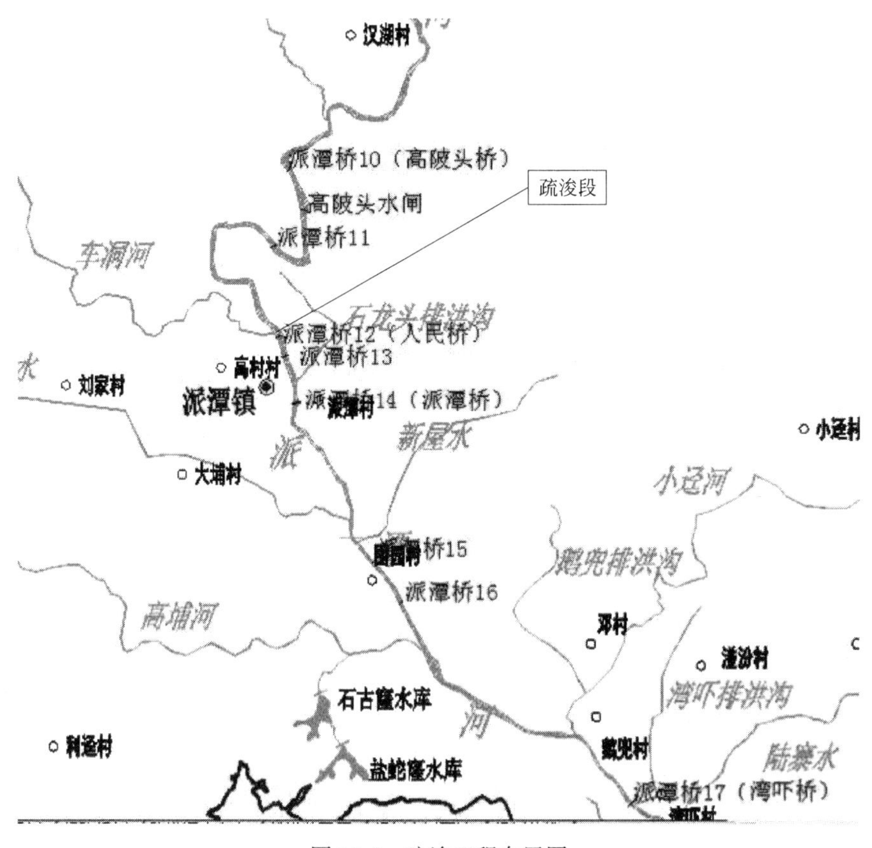

图 10-4 疏浚工程布置图

座，2014 年 5 月洪水，多宗桥梁由于上游漂浮物堵塞桥孔，桥梁变为挡水堰，阻碍行洪安全，根据实际交通情况建议保留，拟拆除桥 10（高陂头桥）、桥 13、桥 14（派潭桥）、桥 17（湾吓桥）4 座桥梁避免河道阻水。

（3）拦河建筑物改造

派潭河主河道上有两座拦河坝，即高陂头拦河坝、何大塘拦河坝。高陂头拦河坝目前是无闸门控制，通过陂头抬高水位以利于灌溉，但洪水期间，由于陂头壅水抬高上游水位。

拟降低何大塘拦河闸底坎 3m，使上下游水位平顺连接。拆除高陂头拦河坝，改建高陂头拦河闸。

10.5.6 中防策略——防洪应急调度

新建 20 年一遇堤防保护派潭镇区中心，可防御 20 年一遇及以下洪水，当洪水超过 20 年一遇水位时，可采用原地避洪的办法，先往高层楼房转移，部分低洼地区转移到派潭二中安置区、派潭小学安置区或派潭球场安置区，若水位继续上涨超过堤防，需利用现有的道路向西面转移到香车窿水库管理房安置点。派潭河左岸的石龙头村，地势较低，遇洪水需就近转移到附近山地。派潭河左岸的公园新村，地势低，容易受洪水威胁，在背后半山建设公园新村安置区，遇洪水时沿现有道路向安置区转移，见图 10-5。

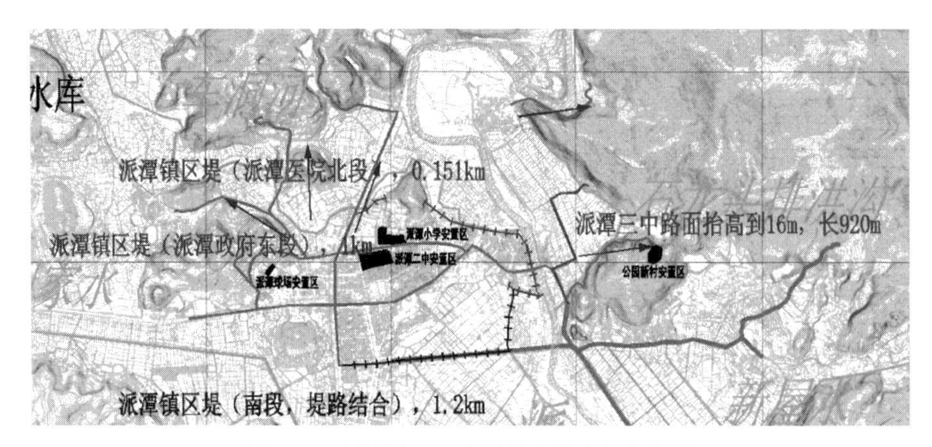

图 10-5　派潭镇区两岸村镇防洪应急方案图

10.6　派潭镇的治涝策略

10.6.1　派潭镇排涝分区

派潭镇排涝分区见图 10-6。派潭镇位于车洞河流域下游，车洞河由镇区北面汇入派

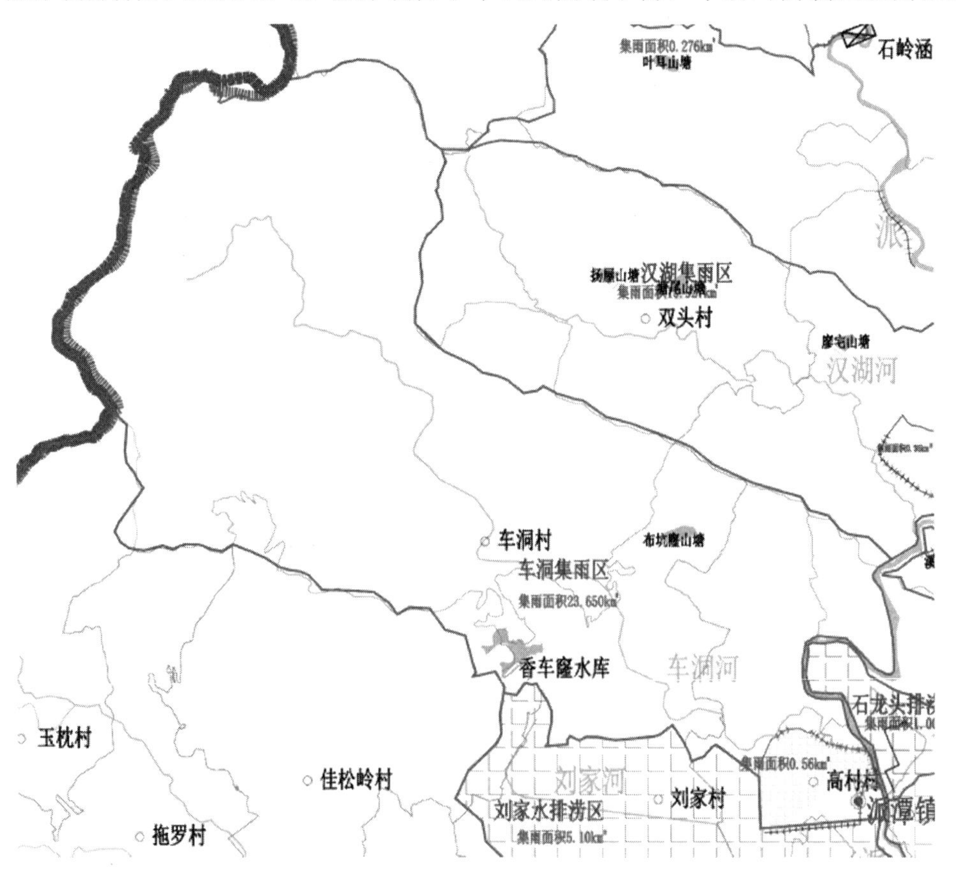

图 10-6　派潭镇区集雨面积图

潭河，车洞河流域集雨面积 23.65km²，大部分为山洪，派潭镇区地势较低洼，低洼地集雨面积为 0.56km²。

10.6.2　治涝总体策略

派潭镇区的现状防洪排涝情况见表 10-4，目前基本上形成了低水低排，高水高排的格局，车洞河流域大部分山洪由镇区北部的车洞河汇入派潭河排走，车洞河也具备排除 10 年一遇洪水的能力，足够自排，但由于车洞河未形成堤防，当山洪较大时会威胁到镇区低洼地区。另外镇区 0.56km² 低洼地区目前建成排水管网排水到派潭河，但目前未有排涝泵站，遇派潭河水位顶托时成涝。

现状排涝情况　　表 10-4

现状	分类	集雨面积(km^2)	10 年一遇 24h 设计雨量(mm)	洪量(万 m^3)
洪涝水情况	山洪	23.09	245.2	425
	涝水	0.56	245.2	10
	总计	23.65		435
现状治理	防灾工程措施	具体工程	现状规模	排除洪量(万 m^3)
治理情况	调蓄	河道水面 0.2km²	水面率 0.83%	38
	自排	河道	达排峰要求	387
	抽排	无泵站		0
	未解决洪涝水			10
	调蓄：自排：抽排	1：10.2：0		

因此，派潭镇区最优的排涝策略就是采取低水低排，高水高排，即利用车洞河排走山洪，在车洞河与镇区之间建设堤防保护镇区，镇区涝水则通过排水管网和泵站排至派潭河。

10.6.3　具体措施

为保护派潭镇区，新建派潭镇区堤防形成一个新的小涝区，由于镇区现状采用雨水管道排水，因此在设计涵闸和泵站等排水设施时，考虑与管网的衔接，拟在镇区东北角的管网出口处设置一座泵站将镇区北部涝水抽排至车洞河，另外对南部涝水通过在梅都路新建水闸和泵站将水排至镇区南部小支涌然后汇入派潭河。治理后的情况见表 10-5。派潭镇区雨水管网规划平面图见图 10-7。

治理后排涝情况　　表 10-5

现状	分类	集雨面积(km^2)	10 年一遇 24h 设计雨量(mm)	洪量(万 m^3)
洪涝水情况	山洪	23.09	245.2	425
	涝水	0.56	245.2	10
	总计	23.65		435
设计治理方案	防灾工程措施	规划工程	规划规模说明	排除洪量(万 m^3)
治理情况	调蓄	河道水面 0.2km²	水面率 0.83%	38
	自排	河道	达排峰要求	387
	抽排	新建两泵站新增 $8m^3/s$	低洼区排涝模数 $14.3m^3/(km \cdot s)$	10
	调蓄：自排：抽排	1：10.2：0.26		

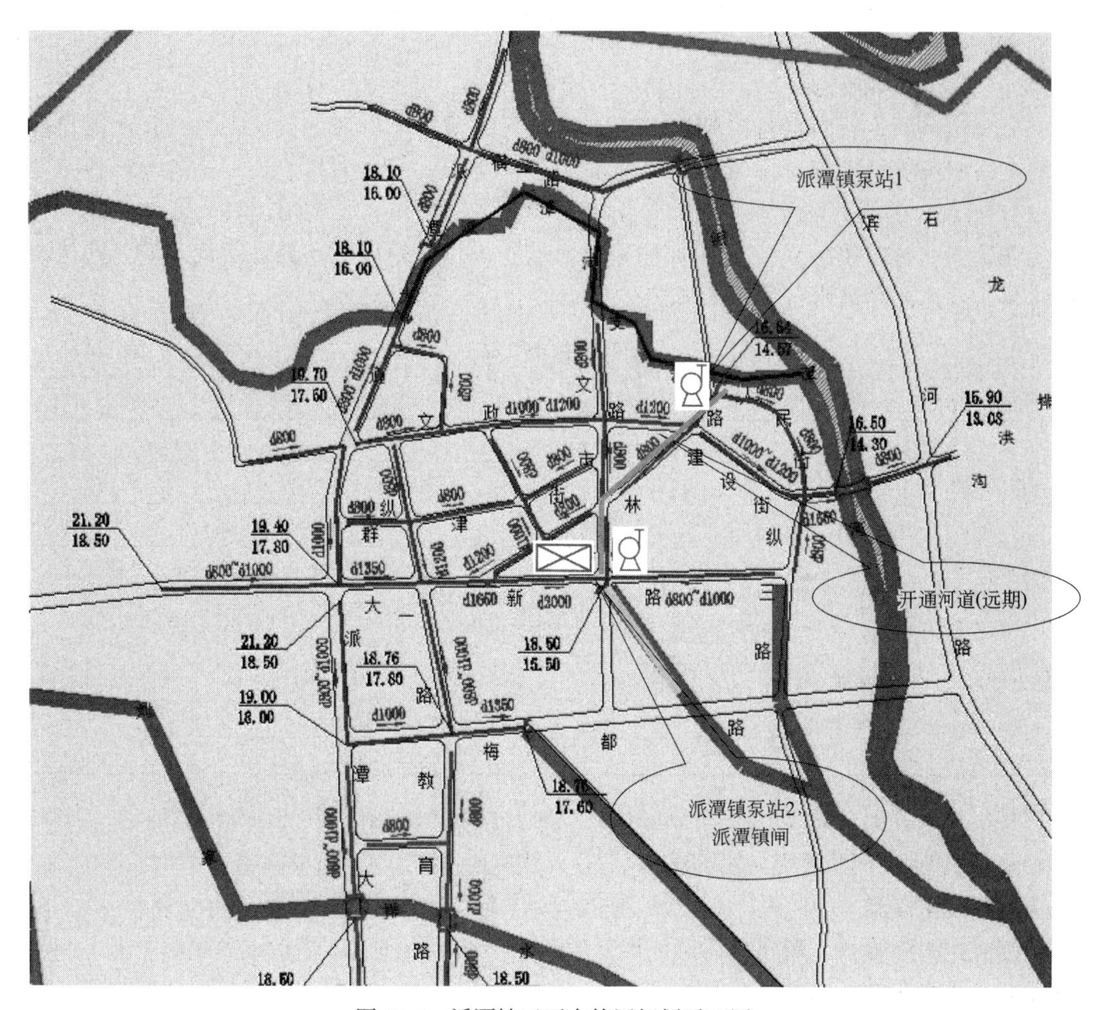

图 10-7　派潭镇区雨水管网规划平面图

第11章 实例二(山区城市新城区)——阳山县阳东新区

11.1 项目背景

阳山县作为粤北山区中清远市属的县，在清远市的带动下，积极响应省政府“扩容提质、集聚发展”的要求。

近年，阳山县政府大力推进“绿色经济强县、旅游休闲胜地、山水宜居城市”建设，以“建设幸福阳山”为核心，大力实施“桥头堡”发展战略，加快转型升级，努力推进建设“珠港澳绿色农产品供应基地、广东绿色能源示范基地、珠港澳绿色生态旅游基地和粤北山水宜居名城”的“三基地一名城”策略，全力推动阳山经济社会持续稳定较快发展。阳山县城东片区三面环山一面临连江，是典型的山区型城市，阳东新区现状是农田区，开发后将作为新城区，因此阳山县阳东新区作为山区型新城区典型城市研究其防洪治涝问题具有重要意义。

本项目高程系统统一采用85高程。

11.2 区域概况

11.2.1 地理位置

研究范围位于阳山县县城东南的城东片区，城东片区范围大致分为连江两岸的两片，其中，连江东岸片北起水泥厂宿舍，南至水口大桥，西至连江，东部以浪伞山和将军山山脚为界；连江西岸片西北以清连高速为界，东至连江，南至彭屋村连江转弯处。城东片区总面积约11.53km^2。规划范围见图11-1。

连江（又称小北江)为北江最大支流，经连南、连山、连州、阳山、英德等县市，由连江口汇入北江，干流全长181km，流域面积10061km^2。经20世纪50年代末至70年代中期先后两次大规模航运枢纽建设，已建成龙船厂、界滩、黄牛、黄燕、花溪、较剪陂、青莲、青霜、蓑衣滩、黄茅峡、架桥石共11座航运枢纽，是全国第一条集航运、灌溉、发电于一体的航运梯级渠化河流，也是连南、连山、连州、阳山和英德各县市重要水上运输通道。阳东新区位于较剪陂梯级位置。

11.2.2 流域气象

连江流域地处华南亚热带季风气候区，其特点为高温多雨。流域既受冷暖气团形成的锋面雨的影响，又受南海热带气旋的波及。流域内雨量丰沛，年降水量在1400～2500mm之间，雨量的地区分布大致由南向北递减，但年际分配极不均匀，最大年降雨量为2743.5mm（1973年)，最小年降雨量为1190.7mm（1958年)。阳山县属北江中下游暴

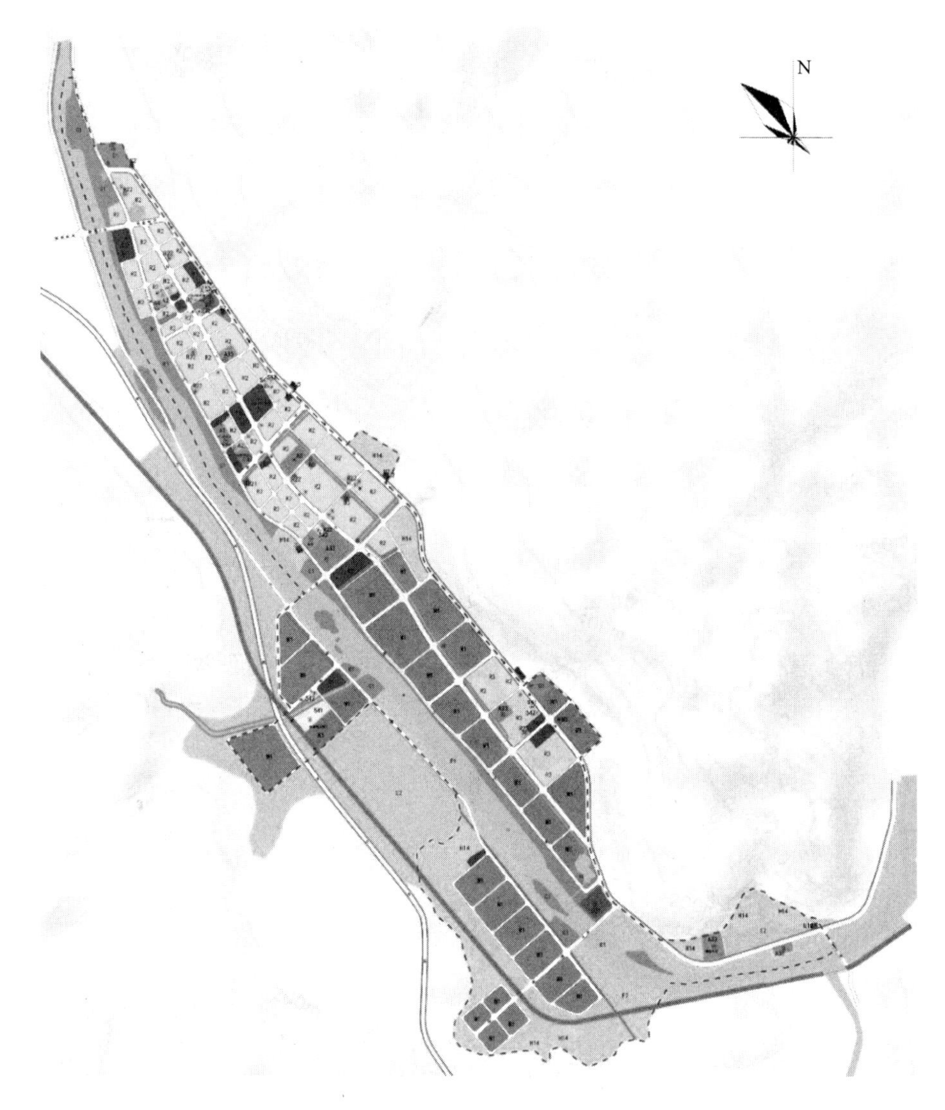

图 11-1 城东片区土地利用规划图

雨高值区的边缘地带，影响暴雨的天气系统主要为锋面雨，其次为台风雨。4～9 月为雨季汛期，锋面雨多出现在 4～6 月，台风雨则主要发生在 7～9 月，10 月～次年 3 月为旱季枯水期，其降雨量仅占全年雨量的 25.1%。

11.2.3 洪水

连江较剪陂电站坝址处无实测洪水资料，河段上游有凤凰山水文站，中游有连洲坪水文站，下游有高道站，而凤凰山和高道两站均有长系列的洪水资料，因此较剪陂电站设计洪水根据这两站设计洪水，用面积比指数法推求（图 11-2）。

洪峰流量按年最大值独立取样，凤凰山站按 1958～2006 年共 49 年实测资料进行统计，高道站按 1952～2006 年共 55 年实测资料进行统计，见表 11-1。

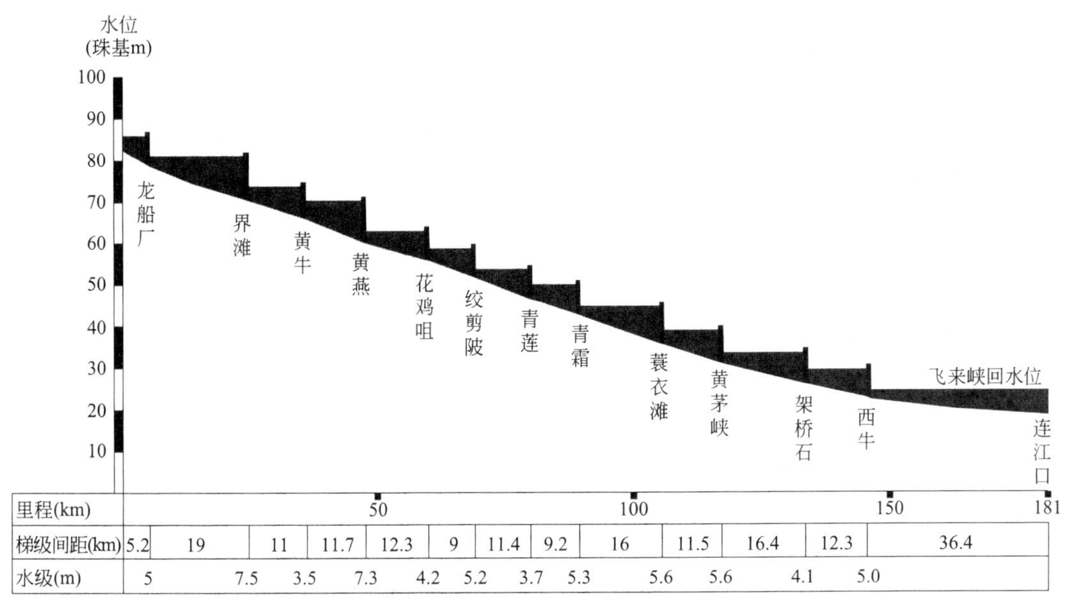

图 11-2　连江 11 座枢纽水位剖面示意图

凤凰山、高道及较剪陂电站坝址设计洪水成果表　　单位：m^3/s　　表 11-1

站　名		凤凰山	高道	较剪陂(阳山城东片区)
P(%)	10	1550	5800	3450
	20	1280	5010	2930

11.2.4　水位

连江水面线采用《连江干流洪水水面线推算报告》(2001 年 11 月韶关水文分局编制)成果。

11.2.5　雨洪遭遇分析

根据阳山站历年最大一天降雨量系列及阳山（一）站逐日水位资料，分别统计历年最大一天降雨量发生时相应相邻 3 天的阳山（一）站水位，历年阳山（一）站最大日水位发生时间相应 3 天的最大日降雨量相遭遇的情况，得到以下结论：

①以内洪涝为主：发生过 30 年一遇的降雨遭遇 10 年一遇外洪，区域发生 10 年一遇的降雨遭遇 10 年一遇外洪；

②以外江为主：连江发生约 5 年一遇洪水遭遇区内 20 年一遇降雨。

11.3　阳东新区防洪治涝问题

(1) 现状地面低，易受洪涝水灾害

规划用地大部分现状地坪标高低于连江 10 年一遇洪水位。

控规竖向确定的地块标高较高，需要大量填方，与现状竖向差异较大。

县道 S260 改道与控规与防洪排涝规划未进行协调衔接。

(2) 连江防洪堤未闭合，未达到有效的防洪功能防洪堤不闭合，规划用地虽建成50年一遇防洪堤，但并未闭合，连江发生洪水时，连江洪水进入地块形成洪灾。

（3）易受山洪侵袭

城东区北面三面环山，容易受山洪影响。由于山洪涉及的集雨面积较大，如果把山洪归到开发地块内排涝工程措施来处理的话，将会大大增加工程规模。

（4）排涝工程标准偏低，工程老化破损，不适应城市发展需要

本地区原以农业排涝为主，排涝工程标准偏低，现状河流的排涝标准一般只有5～10年一遇，有些地区排涝标准为1～2年一遇。随着城东片区经济的发展，新的工厂企业、房地产、“三高”农业将不断地涌现，加上近年农村城镇化建设进程不断加快，对排涝的要求也进一步提高，现有的排涝设施和排涝标准已不能适应城市发展的需要，排涝标准急需提高。

阳东新区的现状防洪排涝情况见表11-2，目前基本上形成了低水低排，高水高排的格局，北部有环山截洪渠，基本能达50年一遇截洪标准，区内河道较少，调蓄率低，无水闸、泵站，与连江相通，常受连江水顶托形成洪涝灾害。

现状排涝情况 **表11-2**

现状	分类	集雨面积(km^2)	10年一遇24h设计雨量(mm)	洪量(万m^3)
洪涝水情况	山洪	17.8	241	322
	涝水	5.9	241	106
	总计	23.7		428
现状治理	防灾工程措施	具体工程	现状规模	排除洪量(万m^3)
治理情况	调蓄	河道水面0.03km^2	水面率0.51%	6
	自排	截洪渠	达50年一遇排峰要求	308
	抽排	无泵站		0
	未解决洪涝水			115
	调蓄∶自排∶抽排	1∶51.3∶0		

11.4 阳东新区的防洪治涝策略

11.4.1 总体布局

阳东新区属于山区型新城区典型，主要是受连江洪水进入造成洪灾，其次是受山洪影响。根据此成灾特点，提出洪涝分治的策略：通过建立环山截洪渠截走山洪，通过建设环地块闭合的50年一遇防洪堤形成保护圈，阻挡连江洪水的影响，地块内的涝水通过对比自排、调蓄、抽排几种方案组合确定最优排涝方案。

在城东片区重点发展的连江左岸约6km^2内区域，已经形成由环山截洪渠及排入连江的排洪渠为体系的现状排洪水系，基本形成环山截洪渠的体系，这条环山截洪渠通过地块内现有的6条排洪渠直排连江，造成地块分割，不利于地块的开发利用，维持环山截洪渠的体系，并将现有的6条排洪渠整合为3条排洪渠排出连江。

规划地块现状与连江已建成50年一遇堤防，只因河道出口未建闸，未形成封闭防洪圈。维持利用连江堤防，并在环山截洪堤一侧建设挡洪堤（墙），防洪标准为50年一遇，

在地块内河道出口处建闸控制，形成 50 年一遇闭合防洪圈保护地块防洪安全。

根据“高水高排、低水低排、洪涝分治”的原则，通过截洪渠与外江堤防这一圈封闭防洪体系，把 50 年一遇及以下的山洪与连江洪水相通，不再影响片区开发用地。片区用地因暴雨产生的涝水则通过调蓄、自排及抽排的方式抽到外江。如遭遇 50 年一遇以上洪水，可能越过堤防进入片区，则片区内地块只能作为洪泛区临时滞洪，待连江洪水退却之后再通过自排、抽排的方式把进入开发地块的洪水排出。各洪涝量（24h）安排见表 11-3。防洪和排涝分区见图 11-3、图 11-4。

阳山城东片区洪水安排表　　　　**表 11-3**

项目	$P=1\%$	$P=2\%$	$P=5\%$
山洪量(万 m^3)	357	308	260
截走山洪量(万 m^3)	308	308	260
进入开发地块的山洪量(万 m^3)	49	0	0
开发地块涝量(万 m^3)	134	115	92
现状河道调蓄+自排洪量(万 m^3)	92	92	92
未解决洪量(万 m^3)	42	23	0

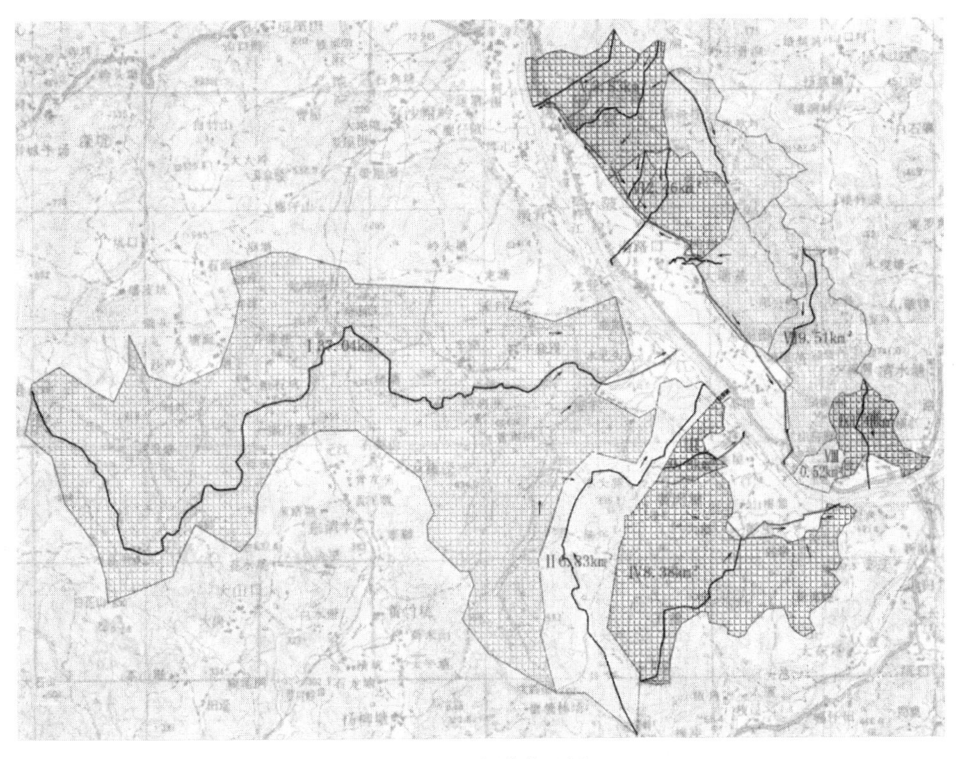

图 11-3　防洪分区图

11.4.2　排涝方案比较

以现状及规划水系划分排涝分区，重点研究开发条件较为成熟分区 1 及分区 2（图 11-5），方案比较主要针对这两个重点研究区域，见表 11-4。

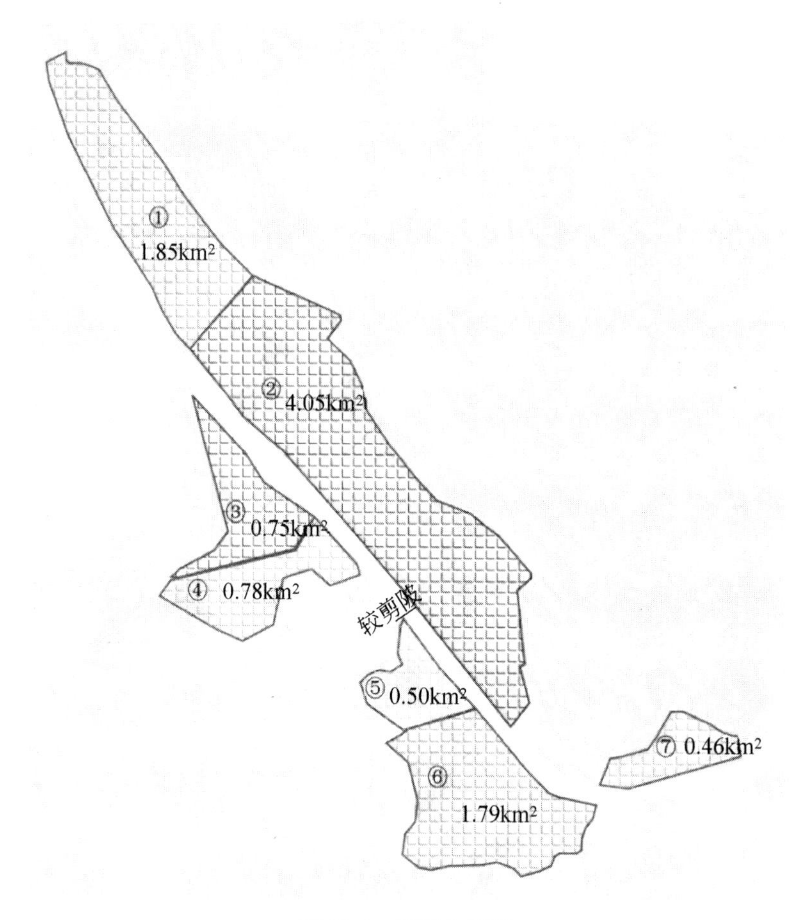

图 11-4　排涝分区图

重点区域现状水位及竖向情况　　**表 11-4**

排涝分区	水位(85 高程)			面积	现状竖向	
	常水位	2%	10%	km^2	平均标高(85 高程)	平整土方(万 m^3)
1	59.09	64.9	63.4	1.85	65.2	135
2	53.89	63.1	61.8	4.05	61.5	150

由于分区 1 和 2 的现状情况不同，分区 1 现状平均标高较连江 50 年一遇洪水位高 0.3m，分区 2 现状平均标高低于连江 10 年一遇洪水位。因此，以下对分区 1 和 2 分别讨论方案。

(1) 分区 1 排涝方案比选

方案 1-1："填高自排"方案—— 填至连江 50 年一遇水位以上。由于分区 1 现状竖向平均标高为 65.2m，大部分高于连江 50 年一遇水位，只需将局部低于 50 年一遇的地块填高至 50 年一遇水位以上，通过重力自排解决片区涝水问题。

方案 1-2："不填调蓄"方案——对于分区 1 的现状场地不进行填挖，保持现状地面高程，适当开辟新河道或扩宽现有河道提高片区内水面率，并在排到连江的出口设置水闸，在发生洪水时利用河道容积进行蓄涝调节。

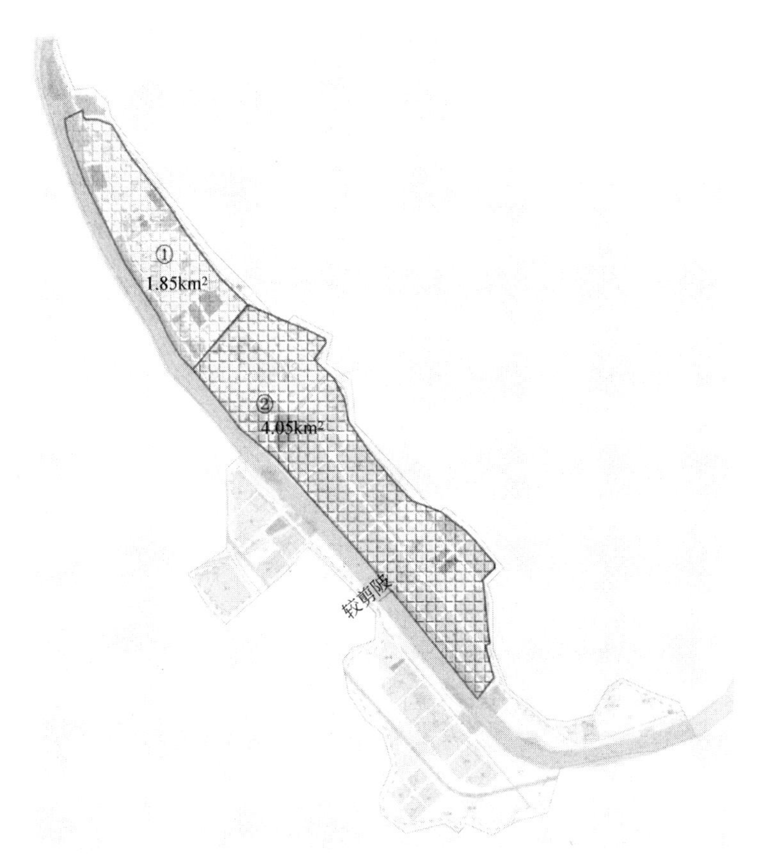

图11-5　排涝分区1、2范围示意图

(2) 分区2排涝方案比选

方案2-1:"填高自排"方案—— 填高至连江20年一遇水位以上，当区域出现20年一遇以下暴雨时均能通过自排排涝到连江。

方案2-2:"自排+调蓄"方案——为节省填土方量，将分区2的现状场地填高至10年一遇水位以上，适当开辟新河道或扩宽现有河道提高片区内水面率，并在排到连江的出口设置水闸。当片区出现暴雨且连江水位低于10年一遇时可通过重力自排排到连江，当连江水位超过10年一遇水位出现顶托时，可关闸，通过河道容积调蓄涝水。

方案2-3:"自排+调蓄+抽排"方案——为节省填土方量，将分区2的现状场地填高至10年一遇水位以上，按照城东片控制性详细规划整治现有河道，并在排到连江的出口设置水闸及泵站。当片区出现暴雨且连江水位低于10年一遇时可通过重力自排排到连江，当连江水位超过10年一遇水位出现顶托时，可关闸，通过河道容积调蓄涝水及泵站抽排。

方案2-4:"抽排+调蓄"方案——对于分区2的现状场地不进行填挖，维持现状高程，按照城东片区控制性详细规划整治现有河道，并在排到连江的出口设置水闸及泵站。当片区出现暴雨，连江水位又顶托区内河道时，关闭水闸，通过区内河道容积调蓄以及泵排，使片区内地块不受涝。

方案2-5:"汛期预排+调蓄"方案——对于分区2的现状场地不进行填挖，维持现状高程，按照城东片区控制性详细规划的基础上整治扩宽河道，在河道设置2处引水闸，并在排到连江的出口设置排水闸。当片区出现暴雨，连江水位又顶托区内河道时，通过汛期开闸预排降低内河道水位至 57.5m，腾出有效容积，区内河道容积调蓄洪水使片区内地块不受涝。

各方案汇总见表 11-5。

各排涝方案汇总表 **表 11-5**

片区	比较方案	方案描述	详细方案
1	1-1	填高自排	填至连江 50 年一遇水位以上，通过重力自排解决片区涝水问题
	1-2	不填调蓄+抽排	保持现状地面高程，规划排涝河道及接出连江处设置水闸，在发生洪水时利用河道容积进行蓄涝调节
2	2-1	填高自排	填高至连江 20 年一遇水位以上，当区域出现 20 年一遇以下暴雨时均能通过自排排涝到连江
	2-2	自排+调蓄	场地填高至 10 年一遇水位以上，排涝河道及接出连江处设置水闸。当片区出现暴雨且连江水位低于 10 年一遇时可通过重力自排排到连江，当连江水位超过 10 年一遇水位出现顶托时，可关闸，通过河道容积调蓄涝水
	2-3	自排+调蓄+抽排	场地填高至 10 年一遇水位以上，整治排涝河道及接出连江处设置水闸和泵站。当片区出现暴雨且连江水位低于 10 年一遇时可通过重力自排排到连江，当连江水位超过 10 年一遇水位出现顶托时，可关闸，通过河道容积调蓄涝水及泵站抽排
	2-4	抽排+调蓄	维持现状高程，按照控制性详细规划整治现有河道，并在排到连江的出口设置水闸及泵站。通过区内河道容积调蓄以及泵排，使片区内地块不受涝
	2-5	汛期预排+调蓄	维持现状高程，按照控制性详细规划整治扩宽现有河道，并在排到连江的出口设置水闸。通过开闸预排降低内河道水位腾出有效河道容积，区内河道容积调蓄使片区内地块不受涝

片区 1 因现状地面大部分都已经高于 50 年一遇水位，而且方案 1-2 新开了屋村河，而且要新建泵站维持洪水期间河道水位，投资较大，泵站运行需增加运行费，所以推荐方案 1-1，填高片区地面至 50 年一遇水位以上。

方案 1-1：分区 1 现状竖向平均标高为 65.2m，此片区连江 50 年一遇水位为 64.33～65.41m，将片区 1 地块均填高至连江 50 年一遇水位以上，连江出现 50 年一遇以下洪水全部实现自排。

由于分区 1 现状竖向平均标高高于连江 50 年一遇水位，片区 1 面积为 1.85km^2，需填高 0.2m，外购土方 37 万 m^3，将局部低洼地填高，并将场地内的土方进行平整，则可以满足区域 50 年一遇防洪需求。按外购土方每方 20 元计，内部平整土方每方 15 元计，方案 1-1 的填土工程估算为 2765 万元（表 11-6）。

分区 1 排涝方案比较 **表 11-6**

方案比较	现状竖向	规划竖向	连江水位	外购填土量	现状场地平整	规划河道长度	泵站	新建水闸	投资匡算
	(m,85 高程)		(m,85 高程)	(万 m^3)	(万 m^3)	(m)	(kW)	(个)	(万元)
方案 1-1(推荐)	65.2	65.4	64.9(2%)	37	135	0	0	0	2765
方案 1-2	65.2	65.2	63.3(10%)	0	0	3380	511	2	3319

片区 2 现状地面较低，方案 2-1，如填高地面到 20 年一遇以上则填方投资过大；方案 2-2 通过填高地面到 10 年一遇以上，接近《阳山县城东片区分区规划及启动区控制性详细规划（2013～2020）》的竖向高程，当外江低于 10 年一遇水位时均能通过重力自排排走涝水，有利于提高地块的防洪排涝安全。方案 2-3 与方案 2-2 的不同是建泵排涝，方案 2-3 投资略高，而且增加泵站运行费用，方案 2-2 平时不用开泵，另外河道挖宽后可以增加调蓄量，增加水面率；方案 2-4 虽然投资较省，但建设泵站会增加运行费用，而且片区内地面较低，容易受外江洪水威胁；方案 2-5 基本维持原地面高程，通过扩宽挖深岭根新河作为调蓄河道。在汛期预降水位腾空河道容积蓄涝水，利用较剪陂上下游水头差，主要通过岭根新河水闸调度，通过开闸预排降低内河道水位腾出有效容积，区内河道容积调蓄使片区内地块不受涝。综合考虑，推荐方案 2-5。

方案 2-5：对于片区 2 的现状场地不进行大规模填挖，基本维持原地面高程（区内低洼地面高程约为 60.5m），通过扩宽挖深岭根新河作为调蓄河道。利用较剪陂下游常水位 53.89m 的水头差，通过调度，在暴雨预警时提前对河道正常水位 59.09m 预降至 57.5m，利用 57.5m 河道水位与 60.0m 之间的河道容积来储蓄 20 年一遇暴雨。工程手段为在区域暴雨预警前提下，利用较剪陂上下游水头差，主要通过岭根新河水闸调度，实现片区内水位调度来达到区域防涝标准。

岭根河现状长 4020m，宽 7m，深约 2m，根据城东片区控制性详细规划作调整，长度为 5450m，宽 53m，深 3.5m，挖方总计 101.1 万 m^3，按 15 万元每方计算，投资 1516 万元。另外为防止连江发生超过 20 年一遇洪水倒灌，要在岭根河上游建岭根上闸及屋岭闸（引水闸），投资约 100 万元一座，共 200 万元；在岭根河与环山截洪渠交界处新建岭根排水闸，暴雨时关闸以防止山洪进入区内，平时则开岭根上闸（引水闸）引溶洞的水灌溉，岭根闸投资约 500 万元。方案 2-5 的工程估算约 2216 万元（表 11-7）。

分区 2 排涝方案比较　　　　**表 11-7**

方案比较	现状竖向	规划竖向	连江水位	外购填土量	现状场地平整	泵站装机	规划河道长度	新建水闸	投资匡算
	(m,85 高程)		(m,85 高程)	(万 m^3)	(万 m^3)	(kW)	(m)	(个)	(万元)
方案 2-1	61.5	62.9	62.4(5%)	567	0	0	0	2	11940
方案 2-2	61.5	62.3	61.8(10%)	325	86.7	240	5450	3	9460.5
方案 2-3	61.5	62.3	61.8(10%)	395	16.5	1260	5450	3	11367.5
方案 2-4	61.5	61.5	61.8(10%)	0	16.5	2344	5450	3	5635.5
方案 2-5(推荐)	61.5	61.5	61.8(10%)	0	101.5	0	5450	3	2216

治理后工程表见表 11-8。

治理后排涝情况　　　　**表 11-8**

现状	分类	集雨面积(km^2)	10 年一遇 24h 设计雨量(mm)	洪量(万 m^3)
洪涝水情况	山洪	17.8	241	322
	涝水	5.9	241	106
	总计	23.7		428

续表

现状	分类	集雨面积(km²)	10年一遇24h设计雨量(mm)	洪量(万m³)
规划治理方案	防灾工程措施	规划工程	规划规模说明	排除洪量(万m³)
治理情况	调蓄	河道水面0.28km²	水面率4.7%	120
	自排	截洪渠	达50年一遇排峰要求	308
	抽排	无泵站		0
	调蓄：自排：抽排	1：2.6：0		

第12章　实例三(山区城市新城区)——云浮市云城新区大涌河流域

12.1　项目背景

云浮西江新城地处珠三角与大西南交通要冲，坐落于美丽的西江黄金水道右岸，水陆交通便利，地理位置优越。

为满足西江新城的发展需求，促进云浮市区向现代城市转型，实现跨越式发展，必然要前瞻性地解决好新城涉水问题，全盘考虑、统筹各方因素，做好与城市空间发展战略规划紧密结合的城市水系综合规划，以充足的水资源、可靠的水安全、优美的水环境作为支撑，提高区域综合竞争力，打造幸福云浮，促进全区经济社会全面协调可持续发展。因此云浮新区作为山区型新城区典型城市研究其防洪治涝问题具有重要意义。

本项目高程系统统一采用56黄海高程。

12.2　区域概况

12.2.1　地理位置

云浮市位于广东省中西部，西江中游以南。东与肇庆市、江门市、佛山市交界，南与阳江、茂名市相邻，西与广西梧州接壤，北临西江，与肇庆市隔江相望。

西江新城位于云浮市云浮新区东北部，地处西江中游南岸，东接高要大湾，北与高要禄步、德庆悦城隔江相望，南连本区思劳镇、河口街，西接云安六都镇，是云城、云安、高要、德庆四地构建经济优势互补，密切协作的“金三角”。

新城已经完成河杨公路扩建、规划建设中的新城快速干线，将进一步加强都杨与中心城区以及广梧高速公路的联系；沿江公路的扩建，将进一步紧密联系都杨与云浮新港（广东省内河第一大港）。规划建设中的汕湛高速公路、南广高速铁路（本区设有客货兼有的云浮站），将使西江新城进一步融入珠三角和泛珠三角的发展视野。西江新城区位图见图12-1。

12.2.2　流域气象

西江新城水系主要包括南山河、大涌河、蟠咀河，都属西江水系，多年平均径流深750mm。南山河流域总集雨面积为241.56km^2，干流河长42.19km，主河道河床平均坡降为3.3‰。流域平均宽度8.78km，多年平均流量5.74m^3/s，多年平均径流量1.81亿m^3。大涌河流域现状集雨面积为84.3km^2，干流河长20.45km。主河道河床平均坡降为6.66%，多年平均径流量2m^3/s。蟠咀河流域集雨面积为29.98km^2，干流河长12.3km，多年平均流量0.71m^3/s。新城范围内大涌河支流主要有四合水、船郎水、东山水等，南

图 12-1　云浮西江新城区位图

山河支流主要有罗列坑、大坑冲等。

新城范围内水库主要为小型水库，包括大洞水库、扶卓水库、大牛栏水库、大寮水库、云龙水库等。

云浮市地处北回归线以南，属南亚热带季风气候区。冬春季由于北方冷空气入侵，气温较低。多年平均气温 21.6℃，最高气温 39.5℃（1989 年 8 月 16 日郁南），最低气温 −3.1℃（1963 年 1 月 15 日郁南）。无霜期 330～350 天，多年平均日照 1641h。

据云城站 1965～2008 年资料统计，云浮多年平均降雨量为 1556mm，最大年降雨量为 1981 年的 2069mm，最小年降雨量为 1977 年的 951mm，最大 24h 暴雨 255.3mm。降雨量年内分配不均，4～9 月份占全年降雨量的 80%以上。

12.2.3　洪水

西江干流主要站的设计洪水成果仍采用《珠江流域防洪规划》的成果。西江主要站设计洪水洪峰流量成果见表 12-1。

高要站设计洪水洪峰流量成果表　　　　表 12-1

均值(m^3/s)	变差系数(C_v)	C_s/C_v	设计洪峰流量(m^3/s)		
			1%	2%	5%
32100	0.23	3	52900	49900	45500

12.2.4　雨洪遭遇

采用 1965～2005 年共 41 年的流域降雨资料、西江洪水资料，分析大涌河流域与西江的雨洪遭遇，结果表明，闸外西江发生较大洪水时，大涌河流域内降雨较小；当流域内发生较大降雨时，闸外西江水位较低；流域未发生同频率雨洪遭遇问题。由于西江新城内的主要河流蟠咀河和南山河与大涌河流域相邻，水文特性相似，暴雨洪水同频。

根据《广东省防洪（潮）标准和治涝标准》，本次计算防洪内外雨洪遭遇如下：

（1）区内100年一遇暴雨洪水碰西江2年一遇洪水位；

（2）西江100年一遇洪水位碰区内2年一遇暴雨洪水。

本次计算排涝内外雨洪遭遇如下：

（1）西江新城内30年一遇暴雨洪水碰西江多年平均洪潮高水位；

（2）西江30年一遇洪水位碰西江新城内多年平均暴雨洪水。

12.2.5　地形地势

西江新城地势南高北低，大涌河、蟠咀河和南山河贯穿新城，在北部与西江交汇。历史洪涝灾害主要受西江洪水顶托，造成洪水泛滥，形成内涝。

12.3　云城新区防洪治涝问题

（1）新城地面抬高、水系改道对新城防洪带来不利影响。

根据云浮西江新城总体规划（2013～2030），西江新城范围内土地重新规划，部分土地需重新平整，大量的低洼地区将抬高，部分水系改道，这将大大改变集水区雨水的产流、汇流和调蓄能力，对区内防洪治涝带来不利的影响。

（2）新城现状防洪治涝体系缺乏

现状大涌河大部分河堤围未达防御20年一遇洪水标准，除在大涌河下游大地新村至排涝泵站之间有低于10年一遇标准的堤围外，大涌河两岸基本上处于不设防状态。西江大堤虽然进行了除险加固，但大涌河口段部分河堤还达不到50年一遇的防洪标准。大涌河水闸未达到省定标准。现有大涌河水闸为3孔，单孔宽3m，高3.3m，涵洞底板高程6.3m，设计流量仅为100m^3/s。大涌河旧泵站装机为5台，总泵排流量只有39.45m^3/s。目前，占用河道、河滩的情况比较突出。有大量的鱼塘、菜地修建在河滩上，削弱河道过洪能力。建筑物侵占河道的情况也非常严重，由于历史原因，大涌河下游不少住宅都修建到河岸边，遇到较大洪水时，该处的房屋都将受淹。部分河宽较窄，根据实地测量，现有河道宽度大多仅有10m左右，行洪能力严重不足。需进行拓宽。随着新城建设的推进、地面高程的抬高，新城低洼地不断减少以及防洪标准的提高，对泵站和水闸的防洪要求更高，现有防洪治涝体系已经不能满足新城的要求。

云浮新区现状排涝情况见表12-2。

云浮新区现状排涝情况　　**表12-2**

现状	分类	集雨面积(km^2)	50年一遇24h设计雨量(mm)	洪量(万m^3)
洪涝水情况	山洪	5.24	241.1	95
	涝水	79.05	241.1	1429
	总计	84.29		1524

续表

现状治理	防灾工程措施	具体工程	现状规模	排除洪量（万 m^3）
治理情况	调蓄	大寮水库调洪库容 18.9 万 m^3，三坑水库调洪库容 3 万 m^3，大牛栏水库调洪库容 3 万 m^3	水面率 4.98%	25
		两块低洼地蓄水（一块面积为 72.21 万 m^2，一块面积为 67.15 万 m^2，总面积达 1.39km^2）		625
	自排	截洪渠	西南山区布置有长度为 3.2km 的截洪渠，10 年一遇，控制面积 6.25m^2	83
		大涌河水闸排流量 100m^3/s	不满足排峰，受顶托排不出外江	0
	抽排	泵站排涝流量为 40m^3/s	低洼区排涝模数 0.5$m^3/km\cdot s$	346
	未解决洪涝水			446
	调蓄：自排：抽排	7.8：1：4.2		

12.4　云城新区的防洪治涝策略

12.4.1　水系总体布局

在确保西江新城防洪排涝、供水安全的前提下，结合新城各部分功能分区，通过蓄水、引水、调水、挡水、提水等多方位的工程及非工程措施，着力打造“蓄滞结合、调控有序的防洪排涝体系”“优化配置、高效利用的供水保障体系”“湖库连通、碧水清流的水生态环境体系”“三江之韵、水景交融的水文化景观体系”“科学发展、与时俱进的水系管理体系”五大体系，形成“一日、二月、三川、繁星嵌”的总体格局。

（1）一日（洞坑水库）

一日，指的是规划的洞坑水库，位于广东省云浮市云城区都杨镇大涌河上，坝址位于都杨镇上游。洞坑水库兴建一方面可以作为防洪排涝体系的“上蓄”将大涌河流域 100 年一遇的洪水削减为 50 年一遇，另一方面，可以作为供水体系的应急备用水源，当西江水体受到污染时，为新城提供 15 天以上的应急备用水源。此外，洞坑水库的兴建还能为新城增加水面面积，提高水面率，在枯水期为南湖补充生态流量。除此之外，洞坑水库还能为新城营造水景观，是休闲度假的好去处。因此，洞坑水库作为水系总体布局中的一日，在水系规划四大体系中发挥了核心的作用。

（2）二月（北湖和蟠咀湖）

二月，指的是北湖和蟠咀湖。北湖和蟠咀湖，分别位于大涌河和蟠咀河下游西江出口附近，两湖的首要功能是蓄滞洪，其次是生态景观功能，为新城主体部分城市功能的发挥创造条件。两湖作为河道下游湿地，还承担城市水景观的作用。此外，北湖还承担净化污水处理厂出水的功能，是新城践行低碳生态理念的重要体现之一。

（3）三川（蟠咀河、大涌河、南山河）

三川，指的是蟠咀河、大涌河和南山河。蟠咀河、大涌河和南山河为三条自南向北贯穿西江新城区域范围的河流，三条河最主要的功能是防洪排涝，其次是景观功能，通过开通引水渠道将三条河贯穿，形成“三纵一横”的水文化水景观格局。

三条河的各小支流水系布置错落，别样多姿，共同构成了西江新城的水网，营造了一个“生态绿城、幸福新城”的水乡环境。

（4）繁星嵌（大洞水库、南湖、迳塘水库、白返塘湖、荷塘湖、香车湖等）

繁星嵌指的就是西江新城范围内大大小小的水库，主要有已建的大洞水库、迳塘水库、大牛栏水库、大寮水库以及规划的南湖、香车湖、白返塘湖、荷塘湖。各大小水库散布在西江新城，有利于改善新城的居住环境，提升新城的水面率。

一日、二月、三川、繁星嵌的水系总体布局，充分挖掘了新城范围内的有利地形，水系分布合理有序，各水体之间勾连通达，形成了一副生态优先、人水和谐的城市景观图，助推西江新城经济社会的可持续发展，为早日实现“生态绿城、幸福新城”的总体目标提供有力保障。

12.4.2 防洪策略

西江新城防洪标准为100年一遇。大涌河流域由洞坑水库、两岸堤防、滨江湖、泵站水闸、西江干堤等组成“上蓄、中防、下滞排、外挡”的防洪体系。其中洞坑水库承担将流域100年一遇洪水削减为50年一遇的任务，大涌河两岸堤防按天然50年一遇洪水设防。

蟠咀河流域则由大洞水库、两岸堤防、蟠咀湖、西江干堤等组成“上蓄、中防、下滞排、外挡”的防洪体系。

南山河下游两岸基本靠堤防防御洪水。

（1）上游蓄水工程设施（“上蓄”）

上游蓄水工程主要包括大涌河上游规划的洞坑水库、蟠咀河上游的大洞水库座中型水库和白水坑等小（1）型水库。蟠咀河上的大洞水库现状已能达到将蟠咀河流域100年一遇洪水削减为50年一遇。但由于大洞水库自身的防洪标准仅为30年一遇，需进行加固提高标准。规划的大涌河上游的洞坑水库将大涌河流域100年一遇洪水削减为50年一遇。

（2）中下游堤防工程设施（“中防”）

大涌河和南山河支流包括四合水、东山水、簪郎水、杨梅化水、罗勒坑等均规划有堤防防御50年一遇的洪水。

（3）下排工程设施（“下排”）

通过扩建大涌河水闸，扩建大涌河泵站，加大下排能力。

（4）外挡工程设施（“外挡”）

西江新城堤外洪水威胁主要来自西江，西江干堤采用西江100年一遇防洪标准。

西江下游右岸西江大堤分三段，西江大堤南山河段、西江大堤大涌河段和西江大堤蟠咀河段。

西江大堤南山河段、大涌河段和蟠咀河段分别由西江大堤和降水电排站水闸、大涌河水闸和蟠咀河水闸共同构成抵御西江洪水侵袭的外挡防线。目前新城西江大堤经过达标加固，已达到50年一遇防洪能力。

12.4.3 大涌河流域治涝策略

由于云浮新区大涌河流域地势较低，发展建设需要确定大涌河出口最高水位11.95m，而西江水位高于此水位对大涌河造成顶托，水闸无法排水，所以解决新区涝灾的办法只有增加调蓄库容及建设泵站方案，以下比较三个方案，一是在现状基础上增加泵站规模，二是在现状基础上增加调蓄湖，三是适当增加调蓄湖及泵站规模。见表12-3。

治涝方案比较　　表12-3

治涝方案	方案说明	水面率	排涝模数	调蓄：自排：抽排比例	优点	缺点
1建泵	不改变现状排涝分区情况，新增泵站抽排，扩水闸	4.98%	1.18m^3/(km·s)	0.63：1：0.63	简单，不改变现状格局	因现状格局不平衡，有的涝区排涝压力很大，需新增大装机泵站解决，大泵站会有过多投资，另外会有长期空置的浪费
2开湖	不改变现状排涝分区情况，通过开辟调蓄湖蓄洪	6.1%	0.5m^3/(km·s)	13.2：1：4.2	大量开辟调蓄湖与现状农田鱼塘下垫面相似	规划用地没有这么多指标开辟调蓄用地，造成土地资源浪费

通过对比，认为云浮新区是经济发展新区，用地紧张，如大量开辟调蓄湖，会造成土地资源浪费，因此推荐方案1。

治理后云浮新区排涝情况见表12-4。云浮新区防洪治涝体系见图12-2。

云浮新区排涝情况　　表12-4

现状	分类	集雨面积(km^2)	50年一遇24h设计雨量(mm)	洪量(万m^3)
洪涝水情况	山洪	5.24	241.1	95
	涝水	79.05	241.1	1429
	总计	84.29		1524
规划治理方案	防灾工程措施	规划工程	规划规模说明	排除洪量(万m^3)
治理情况	调蓄	大寮水库调洪库容18.9万m^3，三坑水库调洪库容3万m^3，大牛栏水库调洪库容3万m^3	水面率4.98%	25
		两块低洼地蓄水（一块面积为72.21万m^2，一块面积为67.15万m^2，总面积达1.39km^2）		625
	自排	截洪渠	西南山区布置有长度为3.2km的截洪渠，10年一遇，控制面积6.25m^2	83
		大涌河水闸排流量595.7m^3/s	接近排峰，高水位时可排外江	952
	抽排	泵站排涝流量新增到100m^3/s	低洼区排涝模数0.5m^3/(km·s)	655
	调蓄：自排：抽排	0.63：1：0.63		

参考未来西江新城发展布局，并结合新城区实际地形条件，尽量选择原有低洼地作为蓄洪区范围，能将蓄洪区枯水期城市景观功能和汛期的防洪功能有效结合起来。

大涌河流域下游和蟠咀河流域下游地势较低，要采用蓄洪区调蓄、水闸自排以及泵站抽排相结合的排涝方式。规划在水系重构、水闸规划的基础上，分析各集雨区域发生50年一遇暴雨洪水遭遇外江2年一遇典型洪水过程、区域发生2年一遇暴雨洪水遭遇外江50年一遇典型洪水过程以及区域发生100年一遇暴雨洪水遭遇外江5年一遇典型洪水过

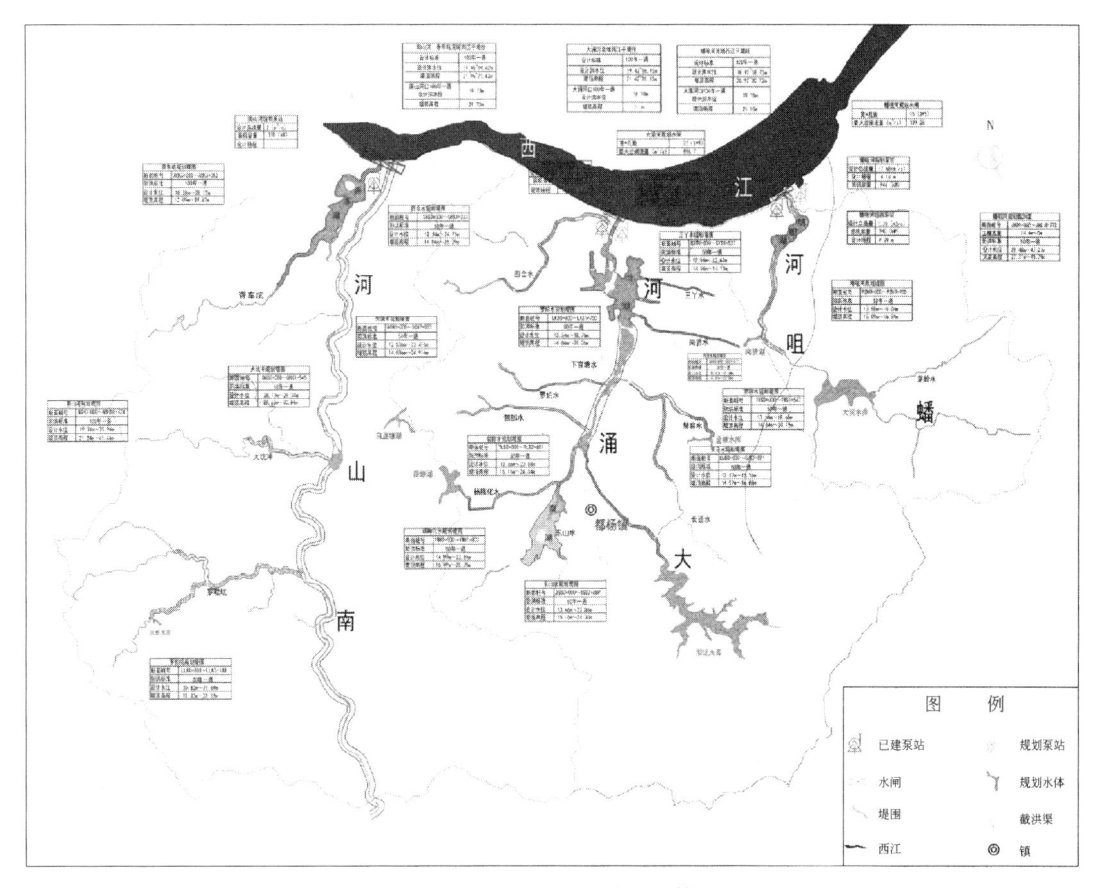

图 12-2　云浮新区防洪治涝体系

程等三种情况，通过蓄排涝联合演算来确定泵站规模。

抽排方式主要有如下几种：

1）当外江水位低于内河水位时，闸内洪水直接通过水闸自排入西江。

规划大涌河水闸拟采用 3 孔闸，选取闸宽 27m（3m×9m）方案，最大过闸流量为 595.7m^3/s。

2）当外江水位高于内河水位时，涝水无法自排，只能靠排涝站抽排。

大涌河排涝站现有排涝流量为 40m^3/s，规划新增泵站排涝流量 68m^3/s。

提高水闸自排能力：通过蓄排涝计算，大涌河水闸规划为 3 孔 27m 宽水闸，设计泄流量达到 595m^3/s。

第13章　实例四（滨海城市旧城区）——广州南沙黄阁镇及南沙街片区

13.1　项目背景

南沙黄阁镇及南沙街片区是典型的受潮汐影响的滨海城市旧城区代表，一天有两个高潮及低潮，通过合理排涝布局，可以利用低潮自排，高潮期则通过调蓄加抽排的策略解决围内洪涝问题。对于抵御外海洪潮的堤防，应考虑越浪或防浪措施，并需研究海平面上升的影响。

根据南沙新区自然特性及地形地势特点，结合南沙新区发展提出的防洪治涝要求，因地制宜地探索南沙新区蕉东联围黄阁镇、南沙街区域防洪治涝策略，可作为解决其他滨海城市防洪涝问题的参考。

本项目高程系统统一采用广州城建高程。

13.2　区域概况

13.2.1　地理位置

南沙区位于广州市南端、珠江三角洲的中心，方圆100km范围内包括了珠江三角洲经济最发达的城市群，与广州、香港、澳门处在珠江口“人”字形的结构位置，具有优越的区位交通条件。

2012年9月6日，国务院正式批复同意《广州南沙新区发展规划》，15日《国务院关于广州南沙新区发展规划的批复》同意广州南沙新区为国家级新区，南沙新区的开发建设上升到国家战略。

黄阁镇、南沙街辖区位于南沙新区核心位置，南沙区政府目前坐落于黄阁镇，辖区面积约120km^2，陆地面积约91.93km^2，辖区地处南沙新区东中部，由东侧的狮子洋（小虎沥水道）、西侧的骝岗水道、南侧的蕉门水道、凫洲水道所围，北面与东涌镇毗邻。

13.2.2　流域气象

南沙区地处亚热带季风气候区，属亚热带季风海洋气候，由于背山面海，海洋性气候显著，气候温和潮湿，具有温暖多雨、光热充足、温差较小、夏季长等气候特征。

多年平均气温为22℃，年均气温的年际变化不大；多年平均日照时数为1600～2100h；日照时数的年际差异较大，日照时数的年内分配也不均匀。

南沙区为台风影响区，台风一般发生在7～9月，据1959～1998年统计，造成影响的台风有 115 次，年均受影响的次数 2.85 次，最多为 5 次/年。台风最大风力在 9 级以上，并带来暴雨，破坏力极大。

多年平均降水量约 1700mm，降水量年内分配极不均匀。

多年平均蒸发量为 1100～1300mm；蒸发量的年际变化不大，但年内变化相对较大，7、8 月份蒸发量最大，约占年总量的 23%，1～3 月蒸发量较小，约占年总量 17%左右。

多年平均相对湿度在 80%左右，春、夏最大，相对湿度在 95%以上，秋、冬最小，相对湿度不足 10%。

13.2.3　洪水

南沙区河道的洪水主要来自西江、北江和流溪河，虎门水道也受东江洪水影响，因此区内洪水受流域洪水特性所制约，具有明显的流域特征。受热带气旋及极地低压天气系统的影响，三角洲暴雨主要分两大类：一类属锋面或静止锋、西南槽等类型的天气形成的暴雨，多发生在 4～6 月份，特点是强度大，历时长，雨区广；另一类多为热带天气系统、热带低压、台风形成的暴雨，多发生在 7～9 月份，其特点是强度大，历时短，雨区范围较小。

13.2.4　潮位

潮汐特性：南沙区地处珠江三角洲中部，潮汐属不规则半日潮，即在一个太阴日里（约 24 小时 50 分），出现两次高潮两次低潮，日潮不等现象显著。由于受径流影响，各站年最高潮位多出现在汛期，尤其是夏季受热带气旋的影响引发的风暴潮，常使口门站出现历史最高潮位，而年最低潮位则出现于枯水期。

潮差：珠江河口潮差不大，一般为 1.5m 左右，最大可达 3m 以上。南沙区各站多年平均潮差在 1.20～1.60m 之间。

潮位过程线：潮位过程线的形状表现为涨潮历时短，落潮历时长，呈不对称正弦曲线。反映了珠江河口地区落潮历时大于涨潮历时，而且落潮历时是汛期长于枯水期，涨潮历时则相反。典型日潮位曲线图见图 13-1。

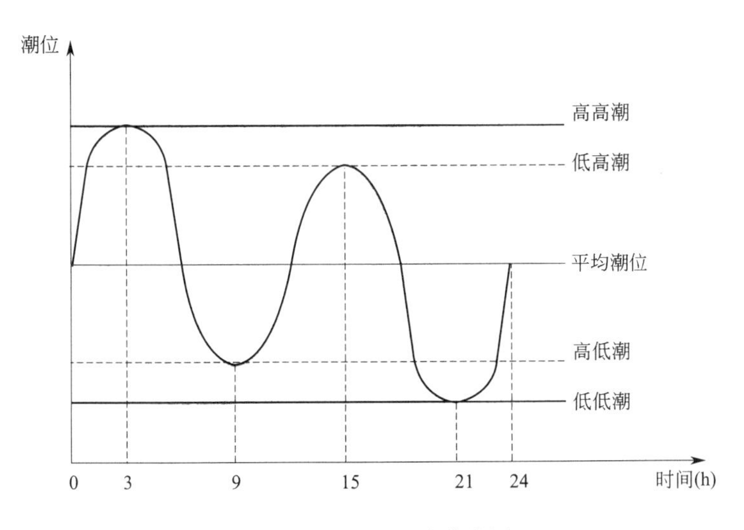

图 13-1　典型日潮位曲线图

海平面上升：通过对南沙站历年潮位统计分析，见表 13-1，南沙站高高潮潮位逐步上升，20 世纪 60 年代以后，南沙站的低低潮潮位亦是逐步上升。

南沙站潮位历年变化趋势　　表 13-1

年代	潮位(m,广州城建高程)			
	高高	高潮平均	低低	低潮平均
20 世纪 50 年代	6.74	5.65	3.71	4.31
20 世纪 60 年代	6.91	5.64	3.62	4.28
20 世纪 70 年代	6.88	5.67	3.61	4.3
20 世纪 80 年代	6.92	5.65	3.64	4.29
20 世纪 90 年代	6.95	5.66	3.86	4.47
2000 年后	6.97	5.69	3.82	4.44
多年平均	6.9	5.66	3.71	4.35

设计高潮位：根据“关于发送珠江三角洲主要测站设计潮位复核成果协调会会议纪要的函（珠水规计函［2011］312 号）”[59] 的成果，区域附近的三沙口站、南沙站设计潮位计算成果见表 13-2。该成果序列已从 1998 年延长至 2008 年，并已考虑 2008 年的黑格比的影响，经珠委和省水利厅召开协调会后以会议纪要的形式下发，具有权威性。另外由于研究的区域上下游之间有一定的水位差值，按粤水资［2002］40 号文《西、北江下游及其三角洲网河河道设计洪潮水面线（试行）》[60] 的成果统一采用一个设计值。

三沙口、南沙站高高潮频率设计计算成果　单位：(m，广州城建高程)　　表 13-2

站名	各级频率(%)设计值		
	1	2	5
三沙口	7.56	7.45	7.31
南沙	7.72	7.59	7.41
考虑水面线差异后采用值	7.80	7.69	7.53

潮位频率曲线：为反映近期南沙站潮位出现频率的特性，通过分析 1989～2009 年南沙站逐日潮位，得到南沙站潮位—频率曲线，见表 13-3。由此曲线得知，50％频率南沙潮位是 5.01m，4.7～5.3m 发生的频率为 26.8％。

南沙站潮位—频率表　　表 13-3

潮位(m)	频率(%)	潮位(m)	频率(%)	潮位(m)	频率(%)
7.7	0.01	6.1	10.09	4.8	59.97
7.4	0.01	6	13.35	4.7	63.78
7.2	0.02	5.9	16.79	4.6	68.01
7.1	0.02	5.8	20.57	4.5	72.91
7	0.04	5.7	24.84	4.4	78.75
6.9	0.09	5.6	28.89	4.3	84.71
6.8	0.22	5.5	32.90	4.2	90.60
6.7	0.44	5.4	36.84	4.1	95.25
6.6	0.85	5.3	36.99	4	98.40
6.5	1.74	5.2	45.20	3.9	99.63
6.4	3.09	5.1	49.09	3.8	99.98
6.3	4.93	5	52.31	3.7	100.00
6.2	7.26	4.9	56.17		

13.2.5 洪潮遭遇

根据《广东省防洪（潮）标准和治涝标准》，内洪与外潮遭遇情况如下：

（1）南沙区流域内发生设计频率暴雨洪水碰外江5年一遇平均高潮位；

（2）外江发生设计频率高潮位碰南沙区内5年一遇平均暴雨洪水。

13.2.6 地形地势

黄阁镇、南沙街位于蕉东联围内，蕉东联围地形是北部低、南部高，中部及中南部为山体，北部东涌镇大部分的地面高程在4～6m之间，黄阁镇西南边地面较低，高程在4～6m之间，蕉门河北边地形低于蕉门河南边，北边地块高程在4～6m较多，蕉门河南边地块高程在6～7m之间较多，黄山鲁山脚下东、南、西边的地块较高，地块高程一般在7m以上。

13.3 南沙新区黄阁镇与南沙街片区防洪治涝问题的特点

（1）防涝标准高，根据相关规划[61-63]及《广州市防洪防涝系统建设标准指引》第1.1.3条，采取综合措施，广州市都会区、南沙滨海新城、东部山水新城的中心城区、新建区域的内涝防治标准能有效应对不低于50年一遇暴雨。根据第4.1.1条，南沙滨海新城采用排涝标准为20～50年一遇24h暴雨不成灾，并采用50～100年一遇24h暴雨校核。

（2）风暴潮的影响及海平面的上升。珠江河口潮差不大，一般为1.5m左右，最大可达3m以上。南沙区各站多年平均潮差在1.20～1.60m之间。潮差的年际变化不大，年内变化相对较大。汛期潮差略大于枯水期潮差。但风暴潮期间南沙极值增水总平均为0.64m。而且随着地球气候变暖的影响，导致海平面逐渐上升，也给南沙新区的防洪造成压力[64]。

（3）南沙新区潮汐属不规则半日潮，在一个太阴日里（约24小时50分），出现两次高潮两次低潮，在半天内必然遭遇一次低潮，另外研究区域地势高程多在多年平均潮位5m以上，可利用低潮期间开闸自排涝水，因此南沙新区防涝主要解决的是受高潮顶托的12h涝水的影响。

（4）区域内已经形成河道、水闸、泵站为主的排涝工程布局，由于目前南沙新区还在开发过程中，片区内有大片的低洼地可作为调蓄雨水之用，因此现存的排涝体系可以满足目前南沙新区排涝要求。但新区开发后，原本能调蓄雨水的低地将填高开发为商住用地，失去这些地块的调蓄，仅靠现状的河道、水闸、泵站不足以解决未来排涝问题。

（5）南沙新区地势较低，大部分地块高程处于多年平均潮位与5年一遇高潮位之间，遇低潮可以自排，遇高潮则不能自排。如果仅靠填高区域地块则难以寻找到大量的填土，而且投资将十分巨大，因此合理调整自排、抽排、调蓄比例是解决南沙新区排涝问题的关键。

（6）南沙新区定位高，发展空间广阔，区内地块寸土寸金，制约了雨洪调蓄区域的设置。受高潮顶托又缺乏调蓄区蓄滞作用时，只能靠泵站抽排，这样又会造成泵站规模过大，长年空置造成浪费的问题。

黄阁镇南沙街的现状防洪排涝情况见表13-4。

现状防洪排涝情况 表 13-4

现状	分类	集雨面积(km^2)	50年一遇12h设计雨量(mm)	洪量(万m^3)
洪涝水情况	山洪	36.1	297	804
	涝水	55.15	297	1447
	总计	91.25		2251
现状治理	防灾工程措施	具体工程	现状规模	排除洪量(万m^3)
治理情况	调蓄	水库、湖、绿地4km^2	水面率4%	520
	自排	河道、水闸	排峰率50%,一半未达排峰要求	804
	抽排	泵站排流量199m^3/s	低洼区排涝模数3.61$m^3/(km \cdot s)$	430
	未解决洪涝水			497
	调蓄∶自排∶抽排	1.21∶1.87∶1		

13.4 蕉东联围一维水动力模型

13.4.1 河网概化

由于项目地处西、北江下游三角洲网河区,汊道多且相互连通,受洪、潮交替影响,区域河流流态复杂,某一水道的水位或流量的改变将导致其他河道水位或分流比的变化,牵一发而动全身。

采用在西、北江三角洲范围的一维数学模型内嵌入蕉东联围局部小范围的一维模型系统来研究区域水动力特性,并通过不同方案对比,最终选取优化方案。大范围一维模型上游边界的控制站选定为东江博罗、增江新家埔(新家埔移用麒麟咀流量)、白坭河老鸦岗、北江石角、西江高要和潭江的石咀,下游潮汐边界为崖门虎跳门汇合口、鸡啼门、磨刀门、洪湾水道、虎门、蕉门南汊、蕉门北汊、洪奇门、横门,见图13-2;小范围模型则包括蕉东联围区内的河道、水库等水系,见图13-3。

13.4.2 边界条件

1998年6月份洪水西江洪峰达100年一遇,西、北江洪水遭遇,外海又适逢大潮顶托,是对西、北江三角洲十分不利的洪水过程,因此,珠江三角洲大模型的上边界条件采用博罗、新家埔、老鸦岗、石角、高要和石咀1998年6月25日16∶00∶00到6月28日16∶00∶00的实测洪水过程,下游潮汐边界黄冲、西炮台、黄金、灯笼山、大虎、南沙、冯马庙、横门站1998年6月25日16∶00∶00到6月28日16∶00∶00的实测潮位过程。通过珠江三角洲一维大模型计算获得蕉东联围周边外河道潮位变化规律,为合理设置蕉东联围小模型潮位边界条件打好基础。

蕉东联围一维小模型分内涝入流边界条件与外潮水位边界条件。内涝入流边界按照排涝分区成果,把各频率暴雨洪水的过程输入到各河道,外潮水位边界则输入各频率的典型潮位过程。

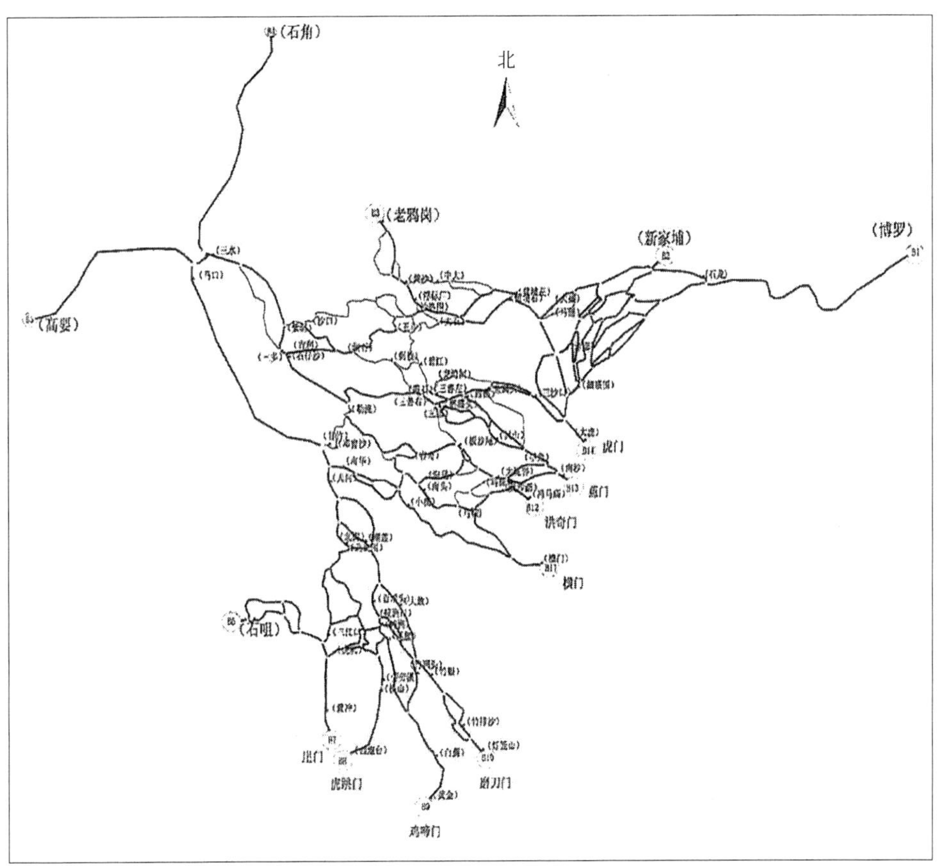

图 13-2 珠江三角洲一维模型计算域示意图

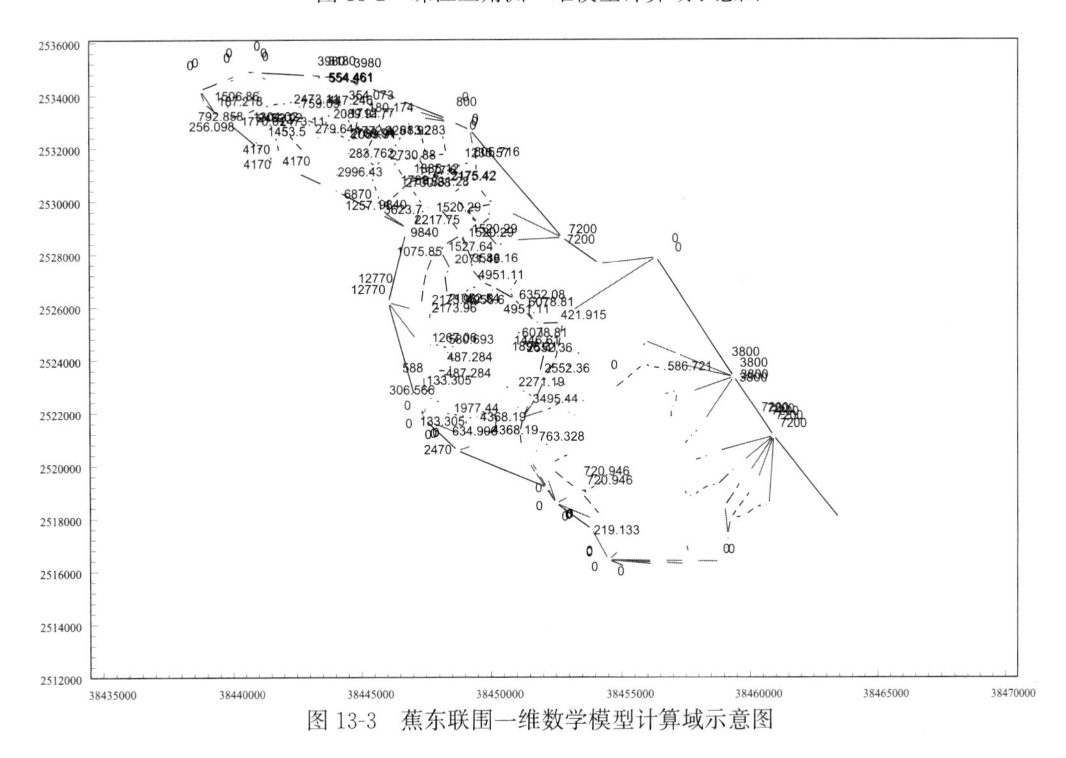

图 13-3 蕉东联围一维数学模型计算域示意图

13.4.3 计算工况

计算工况见表13-5，主要包括现状水系治涝现状分析，即工况1，还有设计河网闸泵优化方案比较分析，即工况2，最后对设计后的水系进行治涝能力评估，即工况3。

各计算工况表　　表13-5

工况	说明
1	现状河网发生50年一遇暴雨时各河道水位情况
2	设计河网闸泵优化方案分析
3	设计河网发生50年一遇暴雨时各河道水位情况

13.5 蕉东联围黄阁镇及南沙街片区的防洪治涝策略研究

13.5.1 分区治理总体策略

由于山洪相对城市雨涝而言，洪峰更快更大，洪水过程尖瘦，多伴随泥石流，这部分洪水如果进入雨水管网容易造成管网的阻塞，所以实行山洪与雨涝分排的策略，对于大山乪、黄山鲁、日本仔山，山上已建成山塘、水库、矿坑，可调蓄收集山洪，在蓄纳山洪的同时将污泥沉淀下来，山下则通过修建截洪沟截到附近河道。分区治涝策略见图13-4。

低地涝水治理策略：黄阁镇西南边、蕉门河北边地块高程在4～6m较多，地势较低，此片选择调蓄＋自排＋抽排相结合的治涝模式，一方面增加调蓄区，另一方面采用河湖连通的策略，新开河道将这6条独排外江的河道与西涌、蕉门河联为一体，从而将整个大山乪水系连成一圈，使涝水有多个排出口，各出口通过闸泵联排共同排泄区内涝水。南沙街片区黄山鲁山脚下北边地块较低，主要有沙螺湾涌、就风涌、中围涌、私言涌、裕兴河、冲尾涌6条河道，均排到蕉门河，裕兴河与槽船涌目前在进港大道通过箱涵相接，不过该箱涵已堵塞造成过流不畅。此片区的治涝可采取河道连通的策略，打通槽船涌与裕兴河连接，与黄阁片涝区连为一体，通过调蓄＋自排＋抽排相结合的治涝模式解决片区的排涝问题。

山洪治理策略：南沙街片区黄山鲁山脚下东、南、西边的地块较高，地块高程一般在7m以上，区内调蓄水面不足，而且目前片区大部分已经开发为城区，再难以找到大片的调蓄水面，因此可采用高水高排的策略，选择重力自排的模式，建设系列的截洪沟把山洪截走，直接排往外江。

13.5.2 水位管理策略及排涝安全控制水位方案比选

首先需遵循潮汐特性，按照片区的总体规划及发展规划的情况合理确定水位管控方案作为防洪治涝的控制目标。

水位管理即区域内部水位的控制方式。不同的水位管理方案将对防洪、排涝、水上交通、水景观等产生重要影响。水位控制方式的选择取决于与水相关的功能对水位控制的要求，同时又受控于所在区域的陆域高程。黄阁镇与南沙街片区需要确定的控制水位主要有：

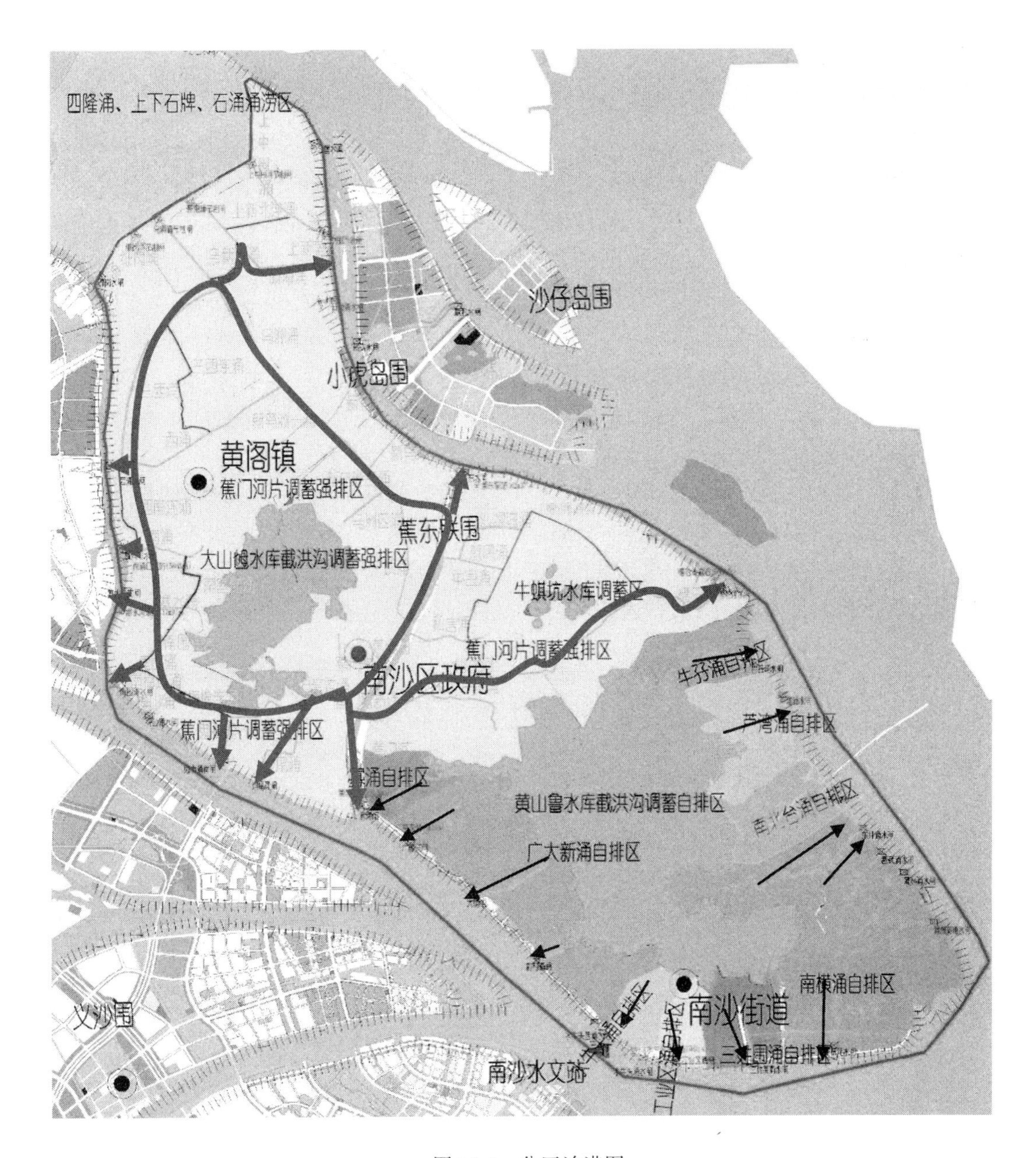

图 13-4　分区治涝图

（1）正常水位：即日常内河道保持的水位，主要能满足通航、景观的要求。

根据南沙区域潮位频率曲线，50%频率南沙潮位是 5.01m，即南沙站的多年平均潮位是 5.01m，因此正常水位定为 5m。

（2）正常高水位与正常低水位：是日常河道水位变动的上、下限范围，在此范围内，能满足通航与景观的要求。正常高水位又作为排涝调蓄时的起调水位。

根据南沙站多年高低潮平均值为 4.6m，多年低高潮平均值为 5.55m，考虑景观的要求，正常高水位与正常低水位之间的水位差不宜太大，并能利于通航，综上确定正常高水位是 5.3m，正常低水位是 4.5m。

(3) 极端天气预降水位：当发生风暴潮期间遭遇区内发生暴雨，基本不考虑自排，需先预降河道水位，以充分利用河道的调蓄，再通过泵站抽排来排涝。

遭遇极端天气时需预降水位，一般而言，预降水位越低越能增加河道调蓄能力，但为了保证能较短时间内通过泵站抽排预降水位以应对极端情况，并且保证河道内停靠的游艇不会搁浅，预降水位确定为 4.5m。为了在排涝期间腾出河道容积蓄纳涝水，停泵水位设置为 4.0m，以应对超标准暴雨涝水。

(4) 排涝安全管控水位：即在区内发生暴雨涝水时，经过内河道容积调蓄及水闸、泵站的运行，内河道能达到的最高水位，城市建筑只有在此水位以上方能不受涝水的影响，因此排涝安全管控水位最为重要，此水位的确定需要综合考虑潮位、地形、经济投资等因素。

1) 蕉门河管控水位

据统计，蕉东联围有 59km^2 面积低于 6m，其平均高程为 5.6m，其中大部分集中分布在黄阁镇及蕉门河两岸，该片区的排涝安全管控水位定得越高，河道容积调蓄能力越大，所需泵排装机也越小，但相应地块的高程均要填高，需要较大的填土投资，因此应该合理优化调蓄和抽排的比例，在降低管控水位的同时，通过建设一定规模的泵站来达到治涝的目的。

蕉门河各种管控水位对比表 **表 13-6**

排涝安全管控水位方案	5.5m	5.6m	5.8m	6.0m	6.3m	6.5m
50 年一遇 12h 洪量(万 m^3)	1447					
可自排的几率(%)	67.1	71.11	79.43	86.65	95.07	98.26
需填方量(万 m^3)	2725	3014	3594	4173	5042	5622
调蓄河道容积(万 m^3)	586.20	737.32	980.06	1141.89	1385.02	1547.11
需加泵规模(m^3/s)	399.22	315.27	180.41	90.51	0.00	0.00
填方投资(亿元)	13.62	15.07	17.97	20.87	25.21	28.11
填方差额投资(亿元)		1.45	2.90	2.90	4.35	2.90
加泵投资(亿元)	4.47	3.53	2.02	1.01	0.00	0.00
加泵差额投资(亿元)		−0.94	−1.51	−1.01	−1.01	0.50
填方及加泵总投资(亿元)	18.10	18.60	19.99	21.88	25.21	28.11

注：填方高程按安全控制水位加 0.5m 超高计算，投资暂按 50 元/m^3 计算。

表 13-6 列出了排涝安全管控水位为 5.5m、5.6m、5.8m、6.0m、6.3m、6.5m 共 6 种不同方案，自排几率、填方量、加泵规模的比较。由于南沙潮位每 12 小时均会出现一次低潮位，可利用闸门自排，所以影响片区的涝水仅为 12h 洪量，从 6 种方案的调蓄河道容积来看，管控水位越高自排机会越多。5.5m、5.6m 方案自排几率较低；管控水位 5.8m 自排的几率为 79.43%，接近 80%，填方增加的投资与削减的

泵站投资基本相当；管控水位为6.0m时，自排几率增加到86.65%，但填方投资增加较多，削减的泵站投资不明显；管控水位为6.3m、6.5m的方案，自排几率增加不多，但增加的填方投资过多，不再有削减泵站投资的效益。综合以上方案比较，管控水位为5.8m的方案最为适宜。

另一方面，由于片区内地势较低，大部分高程现状为4～6m，规划后的道路高程也仅为6～6.3m，为保证雨水管道有一定的坡降流入河道，管控水位亦不宜过高，以5.8m为宜。总之，对于黄阁镇及蕉门河南侧的地块低的地区，排涝安全管控水位确定为5.8m。

2）寮涌、广隆涌、大冲涌、新村涌片排涝安全管控水位

寮涌、广隆涌、大冲涌、新村涌片地块大部分在7～8m以上，但有少部分低洼地块在6～7m，因此，此片区排涝安全管控水位定为6.3m。

3）南横涌、蒲洲涌、鹿颈涌、东井涌南北台涌片区排涝安全管控水位

此片区位于黄山鲁东南边，大部分属于山地，大部分地区高程在8m以上，而在东井涌到蒲洲涌处及南横涌以东有58ha面积地块高程为4～5m，147ha面积地块高程为5～6m，有184ha面积地块高程为6～7m，现状低洼地主要是农田、鱼塘，可作调蓄雨水之用，故现状排涝问题不大。远期低洼地作为工厂用地及住宅用地，不能再调蓄雨水，因此需要建设泵站抽排或填高地面保证不受雨水影响，表13-7是不同排涝管控水位下建泵与填方的投资对比，从表13-7中可见，为解决此处低洼地50年一遇暴雨排涝问题，建设泵站的投资与填方的投资基本差不多，但填高地面形成自排区，即使遭遇外江50年一遇高潮顶托仍然可自排，其排涝保证率比抽排保证率高，因抽排可能存在泵站断电的影响。因此，本次规划确定此片区远期采用填高地面至8m以上实现自排的方案，则该片远期排涝管控水位为7.69m。

南横～南北台涌片区排涝管控水位方案对比　　　　表13-7

排涝安全管控水位方案	5.5m	5.6m	5.8m	6.0m	6.3m	6.5m	7.0m	7.69m
50年一遇12h洪量（万m^3）	369							
可自排的几率（%）	67.1	71.11	79.43	86.65	95.07	98.26	99.96	99.99
需填方量（万m^3）	161	182	223	264	381	459	654	924
调蓄河道容积（万m^3）	73.31	83.31	97.80	114.14	138.64	154.97	200.54	263.42
需加泵规模（m^3/s）	273.34	264.08	250.65	235.53	212.85	197.72	155.53	0.00
填方投资（亿元）	0.81	0.91	1.12	1.32	1.91	2.30	3.27	4.62
填方差额投资（亿元）		0.10	0.21	0.21	0.59	0.39	0.98	1.35
加泵投资（亿元）	3.06	2.96	2.81	2.64	2.38	2.21	1.74	0.00
加泵差额投资（亿元）		−0.10	−0.15	−0.17	−0.25	−0.17	−0.47	−1.74
填方及加泵总投资（亿元）	3.87	3.87	3.92	3.96	4.29	4.51	5.01	4.62

4）黄山鲁周边重力自排区排涝安全管控水位

对于黄山鲁周边地势高的重力自排区而言，设计时应考虑在外江潮位达50年一遇潮位时仍然能通过水闸自排外江，由于地块较高，可通过加高河道两岸堤防高度，在河道水

位达到 50 年一遇潮位 7.69m 时仍然不会影响地块安全。因此对于黄山鲁周边重力自排区，排涝安全管控水位确定为 7.69m。

13.5.3 具体措施比选

主要的问题有两个：

（1）河道水闸近半未达排峰要求。

（2）未解决的低洼地区涝水 497 万 m^3 需新增工程解决。

对于未达排峰要求的河道、水闸，要扩宽整治达到要求。对于未解决的涝水根据治涝措施常规办法可以通过调蓄或抽排两种办法解决。因此比较以下几种方案，见表 13-8。

表 13-9 则比较了 3 个方案的工程量，方案 1 全部用建泵方案来解决涝水问题，需要新增 656.34m^3/s 抽排流量的泵站，并且西涌涝区现状的 70m^3/s 泵站足够解决本涝区排涝，还有能力帮助其他涝区解决涝水问题，未能得到充分利用。新建 656.34m^3/s 泵站，数量巨大，可能在大多数时间这些泵站都是空置造成大量浪费。方案 2 为全建湖的方案，总共需新增湖体或绿地 7.27km^2，包括现状的 4km^2 水体面积，总计为 11.27km^2，区域水面率达 11.4%，超过 8%～10%适宜水面率，当然有足够空间新增湖体或绿地是较好的选择，但这样也减少了土地开发利用资源，也不利于新区发展。方案 3 则将现状独排入外江的河道连为一体，适当新增调蓄湖 3.36km^2 及泵站 120m^3/s 的方法，提高了土地利用率，也减少了泵站空置的浪费。三种方案水面率比较下方案 3 最接近适宜水面率，比较三种方案的调蓄：自排：抽排比例，可见方案 3 比例是 1.1：1.16：1 最为均匀，调蓄、自排、抽排以相同规模分担涝水排除，因此比较后推荐采用方案 3。

低洼地治涝方案比较 **表 13-8**

治涝方案	方案说明	水面率	排涝模数	调蓄：自排：抽排比例	优点	缺点
1 建泵	不改变现状排涝分区情况，新增泵站抽排	4.00%	15.51m^3/(km·s)	0.56：0.87：1	简单，不改变现状格局	因现状格局不平衡，有的涝区排涝压力很大，需新增大装机泵站解决，大泵站会有过多投资，另外会有长期空置的浪费
2 开湖	不改变现状排涝分区情况，通过开辟调蓄湖蓄洪	11.40%	3.61m^3/(km·s)	2.36：1.87：1	简单，不改变现状格局，大量开辟调蓄湖与现状农田鱼塘下垫面相似	规划用地没有这么多指标开辟调蓄用地，造成土地资源浪费
3 河湖连通开湖加泵	新开连接河道将低洼片河道全线连通，将现状独立排涝分区改变为一个大的涝区，综合采用新开调蓄湖及新建泵站解决整个涝区问题	7.70%	5.78m^3/(km·s)	1.1：1.16：1	将整个水系连成一圈，使涝水有多个排出口，各出口通过闸泵联排共同排泄区内涝水，这样，在增加了调蓄河道容积的同时也增加抽排的安全保证率	改变现状格局，新开连接河道需规划用地允许

各种方案比较计算　　　　**表 13-9**

片区	流域名	涝区面积（km^2）	50 年一遇 12h 洪量（万 m^3）	现有泵站规模（m^3/s）	现状矿坑和塘调蓄面积（km^2）	河道规划拓宽后河道容积（万 m^3）	规划拓宽后加现有湖塘调高容积（万 m^3）	方案 1：建泵	方案 2：加湖	方案 3：河湖连通开湖加泵	
								增加泵站规模（m^3/s）	新加湖绿地调蓄面积（km^2）	新加湖绿地调蓄面积（km^2）	增加泵站规模（m^3/s）
黄阁镇	新海涌涝区	5.31	132			11.35	11.35	83.61	0.93	0.56	10.00
	三西涌涝区	5.24	133				0.00	92.36	1.02		
	西涌涝区	3.08	74	75.00	0.06	9.81	18.18	−36.47	−0.40	0.17	
	新滘涌涝区	2.43	79				0.00	55.07	0.61		
	乌洲四涌涝区	3.71	124	39.20	0.05	2.71	9.28	40.30	0.45	0.79	30.00
	南涌涝区	3.46	118	18.00	0.07	4.65	14.25	53.76	0.60		
	塞水涌涝区	2.34	82	7.00	0.26	2.21	35.64	25.43	0.28	0.61	
	南围涌涝区	0.98	34	6.00		1.14	1.14	16.64	0.18		
	梅山涌涝区	0.48	17			0.61	0.61	11.44	0.13		
	十顷涌涝区	2.91	70	32.00		3.83	3.83	13.61	0.15		
	坦尾涌涝区	5.30	126	22.00	0.11	11.04	25.52	47.91	0.53	1.23	40.00
	蕉门村涌涝区	3.15	75		0.53	2.22	71.60	2.57	0.03		
南沙街	就风涌涝区	3.22	77			2.74	2.74	51.55	0.57		
	中围涌涝区	0.99	31			1.24	1.24	20.40	0.23		
	私言涌涝区	1.38	33			3.83	3.83	20.24	0.22		
	裕兴河涝区	2.26	54		0.24	7.92	39.17	10.30	0.11		
	冲尾涌涝区	2.27	54			2.56	2.56	35.87	0.40		
	槽船涌涝区	6.64	158		0.32	8.52	49.80	75.27	0.83		40.00
蕉门河片区			1470	199.20	1.65	76.40	290.75	656.34	7.27	3.36	120.00

13.5.4 推荐方案具体策略

（1）河湖连通策略

黄阁镇西南边、蕉门河北边地块高程在 4～6m 较多，地势较低，目前已有乌洲涌、三西涌、西涌、蕉门河 4 条骨干河道，使大山乸北面、东面及南面的水系连为一体，大山乸西面有南涌、塞水涌、南围涌、梅山涌、鬼横涌、坦尾涌 6 条独排入外江的河道，独排河道出口多已建成泵站。黄阁片地势低洼，应选择调蓄＋自排＋抽排相结合的治涝模式，一方面增加调蓄区，另一方面因势利导采用河湖连通的策略，新开河道将这 6 条独排外江的河道与西涌、蕉门河联为一体，从而将整个大山乸水系连成一圈，使涝水有多个排出口，各出口通过闸泵联排共同排泄区内涝水，这样，在增加了调蓄河道容积的同时也增加抽排的安全保证率。

（2）海绵城市调蓄策略

海绵城市就是比喻城市像海绵一样，遇到有降雨时能够就地或者就近吸收、存蓄、渗透、净化雨水，补充地下水、调节水循环；在干旱缺水时有条件将蓄存的水释放出来，并加以利用，从而让水在城市中的迁移活动更加“自然”（图 13-5）。

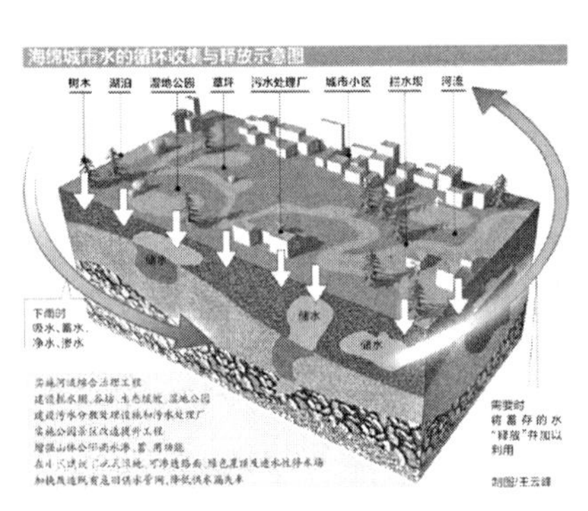

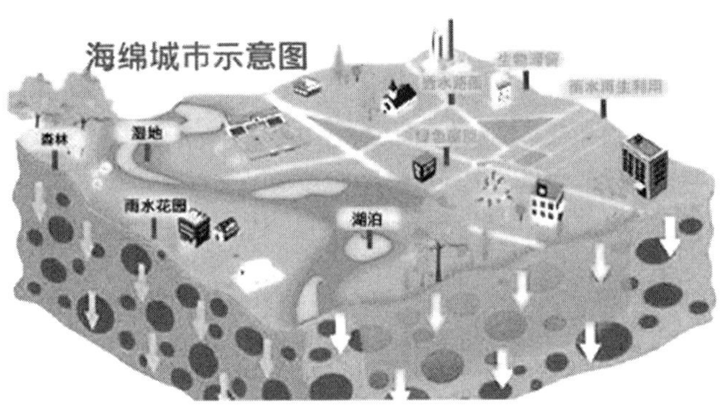

图 13-5　海绵城市示意图

南沙新区土地资源珍贵，难以有条件建设大片的湖泊调蓄，因此应充分利用已有矿坑、山塘，并在此基础上，按照城市总体规划，在现有的池塘低地建设 7 个调蓄湖及 4 大片调蓄绿地，规划总面积 2.66km^2，见图 13-6。对于调蓄绿地提出高程控制要求：调蓄绿地底高程不超过 4.0m，当发生暴雨时，通过泵站或者自流可以将涝水引入绿地，涝水退去后，通过泵站抽排回附近河道。

公园及公共绿地雨水利用技术措施还有：集中建筑群屋顶雨水、运动场地雨水应设有集中收集系统，并设置降雨初期弃流装置；园区道路及铺装均应采用环保型透水材料，减少雨水径流量；绿地建设应尽量发展下凹式绿地，绿地与土壤之间设贮水层、透水层等办法以减缓雨水地表径流的速度，减少绿化的人工浇灌用水；园区宜设置雨水湿地、雨水生态塘、雨水花坛等自然生态处理措施，并将净化后的雨水纳入雨水回用系统；园区景观建设应充分利用雨水资源，绿化、喷灌、喷泉以及各种景观水体尽量优先使用雨水；园区排水灌渠应设置渗透措施，宜建设渗透渠或使用渗透管材，以增加雨水的渗入量，减少雨水的径流量。

图 13-6　规划调蓄湖及调蓄绿地分布图

（3）智慧管控策略

在水务信息管理系统（包括信息采集、传送、处理、数据库等）和大中型水闸、泵站的自动控制系统基础上，根据洪、潮水文特性，建立洪水、潮水演进模型，根据接收上游洪水信息、下游潮水信息和降雨信息进行处理，预测外江和内河道水位变化。通过预警预报系统，可以产生汛情分析、洪水预报和洪灾预测成果，供相关决策部门使用，同时为广州市三防防汛现场指挥、召开电话会议、图文传真、发布洪水警报、抢险救灾等提供通信服务。

制定群闸泵联调预案：

1）正常调度原则：平时，通过闸门开闭控制内河道在正常低水位 4.5m 至正常高水位 5.3m，以保持景观、通航水位。由于蕉门河西出口潮位一般高于东出口的潮位，为使内河道水流流向稳定，利于污染物排入外江，采用西进东排的联调策略，即当蕉西水闸外水位高于内河道水位时开闸引入内河道，控制内河道水位不超过5.3m，当蕉东水闸外水位低于内河道水位时开启蕉东水闸排水出外江，控制内河道水位不低于4.5m。

2）排污调度原则：蕉门河网河有多个水闸可控制水流，如果蕉门河网河中某一段河道的水体产生污染，需要将此污染排出，则可以在外江高水位时打开最近河道水闸引净水入河，外江低水位时打开附近另一水闸排水出河。其他水闸保持关闭。

3）排涝调度原则：排涝期，利用调蓄、自排、抽排相结合的方式，河道起调水位是正常高水位5.3m，当发生内涝水位超过5.3m时，如果内河水位高于外江，则开闸排涝。如果内河水位低于外江，则打开泵站抽排，同时利用河道容积调蓄，控制排涝最高水位不超过5.8m。

4）极端情况的调度原则：如果在风暴潮时期适逢发生区内涝水，先预排水位至4.5m，为防洪闸门关闭，需全部启用泵站抽排，停泵水位为4.0m，通过抽排及河道调蓄，将内河道水位控制在5.8m以下。

（4）分片治理措施

各片治理情况见表13-10。

各片区治理情况表 **表13-10**

片区	流域名	集雨面积（km^2）	排涝安全管控水位（m）	近期治涝方式	近期规划措施
黄阁镇	新海涌涝区	5.31	5.8	调蓄、自排、泵排相结合	新海涌改道，新建细岗涌节制闸、上中围涌节制闸及乌洲涌节制闸，重建新海涌水闸，规划开挖调蓄湖
	三西涌涝区	3.08	5.8	调蓄、自排、泵排相结合	乌洲涌改道，三西涌整治
	西涌涝区	5.24	5.8	调蓄、自排、泵排相结合	河道整治
	新滘涌涝区	2.43	5.8	调蓄、自排、泵排相结合	河道整治
	乌洲四涌涝区	3.71	5.8	调蓄、自排、泵排相结合	河道整治
	南涌涝区	3.46	5.8	调蓄、自排、泵排相结合	河道整治，新开连涌，调蓄绿地规划，建截洪沟
	塞水涌涝区	2.34	5.8	调蓄、自排、泵排相结合	河道整治，新开连涌，开调蓄绿地
	南围涌涝区	0.98	5.8	调蓄、自排、泵排相结合	河道整治，新开连涌，开调蓄绿地
	梅山涌涝区	0.48	5.8	调蓄、自排、泵排相结合	河道整治，新开连涌，调蓄绿地规划，建截洪沟
	十顷涌涝区	2.91	5.8	调蓄、自排、泵排相结合	河道整治
	坦尾涌涝区	5.30	5.8	调蓄、自排、泵排相结合	河道整治，新开连涌，调蓄绿地规划，建截洪沟
	蕉门村涌涝区	3.15	5.8	调蓄、自排、泵排相结合	建截洪沟

续表

片区	流域名	集雨面积（km^2）	排涝安全管控水位（m）	近期治涝方式	近期规划措施
南沙街	就风涌涝区	3.22	6	调蓄、自排、泵排相结合	拆除旧就风涌闸，新开连涌
	中围涌涝区	0.99	6	调蓄、自排、泵排相结合	拆除旧中围涌闸，新开连涌
	私言涌涝区	1.38	6	调蓄、自排、泵排相结合	拆除旧私言涌闸，新开连涌
	裕兴河涝区	2.26	6	调蓄、自排、泵排相结合	与槽船涌连通，河道整治，建截洪沟
	冲尾涌涝区	2.27	6	调蓄、自排、泵排相结合	河道整治
	寡涌涝区	1.33	6.3	调蓄、自排、泵排相结合	河道整治，建截洪沟，新开连涌与蕉门河及广隆涌相连，在蕉门河出口建节制闸
	广隆涌涝区	3.25	6.3	调蓄、自排、泵排相结合	河道整治，新建广大连涌，重建泵站，建截洪沟
	大冲涌涝区	3.68	6.3	调蓄、自排、泵排相结合	河道整治，建截洪沟
	新村涌涝区	3.36	7.69	重力自排	河道整治，建截洪沟
	水牛头西涌涝区	1.05	7.69	重力自排	河道整治
	水牛头涌涝区	1.04	7.69	重力自排	河道整治，扩建泵站
	三姓围涌涝区	2.04	7.69	重力自排	河道整治，建截洪沟
	南横涌涝区	3.77	7.69	近期为调蓄＋自排＋泵排，远期为重力自排	河道整治，重建水闸，新建泵站，新开蒲洲南涌，连开连涌与大角山调蓄湖相连
	大角山涝区	1.34	7.69	重力自排	规划调蓄湖
	鹿颈涌涝区	0.39	7.69	近期为调蓄＋自排＋泵排，远期为重力自排	河道整治
	东井涌涝区	5.24	7.69	近期为调蓄＋自排＋泵排，远期为重力自排	新建泵站，河道整治，建截洪沟
	南北台涌涝区	3.77	7.69	近期为调蓄＋自排＋泵排，远期为重力自排	河道整治，重建水闸，建截洪沟
	芦湾涌涝区	4.94	7.69	重力自排	河道整治，重建水闸
	牛孖涌涝区	0.89	7.69	重力自排	河道整治，建截洪沟
	槽船涌涝区	6.64	6	调蓄、自排、泵排相结合	河道整治，新建泵站，与裕兴河相连
总计		91.25			

黄阁镇南沙街的治理后排涝情况见表 13-11。

治理后防洪排涝情况　　表 13-11

现状	分类	集雨面积（km^2）	50 年一遇 12h 设计雨量（mm）	洪量（万 m^3）
洪涝水情况	山洪	36.1	297	804
	涝水	55.15	297	1447
	总计	91.25		2251

续表

现状	分类	集雨面积(km^2)	50年一遇12h设计雨量(mm)	洪量(万m^3)
规划治理方案	防灾工程措施	规划工程	规划规模说明	排除洪量(万m^3)
治理情况	调蓄	水库、湖、绿地$4km^2$ 新增$3.36km^2$	水面率7.7%	758
	自排	拓宽河道、水闸	拓宽后所有河道排峰率100%	804
	抽排	泵站排流量$199m^3/s$, 新增$120m^3/s$	低洼区排涝模数 $5.78m^3/(km \cdot s)$	689
	调蓄:自排:抽排	1.1:1.16:1		

第14章　实例五（滨海城市新城区）——南沙新区起步区

14.1　项目背景

南沙新区起步区属于滨海城市的新城区类别，其城市洪涝特征与其他城市区别——应将潮汐影响列为重要影响因素进行考虑及分析。

如何在新区土地上打造出一颗璀璨的南国明珠，完成建立更可靠的水安全，建立更健康的水生态，营造更宜人的水空间，构建更畅顺的水交通，实现更高效的水管理，打造更优质的水经济目标，为南沙新区起步区的规划提出一个全新的课题。

本项目高程系统统一采用广州城建高程。

14.2　区域概况

14.2.1　地理位置

南沙区位于广州市南端、珠江三角洲的中心，方圆100km范围内包括了珠江三角洲经济最发达的城市群，与广州、香港、澳门处在珠江口“人”字形的结构位置，具有优越的区位交通条件。

2012年9月6日，国务院正式批复同意《广州南沙新区发展规划》，15日《国务院关于广州南沙新区发展规划的批复》同意广州南沙新区为国家级新区，南沙新区的开发建设上升到国家战略。至此，广州南沙新区成为我国第六个国家级新区，这意味着南沙新区将迎来一个新型城市化阶段。现状南沙新区水系与当地目前城市化程度处于一个相对平衡的状态，当原有的水—城平衡被打破，如何有效组织涉水规划，建立新的水—城平衡，利用好城乡水网体系，在保证整体水安全的前提下突显南沙新区水系特色，通过涉水规划提升城市水价值，打造新型水城典范，具有十分重要的意义。

南沙起步区位于核心湾区北部，包括蕉门河以西地区和南沙慧谷地区、灵山岛尖、横沥岛尖，规划总用地面积约33km^2，陆域面积约19.1km^2，可建设用地面积约17.25km^2，见图14-1。由于蕉门河以西地区和南沙慧谷地区已在第13章实例四中蕉东联围黄阁镇及南沙街片区作了相关研究，本节只是针对地势低洼，全部建成新城区的灵山岛尖和横沥岛尖防洪治涝体系作研究。

14.2.2　流域气象

南沙新区起步区水文条件与蕉东联围水文条件一致，在前文中已有详细叙述，此处不再重复。

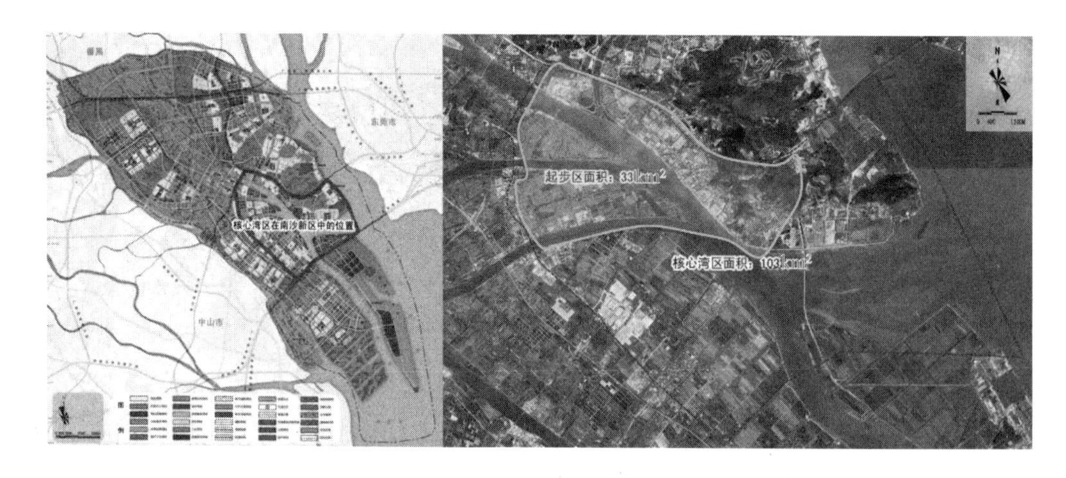

图 14-1　南沙新区起步区位置图

14.2.3　地形地势

南沙明珠湾区的灵山岛尖、横沥岛尖现状以大片农田、鱼塘为主，标高大多为 4.0～6.0m；道路、房屋地坪，标高大多为 5.0～6.0m，大部分地面高程较低，主要依靠外围一圈 50 年一遇的堤防保护。

14.3　南沙新区起步区防洪治涝问题的特点

本次研究只是针对地势低洼，全部建成新城区的灵山岛尖和横沥岛尖防洪治涝体系作研究。其特点有：

（1）防涝标准高，根据《广州市防洪防涝系统建设标准指引》第 1.1.3 条，采取综合措施，广州市都会区、南沙滨海新城、东部山水新城的中心城区、新建区域的内涝防治标准能有效应对不低于 50 年一遇暴雨。根据第 4.1.1 条，南沙滨海新城采用排涝标准为 20～50 年一遇 24h 暴雨不成灾，并采用 50～100 年一遇 24h 暴雨校核。

（2）风暴潮的影响及海平面的上升。珠江河口潮差不大，一般为 1.5m 左右，最大可达 3m 以上。南沙区各站多年平均潮差在 1.20～1.60m 之间。潮差的年际变化不大，年内变化相对较大。汛期潮差略大于枯水期潮差。但风暴潮期间南沙极值增水总平均为 0.64m。而且随着地球气候变暖的影响，导致海平面逐渐上升，也给南沙新区的防洪造成压力。

（3）南沙新区潮汐属不规则半日潮，在一个太阴日里（约 24 小时 50 分），出现两次高潮两次低潮，在半天内必然遭遇一次低潮，另外研究区域地势高程多在多年平均潮位 5m 以上，可利用低潮期间开闸自排涝水，因此南沙新区防涝主要解决的是受高潮顶托的 12h 涝水的影响。

（4）新区起步区将重构水系网络，将打破区域内已经形成河道、水闸、泵站为主的排涝工程布局。

（5）南沙新区地势较低，大部分地块高程处于多年平均潮位，遇低潮可以自排，遇高潮则不能自排。如果仅靠填高区域地块则难以寻找到大量的填土，而且投资将十分巨大，因此合理调整自排、抽排、调蓄比例是解决南沙新区排涝问题的关键。

（6）南沙新区起步区定位高，发展空间广阔，区内地块寸土寸金，防洪排涝设施既要满足安全要求，还要满足水环境、通航、市政、景观等各方面综合要求。

灵山岛的现状防洪排涝情况见表 14-1，横沥岛的现状防洪排涝情况见表 14-2。

灵山岛现状防洪排涝情况　　表 14-1

现状	分类	集雨面积(km^2)	50 年一遇 12h 设计雨量(mm)	洪量(万 m^3)
洪涝水情况	山洪	0	297	0
	涝水	3.28	297	97
	总计	3.28		97
现状治理	防灾工程措施	具体工程	现状规模	排除洪量(万 m^3)
治理情况	调蓄	重构水系后水面面积 0.2km^2	水面率 6.15%	20
	自排	河道、水闸	达排峰要求	0
	抽排	泵站排流量 26m^3/s	低洼区排涝模数 7.93$m^3/(km \cdot s)$	59
	未解决洪涝水			18
	调蓄：自排：抽排	1：0：2.95		

横沥岛现状防洪排涝情况　　表 14-2

现状	分类	集雨面积(km^2)	50 年一遇 12h 设计雨量(mm)	洪量(万 m^3)
洪涝水情况	山洪	0	297	0
	涝水	6.84	297	203
	总计	6.84		203
现状治理	防灾工程措施	具体工程	现状规模	排除洪量(万 m^3)
治理情况	调蓄	重构水系后水面面积 0.98km^2	水面率 14.36%	98
	自排	河道、水闸	达排峰要求	0
	抽排	泵站排流量 30.9m^3/s	低洼区排涝模数 3.61$m^3/(km \cdot s)$	92
	未解决洪涝水			13
	调蓄：自排：抽排	1：0：0.94		

14.4　南沙新区起步区的防洪治涝策略

14.4.1　防洪排涝标准

根据《防洪标准》《城市防洪工程设计规范》等规范规程及相关规划的防洪标准，确定南沙新区起步区防洪（潮）标准为 200 年一遇。

综合《城市防洪工程设计规范》及相关规划的排涝标准，根据 2013 年住房城乡建设部《城市排水（雨水）防涝综合规划编制大纲》的规定，结合南沙新区城市水系规划导则确定的城市排涝标准：起步区城建区采用50年一遇24h暴雨不成灾标准，并以市政雨水排放标准进行校核；排水管道采用5年一遇市政排水标准。

14.4.2 水城交融的水网系统

南沙起步区的水系重构遵循圈层水网协调保护与发展的理念：在南沙未来发展的功能分布基础之上，提出以水为生态基底的圈层发展结构模式（第一圈层为高端滨水都会区，第二圈层为多元亲水中心，第三圈层为特色水上社区），再在该圈层结构的基础之上，利用水系将明珠湾区划分成不同的发展组团，这种以生态保护为前提的发展模式，将从根本上解决南沙发展与生态环境保护间的矛盾。在遵循以上原则的基础上，确定两组水系重构方案[65-66]，见图14-2、图14-3，进行水动力模拟及蓄排涝调节计算，比较两组重构方案水体交换时间及排涝能力，选择更优的水系重构方案为图14-3。

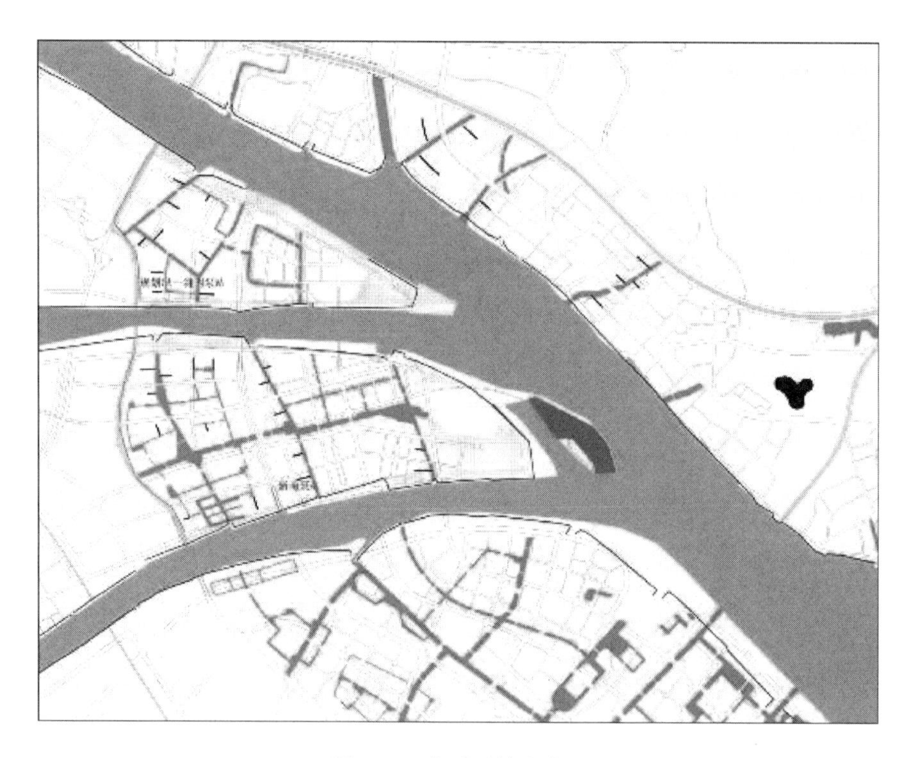

图14-2 水系重构方案1

14.4.3 安全可控的排涝体系

（1）设计理念

以水兴城，以水城兴；统筹城乡，因水制宜；以水定城，水陆兼顾；环境优化，创新城市；化敌为友，以水共生；人水和谐，以水融城；水利进城，市政出城；统筹规划，智慧管理。基本规划理念包括：

1）水利排涝标准与市政排水标准衔接的理念；

2）水位管理的理念；

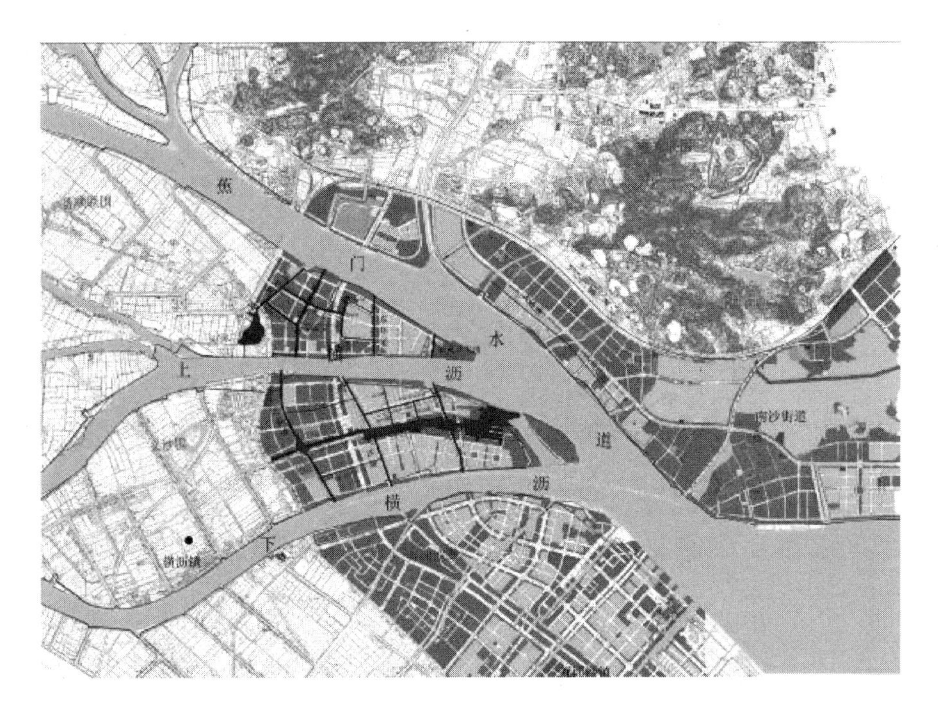

图 14-3　水系重构方案 2（推荐方案）

3）调蓄、自排、抽排相结合的理念；

4）雨水排涝体系与市政建设结合的理念及策略；

5）低影响开发的理念。

（2）内河管控水位设计

针对区域内河道不同功能需求，制定不同的水位管理方案，以满足河道对防洪、治涝、水上交通、水景观等的要求。需要确定的控制水位主要有平时内河道管控水位及治涝安全管控水位：

平时内河道管控水位：即日常内河道保持的水位，主要能满足通航、景观的要求。

治涝安全管控水位：即在区内发生暴雨涝水时，经过内河道容积调蓄及水闸、泵站的运行，使内河道达到的最高水位，城市建筑只有在此水位以上方能不受涝水的影响。

参考相关报告成果，确定南沙明珠湾区城建区采用 50 年一遇 24h 暴雨不成灾。

1）内河管控水位

经分析确定平时的内河道管控水位为 4.7～5.3m，主要理由如下：

① 符合南沙站自然潮位特性。起步区附近的潮位站南沙站有长系列潮位测量资料，南沙站潮位历年变化趋势见表 14-3，可见南沙站多年平均高低潮位 4.6m，多年平均低高潮位 5.55m，以此为基础确定起步区内河道日常管控水位 4.7～5.3m，这样能利用一天的两次潮位过程高引低排。考虑景观的要求，正常高水位与正常低水位之间的水位差不宜太大，平时内河道管控水位选择 4.7～5.3m，可充分利用水闸自排维持内河道水环境而尽量少利用抽排，从而达到节能的目标。

南沙站潮位历年变化趋势　单位（m，广州城建高程）　表 14-3

年代	高高潮	高潮平均	低低潮	低潮平均
20 世纪 50 年代	6.74	5.65	3.71	4.31
20 世纪 60 年代	6.91	5.64	3.62	4.28
20 世纪 70 年代	6.88	5.67	3.61	4.3
20 世纪 80 年代	6.92	5.65	3.64	4.29
20 世纪 90 年代	6.95	5.66	3.86	4.47
2000 年后	6.97	5.69	3.82	4.44
多年平均	6.9	5.66	3.71	4.35

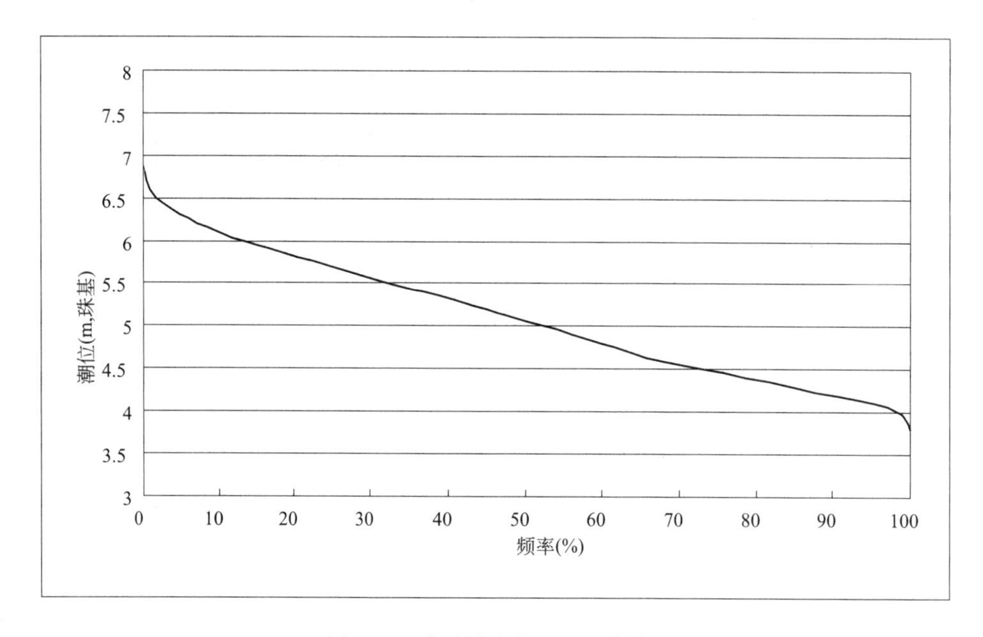

图 14-4　南沙站潮位历时频率曲线

② 满足船闸通航要求。从图 14-4 可知，南沙站有 26.8%的时间潮位维持在 4.7～5.3m，平均一天有 6.43h 能满足自由过船的需求。

③ 满足内河道换水的需要。在日常内河道控制水位 4.7～5.3m 下，灵山岛尖水体流动活跃，换水时间短，水体更新速度快，即使在突发污染情景无人工处理时，各河道水质均可在一天内恢复正常水平。

2）排涝安全管控水位

经分析确定排涝安全管控水位为 6.30m。主要理由有：

① 符合南沙站自然潮位特性。在确定排涝安全管控水位时，需充分考虑自排的可能，尽量少使用泵站抽排。由图 14-4 得知，潮位高于 6.3m 对应的频率为 4.93%，即排涝安全管控水位定为 6.3m 时有 95.07%的几率是可以自排到外江的，因此选择 6.3m 比较合适。

② 优化调蓄和抽排的比例。研究排涝安全管控水位为 6.0m、6.3m、6.5m 三种不同

方案下，灵山岛尖与横沥岛尖河道调蓄与抽排比例。管控水位为 6.3m 的方案相对能利用的河道调蓄容积较大，泵站规模与管控水位为 6.5m 的方案相差不多，可自排的几率也达 95.07%，同时也可降低地块填土高程，所以确定排涝安全管控水位为 6.3m。见表 14-4。

不同排涝安全管控水位调蓄与抽排比例　　　　表 14-4

排涝安全管控水位方案	6.0m		6.3m(推荐方案)		6.5m	
片区	灵山岛尖	横沥岛尖	灵山岛尖	横沥岛尖	灵山岛尖	横沥岛尖
50 年一遇暴雨洪峰(m^3/s)	62.24	126.74	62.24	126.74	62.24	126.74
可自排的几率(%)	86.65		95.07		98.26	
需调蓄或抽排的洪量(万 m^3)	72.51	153.59	72.51	153.59	72.51	153.59
河道调蓄容积(万 m^3)	16.16	41.70	20.25	44.11	23.31	47.34
所需泵站规模(m^3/s)	30.00	50.00	25.00	48.00	20.00	45.00
调蓄与抽排比例	0.29∶1	0.37∶1	0.39∶1	0.40∶1	0.47∶1	0.45∶1
陆地面积(km^2)	3.2	5.6	3.2	5.6	3.2	5.6
填方量(万 m^3)	320	560	416	728	480	840

3）内河岸标高：5.5～6.3m

根据平时内河道管控水位 4.7～5.3m，河道两岸亲水平台比正常高水位 5.3m 高 20cm 以保持亲水性。河道两岸地块考虑能抵御 50 年一遇暴雨涝水，即不低于排涝安全管控水位 6.3m，最后确定内河岸标高为 5.5～6.3m。

14.4.4 安全可靠的三道防洪线设计

（1）总体防洪布局

按照分区设防的理念，起步区设置三道防洪线：第一道防线是外围 200 年一遇的堤防、水闸形成的闭合防洪圈；第二道防线是区内按照不同地块功能区的重要等级，通过填高相应地块达到设防标准；第三道防线是建立超标准洪水防洪预案。为有效应对越浪、海平面上升等的影响，起步区第一道防线即外围防洪堤选择超级堤型，方便加高加固堤防。

（2）设计潮位高程

南沙站潮位采用成果见表 14-5，但明珠湾区海堤位于南沙站上游，设计潮位略高于南沙站，所以明珠湾区设计潮位＝南沙站设计潮位＋明珠湾区与南沙站水面线潮位差，计算明珠湾区海堤的设计高程。由《南沙新区起步区防洪规划报告》计算得蕉门水道、上横沥、下横沥设计洪潮水面线知，蕉门 16 断面（南沙站）200 年一遇水位为 7.83m。选取范围上横 5 断面（图 14-5）作为规划的最上游断面，其 200 年一遇水面线（由上横 3 断面与上横 7 断面插值计算得）最多比南沙站 200 年一遇水位高 0.07m，故明珠湾区海堤 200 年一遇设计洪水位采取南沙站设计潮位加上 0.07m 得到，即为 7.93m。由于明珠湾区域内水面线差值只有几厘米，所以整个明珠湾区海堤设计高程均采用统一值。

其余频率的设计潮位采用以上方法，以对应频率上横 5 断面水面线-蕉门 16 断面水面线十珠水规计函［2011］312 号文复核的潮位得到。见表 14-5。

起步区设计潮位　单位（m，广州城建高程）　表 14-5

成果	0.5%	1%	2%	5%
南沙站珠水规计函［2011］312 号文成果	7.86	7.72	7.59	7.41
明珠湾区与南沙站水面线潮位差	0.07	0.08	0.1	0.12
采用成果	7.93	7.80	7.69	7.53

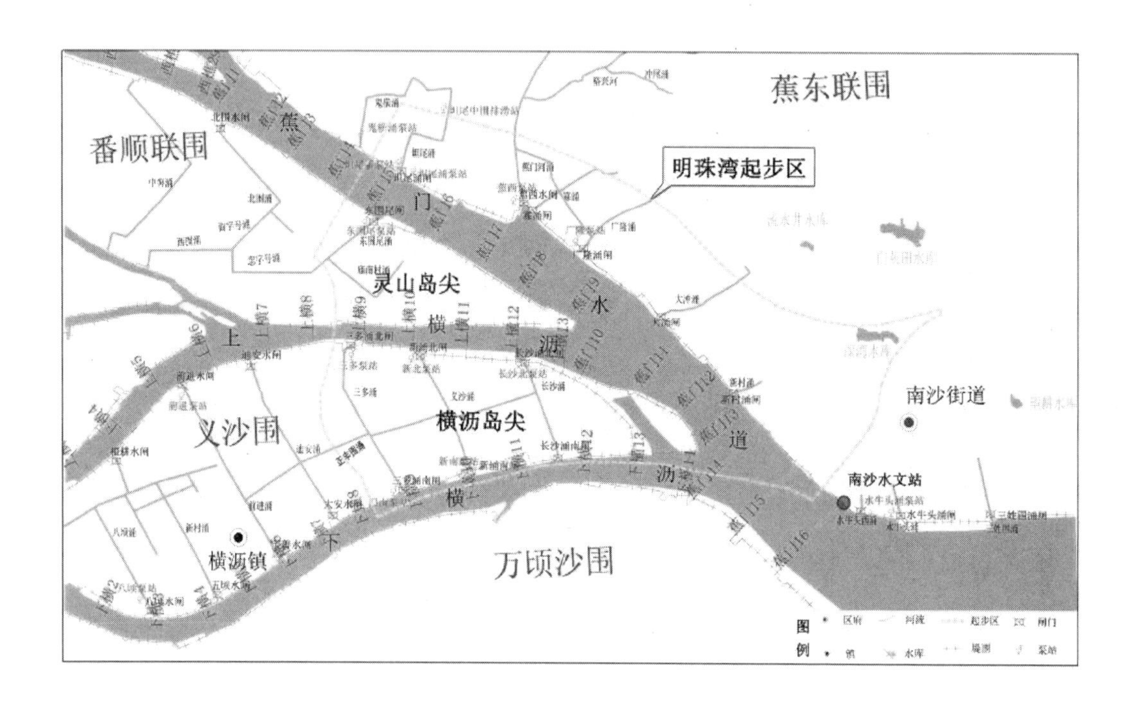

图 14-5　南沙区起步区水面线断面分布图

（3）防洪带顶标高的选定

明珠湾区范围内 200 年一遇潮水位为 7.93m。起步区规划的堤后保护的皆为城市建设用地，为体现水乡城市，规划海堤建设为超级堤，堤身设计允许越浪，在满足防洪（潮）安全前提下，加强堤身的强度的同时，尽量降低堤顶标高。为此参照相关规范、规程要求的堤顶超高，以及有关工程设计实例所采用的堤顶超高值。同时，满足城市景观通视的要求，确定明珠湾区防洪带顶标高为 200 年一遇潮水位 7.93m 加上 0.5～0.6m 超高，取 8.5m 为海堤堤顶高程（图 14-6）。

14.4.5　治涝具体措施比选

由于区域地势低，受高潮位顶托时不能自排，治涝的策略主要是增加调蓄和新增泵站两种办法，由于内水系基本确定之后，调蓄河道容积已定，只有新增泵站抽排涝水以解决涝水问题，下面主要是对比泵站建设方案。

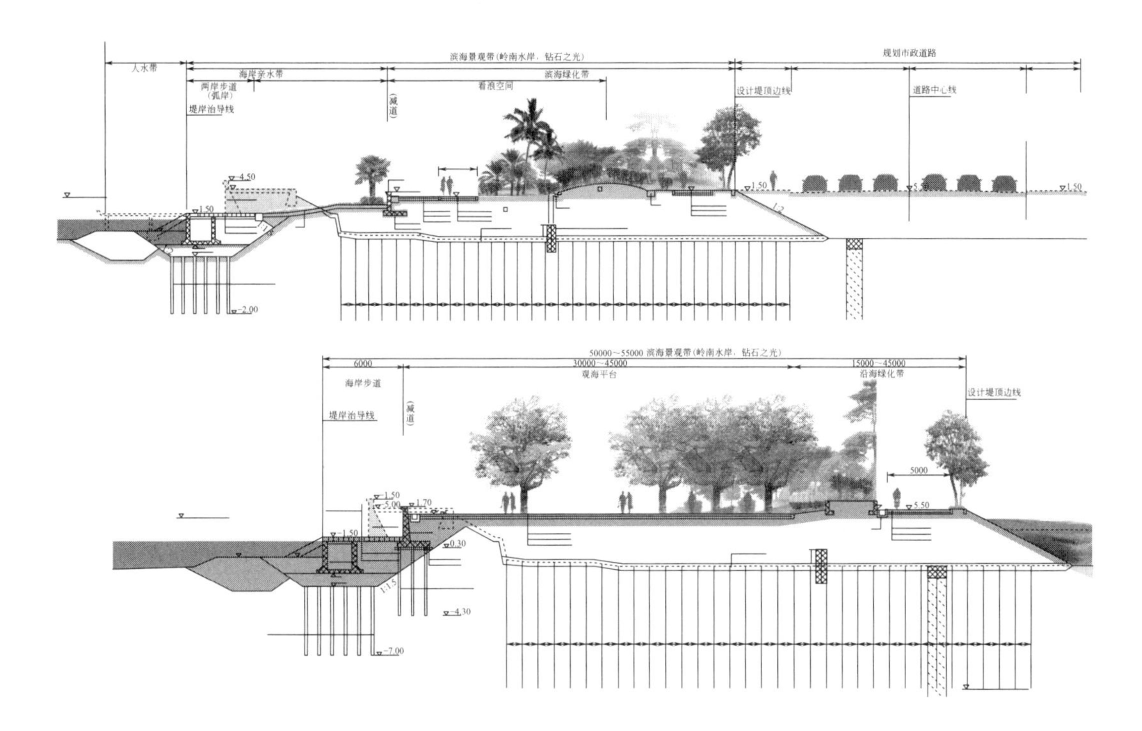

图 14-6　南沙新区起步区超级防洪堤

（1）排涝规划布局

灵山岛及横沥岛由于水系重构后，河道位置与现状有改变，必须建设相应的水闸与海堤一起形成闭合的防洪圈，因此新建水闸 8 座，新建水闸具有排涝、通航、引水改善水环境、挡潮等综合功能，闸宽的确定应根据以上功能要求综合确定。

按照水系规划导则确定的控制水位，平常景观水位控制在 4.7～5.3m，内河道堤防的一级亲水平台高程为 5.5m，发生暴雨时，最高控制水位高程为 6.3m。

1）灵山岛增设泵站规模

由重构水系计算的灵山岛河道水位—河道容积关系，见表 14-6，根据蓄排涝联合演算，当围内发生 50 年一遇暴雨洪水时，充分利用内河水系调蓄及水闸自排后，如采用泵排流量为 $20m^3/s$，可控制内河道水位在 6.3m，见表 14-7。

可通过天气预报得知未来区域会发生大暴雨又适逢大潮顶托时，应提前以自排、抽排的方式将内河道水位预降至 4.7m。表 14-8 计算了当围内发生 200 年一遇暴雨洪水时，河道从 4.7m 起调，通过泵排控制内河道水位的情况，由表可见，在充分利用内河水系调蓄及水闸自排后，如采用泵排流量为 $25m^3/s$，可控制内河道水位在 6.3m。如果按泵排流量为 $25m^3/s$ 开机，将灵山岛尖内河道水位从 5.3m 预降至 4.7m 需 1.56h，因此，根据天气预报预降内河道水位的调度方式是可行的。

综上所述，泵站的规模需应对平时的排涝及极端情况下的排涝，泵排流量需 $25m^3/s$，由于本次排涝演算未考虑越浪的影响，所以泵站规模宜留有安全裕度，泵排流量取 $30m^3/s$。

灵山岛水位—河道容积关系　　表 14-6

高程(m)	灵山岛河道容积(万 m^3)	高程(m)	灵山岛河道容积(万 m^3)
4	12.69	5.5	38.89
4.5	20.47	6	49.05
4.7	23.85	6.3	55.15
5	29.20	6.5	59.22
5.3	34.90	7	69.38
5.4	36.88	7.5	79.54

5.3m 起调灵山岛对应各排涝泵站最高水位　单位：m　　表 14-7

暴雨洪水频率	200 年一遇	50 年一遇	20 年一遇	5 年一遇
潮位频率	5 年一遇	5 年一遇	5 年一遇	50 年一遇
泵站规模 5m^3/s	7.22	7.11	6.94	6.60
泵站规模 10m^3/s	7.14	6.99	6.72	6.15
泵站规模 15m^3/s	7.06	6.83	6.35	
泵站规模 20m^3/s	6.96	6.52	6.03	
泵站规模 25m^3/s	6.78	6.22		
泵站规模 30m^3/s	6.48			
泵站规模 35m^3/s	6.23			

4.7m 起调灵山岛对应各排涝泵站最高水位　单位：m　　表 14-8

暴雨洪水频率	200 年一遇	50 年一遇	20 年一遇	5 年一遇
潮位频率	5 年一遇	5 年一遇	5 年一遇	200 年一遇
泵站规模 5m^3/s	7.23	7.23	7.23	6.51
泵站规模 10m^3/s	7.23	7.23	6.54	5.79
泵站规模 15m^3/s	7.23	6.49	5.85	
泵站规模 20m^3/s	6.62	5.98		
泵站规模 25m^3/s	6.25			

2）横沥岛增设泵站规模

由重构水系计算的横沥岛河道水位—河道容积关系，见表 14-9，根据蓄排涝联合演算，当围内发生 50 年一遇暴雨洪水时，充分利用内河水系调蓄及水闸自排后，如采用泵排流量为 40m^3/s，可控制内河道水位在 6.3m，见表 14-10。

可通过天气预报得知未来区域会发生大暴雨又适逢大潮顶托时，应提前以自排、抽排的方式将内河道水位预降至 4.7m。表 14-11 计算了当围内发生 200 年一遇暴雨洪水时，河道从 4.7m 起调，通过泵排控制内河道水位的情况，由表可见，在充分利用内河水系调蓄及水闸自排后，如采用泵排流量为 45m^3/s，可控制内河道水位在 6.3m。如果按泵排流量为 45m^3/s 开机，将横沥岛尖内河道水位从 5.3m 预降至 4.7m 需 2.14h，因此，根据天气预报预降内河道水位的调度方式是可行的。

综上所述，泵站的规模需应对平时的排涝及极端情况下的排涝，泵排流量需 $45m^3/s$，由于本次排涝演算未考虑越浪的影响，所以泵站规模宜留有安全裕度，泵排流量取 $50m^3/s$。

横沥岛水位—河道容积关系　　　　表 14-9

高程(m)	横沥岛河道容积(万 m^3)	高程(m)	横沥岛河道容积(万 m^3)
4	40.84	5.5	117.11
4.5	64.26	6	145.53
4.7	74.19	6.3	162.59
5	89.68	6.5	173.96
5.3	105.90	7	202.38
5.4	111.46	7.5	230.81

5.3m 起调横沥岛对应各排涝泵站最高水位　单位：m　　　表 14-10

暴雨洪水频率	200 年一遇	50 年一遇	20 年一遇	5 年一遇
潮位频率	5 年一遇	5 年一遇	5 年一遇	50 年一遇
泵站规模 $15m^3/s$	7.03	6.84	6.60	6.08
泵站规模 $20m^3/s$	6.97	6.76	6.46	
泵站规模 $25m^3/s$	6.92	6.66	6.31	
泵站规模 $30m^3/s$	6.87	6.55	6.17	
泵站规模 $35m^3/s$	6.80	6.41		
泵站规模 $40m^3/s$	6.72	6.28		
泵站规模 $45m^3/s$	6.62			
泵站规模 $50m^3/s$	6.50			
泵站规模 $55m^3/s$	6.38			
泵站规模 $60m^3/s$	6.27			

4.7m 起调横沥岛对应各排涝泵站最高水位　单位：m　　　表 14-11

暴雨洪水频率	200 年一遇	50 年一遇	20 年一遇	5 年一遇
潮位频率	5 年一遇	5 年一遇	5 年一遇	200 年一遇
泵站规模 $15m^3/s$	7.23	7.11	6.59	5.92
泵站规模 $20m^3/s$	7.23	6.81	6.31	
泵站规模 $25m^3/s$	7.18	6.52	6.04	
泵站规模 $30m^3/s$	6.89	6.25		
泵站规模 $35m^3/s$	6.62			
泵站规模 $40m^3/s$	6.36			
泵站规模 $45m^3/s$	6.10			

（2）创新的淹没出流管网设计

1）传统的排水管网设计

根据《排水工程》关于排水管道设计理论[36]，排水管道设计有一个重要的假设：就是排水管道出口可以自排，在这个基础上，再根据划分的集雨区面积，按雨强公式计算出排水标准下的集雨区设计洪峰，自上游到下游设计排水管道，使排水管道的坡降、管径能够满足排峰需要及覆土深度要求。

市政排水管道的设计方法应用于地势较高的山区城市是比较适用的，基本上较少出现严重的雨涝问题；但是对于地势低洼的南沙新区，地面大多与外江高水（潮）位时相当，这样就会出现外江水位顶托排水管的情况，导致排水管道出口段由自排时的自由出流变为淹没出流，出口面排水管一般处于满流状态，排水管中的水力坡降也不再是设计时水力坡降，而是变成十分平缓的实际水力坡降，这些变化都会降低末端排水管的实际排水能力，远小于其设计排水能力，从而形成涝灾。

市政排水系统与河道排涝系统两套排水系统的出口水位衔接是两套排水系统衔接中最为关键的因素，目前已经得到广泛的关注，一些水力计算软件已经开发市政排水管道与水利排涝系统耦合的计算模块，如 MIKE URBAN、鸿业软件近年就提出了与河道连接的管道设计模块，以反映河道水位顶托的影响。但是这些方法仅是能够反映已经设计的排水管道受水位顶托的影响状态，而不能从根本上设计出能考虑水位顶托的管道来，究其原因是没有改变排水管道出口为自排的这种理论基础。

2）南沙新区起步区的排水管网设计

要设计出考虑出口水位顶托的排水管道需做到以下几步：一是根据水利排涝系统蓄排涝计算得到内河道最高控制水位；二是排水管道设计是分自排区域与淹没出流区域两部分；三是自排区域按现有的理论设计，淹没出流区域的水力坡降可参考地面高程与河道最高控制水位之间的坡降取值，并且在计算管道排流量时补充淹没出流系数，以此来设计淹没出流区的排水管道。

南沙新区起步区排水管网设计时，根据正常管控水位在 4.7～5.3m 之间，排水管出口高程均设置在 5.3m 以上，当河道水位达到排涝安全控制水位 6.3m 时，对排水管作了复核计算，虽然排水管出口处于淹没出流，但仍然能排泄 50 年一遇设计标准的涝水。治理后的南沙新区排涝情况见表 14-12、表 14-13。

治理后的灵山岛排涝情况表　　表 14-12

现状	分类	集雨面积(km^2)	50 年一遇 12h 设计雨量(mm)	洪量(万 m^3)
洪涝水情况	山洪	0	297	0
	涝水	3.28	297	97
	总计	3.28		97
规划治理方案	防灾工程措施	规划工程	规划规模说明	排除洪量(万 m^3)
治理情况	调蓄	重构水系后水面面积 0.2km^2	水面率 6.15%	20
	自排	拓宽河道、水闸	拓宽后所有河道排峰率 100%	0
	抽排	泵站改建为 30m^3/s	低洼区排涝模数 9.14m^3/(km·s)	77
	调蓄：自排：抽排	1：0：3.85		

治理后的横沥岛排涝情况表　　表 14-13

现状	分类	集雨面积(km^2)	50 年一遇 12h 设计雨量(mm)	洪量(万 m^3)
洪涝水情况	山洪	0	297	0
	涝水	6.84	297	203
	总计	6.84		203
规划治理方案	防灾工程措施	规划工程	规划规模说明	排除洪量(万 m^3)
治理情况	调蓄	重构水系后水面面积 0.98km^2	水面率 14.36%	98
	自排	河道、水闸	达排峰要求	0
	抽排	泵站排流量 50m^3/s	低洼区排涝模数 5.78m^3/(km·s)	105
	调蓄：自排：抽排	1：0：1.07		

14.4.6　市政道路标高研究

（1）设计思路

1）城市排水管网布设的需要：雨水管网大部分沿城市道路布置，道路标高需高于排水管网所需的最低控制高程。

2）城市景观和通视的需要：满足城市景观和通视需求，避免出现过高或过低的情况。

3）亲水性需要：内河道两岸的道路要考虑亲水需要，遭遇大暴雨时需考虑临时淹没。

（2）标高设计成果

1）临外围防洪圈的市政道路。考虑道路两边地块排水需要，道路的标高要低于外围防洪带顶标高 8.5m，同时为满足城市景观和通视要求，道路标高不能过低。综上，确定该道路基准标高为 8.0m。

2）商务区市政道路。与外围城市景观道路平顺连接，采用与临外围防洪圈的市政道路同一标高 8.0m。

3）水乡社区市政道路。主要考虑亲水性的要求，不宜设置过高，此外要满足排涝标准，需高于排涝安全管控水位 6.3m，最终确定水乡社区市政道路基准标高为 7.0m。

14.4.7　桥梁通航净高研究

（1）设计思路

1）满足水上交通的要求：根据内河道平时运行的控制水位及船型尺寸，桥梁净高的设置要满足在平时河道运行水位下，船只可安全通过的需要。

平时内河道在 4.7～5.3m 水位运行，维持景观、通航、排涝的功能，通航时要考虑河道水位在 5.3m 时船只通过桥梁所需净高。

根据水系规划导则，明珠湾区通航游艇和小舢板两种船型，并划分了通航不同船型的河道，针对每一条河道，要考虑通航具体船型尺寸大小来确定桥梁所需净高，详细见表 14-14。

明珠湾区通航参数表 表 14-14

	交通功能	景观功能	主要功能	船只长(m)	船只宽(m)	吃水深度(m)	限高(m)	航道宽度(m)	最小控制水深(m)	河道底标高(m)
A级河道(水上巴士通行)	++++	+	通勤为主	≤20～24	≤5.5～6.5	≤1.8	≤4(单层200座)	≥100	3.5	≤1.5
B级河道(游船通行)	+++	++	观光游览	≤15	≤4.5	≤1.5	≤4	≥50	3.0	≤2.0
C级河道(游艇通行)	++	+++	高端特色生活	≤12	≤4	≤1.2	≤3.5	≥35	2.5	≤2.5
D级河道(小舢板通行)	+	++++	休闲慢生活	≤7.5	≤2.5	≤0.7	≤2	≥15	1.5	≤3.5

2）满足市政道路与桥梁衔接的需要：桥梁净高并非越高越好，桥梁净高增加会使桥面高程抬高，与周边的道路和地块高程不协调，影响整体景观效果。依据相关规范要求，根据不同设计时速的道路与桥梁衔接的坡度控制范围，针对不同的河道宽度及市政景观需要，合理确定衔接坡度、最小坡长和桥梁净高。

（2）通航净高设计成果

为了给南沙C级航道可行性创造条件，本次规划设计以水陆相衔接的最不利条件，即与涌平行道路与跨涌桥梁平交的情况时，研究桥梁需要的最低建设条件。经过分析计算，与涌平行次干路与跨涌桥梁平交时，桥梁需要的最低建设长度为80m，才能保证跨河桥梁净高3.5m，使河道具备一定的C级航道路水上通行能力。

针对水乡社区、公建服务区及商务区等的整体控制要求，确定商务区主要河道的通航净高为3.5m，可通行小型游艇。确定水乡社区及其他河道通航净高为2.0m，可通行小型舢板船。

此外，对于部分水面较窄且水系较密的河道，若通车桥梁与道路衔接的坡度难以满足要求，可将跨涌桥梁等级降低为非通车桥梁，比如作为人行桥梁或景观桥。

14.4.8 地块标高研究

（1）设计思路

1）满足排水需要：排水管往往沿道路布设，要考虑地块汇流雨水的需要，根据相关规范，地块的规划高程应比周边道路的最低路段高程高出0.2m以上，一般取0.5m。

2）满足分区设防的需要：按照城市总体规划，划分出极其重要地块、重要地块、一般重要地块、普通地块等级，不同地块通过填高到不同的标高以达到分区设防。

（2）标高设计成果

1）核心商务区、应急、救援通道、洪涝灾害避难场所等最重要的地块标高8.5～9.0m，与海堤防洪标高相同，超过起步区1000年一遇潮位，比外围防洪圈及商务区市政道路8.0m高0.5m。

2）水乡社区等重要的地块标高为7.0～7.5m，比水乡片市政道路标高7.0m高0.5m。

3）内河道滨水区等一般地块标高为6.3～6.8m，此水位等于排涝安全管控水位6.3m加上0.5m超高。

4）内河道两岸，对亲水性要求高的地块标高为5.5～6.3m。根据上面确定的平时内河道管控水位 4.7～5.3m，河道两岸亲水平台比正常高水位 5.3m 高 20cm 以保持亲水性。河道两岸地块考虑能抵御 50 年一遇暴雨涝水，即不低于排涝安全管控水位 6.3m。综上，确定内河道两岸亲水性要求高的地块标高确定为 5.5～6.3m，见表 14-15。南沙新区竖向标高体系见图 14-7。

各分区防洪控制高程 **表 14-15**

类别	划分区域	设防标准	控制高程(m)
最重要地块	核心商务区、应急、救援通道、洪涝灾害避场所	＞200 年一遇	8.5～9.0
重要地块	水乡社区	50～200 年一遇	7.0～7.5
一般地块	内河道滨水区	50 年一遇	6.3～6.8
亲水地块	内河道亲水平台	≤50 年一遇	5.5～6.3

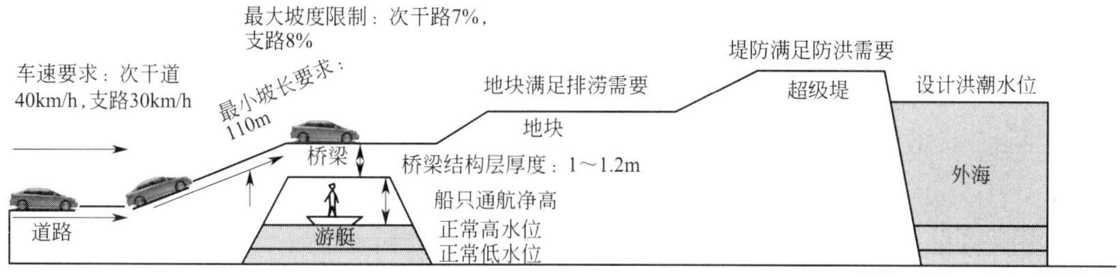

图 14-7　南沙新区竖向标高体系示意图

第15章 实例六（平原城市旧城区）——中山市中心城区小隐涌白石涌流域

15.1 项目背景

中山市是典型的平原城市，其特点是受洪潮共同影响，上游受西江干流洪水影响，洪水期外江水位高于堤内地面，堤内涝水的排除主要依靠泵站抽排实现。下游受潮汐影响，一天出现两次高潮及低潮，堤内涝水可利用低潮进行抢排，高潮期则通过泵站抽排。

研究主要针对中山市中心城区的小隐涌流域和白石涌流域进行，之所以选取这两个流域，主要是它们的问题比较有中山市的特点：上游为山地，有一条骨干排涝河道汇出外江，外江建有水闸和泵站抽排。本次研究是通过对现状内涝点进行调查，并建立中山市主城区的河网及陆地一、二维水动力模型及排水管网模型，通过模型计算来模拟中山市遭遇各频率暴雨时受灾情况。根据中山主城区这两个流域自然特性及地形地势特点，结合中山市发展提出的防涝要求，因地制宜地探索中山防洪治涝策略，可作为解决其他受洪潮共同影响城市问题的参考。

本项目高程系统统一采用国家85高程。

15.2 区域概况

15.2.1 地理位置

中山市位于广东省中南部，珠江三角洲中部偏南的西、北江下游出海处，北接广州市番禺区（距广州86km）和佛山顺德区，西邻江门市区和珠海斗门区，东南连珠海市，东隔珠江口伶仃洋与东莞市、深圳市和香港特别行政区相望，东南至澳门65km，由中山港水路到香港52海里。地处北纬22°11′～22°46′，东经113°09′～113°46′。

中山市市域总体划分为六区、十八镇。其中六区为石岐区、东区、火炬区、西区、南区和五桂山办事处。十二镇包括小榄镇、黄圃镇、民众镇、东凤镇、东升镇、古镇镇、沙溪镇、坦洲镇、港口镇、三角镇、横栏镇、南头镇、阜沙镇、南朗镇、三乡镇、板芙镇、大涌镇、神湾镇。六区中的石岐区、东区、西区和南区四区称作主城区。六区加上沙溪、大涌、港口和南朗四镇称作中心城区。

15.2.2 流域气象

中山市地处低纬度地区，全境均在北回归线以南，属亚热带季风气候，光热充足，雨量充沛。年平均气温为22.1℃，月平均气温以1月最低，为13.8℃，7月最高，为28.6℃。极端最高气温38.7℃（2005年7月18～19日），极端最低气温－1.3℃（1955

年 1 月 12 日），年平均雷暴日数为 73.3 日。市境因濒临南海，夏季风带来大量水汽，成为降水主要来源，年平均降水量为 1875.3mm。影响中山的灾害天气有台风、暴雨、低温、霜冻、低温阴雨、干旱和雷暴。

中山属于丰水地区，多年平均降水量达 29.18 亿 m^3，西江和北江流经该市的磨刀门、横门、洪奇沥，多年平均径流总量 2241 亿 m^3。

15.2.3　洪潮灾害

中山位于西、北江分流口马口、三水下游，受上游洪水及下游台风暴潮的联合作用，饱受洪水及风暴潮威胁，造成灾害损失。

15.2.4　潮位

（1）外江最高潮位

根据中顺大围东、西 5 个主要水位测站的多年统计资料，磨刀门水道东侧拱北水闸、西河水闸站实测最高洪（潮）水位分别为 4.246m（85 高程，以下同）（2005 年 6 月 24 日）、3.376m（1993 年 9 月 17 日），各站实测历史最高洪（潮）水位见表 15-1。

外江代表站历史最高潮位　　**表 15-1**

站点	历史最高潮位（m，85 高程）	统计年限
古镇	5.536	1963～2012
拱北	4.246	1972～2011
西河	3.286	1973～2011
小榄	5.476	1952～2011
铺锦	3.846	1989～2011
东河	3.376	1972～2011

（2）内河最高水位

本次统计了中顺大围围内岐江河 1982～2012 年的历年实测最高水位。中顺大围于 1974 年完成岐江河东、西两个河口的闭合建设，自此大围形成了一个完整的堤防体系，闭合后中顺大围围内岐江河实测最高水位为 1994 年 7 月 24 日的 2.236m。

1999 年，中山市于岐江河东河口建成东河泵站，因此，本次根据东、西河口闭合时间与东河泵站建成时间，选用岐江河 1982～2012 年共 30 年的资料，作为围内岐江河历年实测最高水位资料系列，其中实测东河水闸闸内最高水位 2.236m（1994 年 7 月 24 日），西河水闸闸内最高水位 2.216m（1994 年 7 月 24 日）。

（3）潮位经验频率曲线

利用已收集到的潮位资料，灯笼山站 1958～2009 年逐日潮位、小榄（二）站 1964～1998 年逐日潮位、横门站 1952～2009 年逐日潮位、马鞍站 1970～2013 年逐日潮位、竹银站 1958～1998 年逐日潮位通过经验频率排频得到各站的潮位频率曲线，见图 15-1～图 15-5。

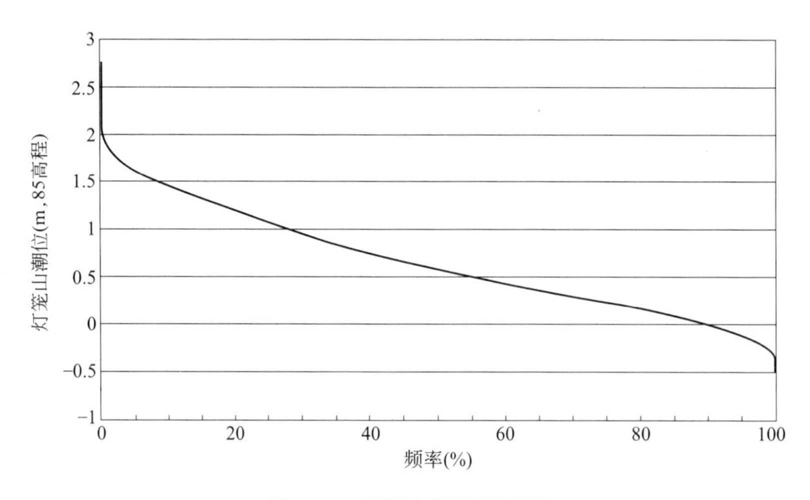

图 15-1　灯笼山潮位频率图

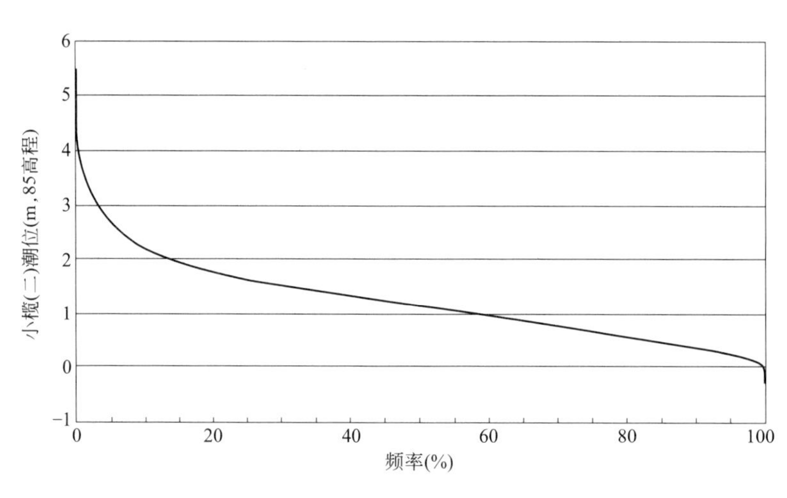

图 15-2　小榄（二）潮位频率图

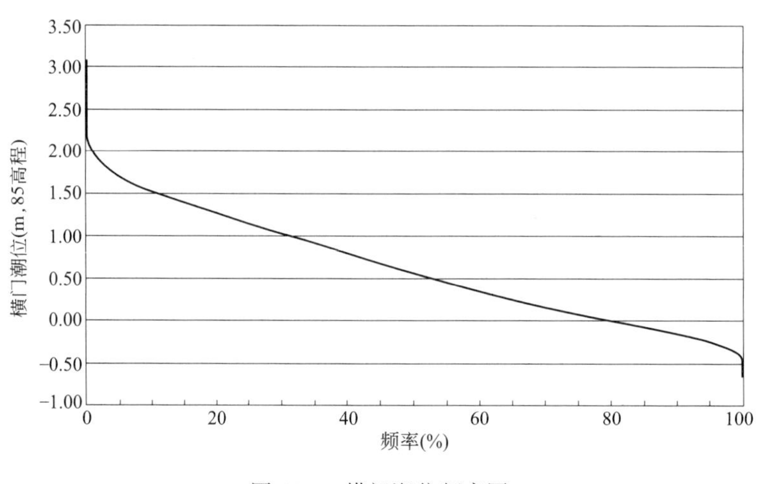

图 15-3　横门潮位频率图

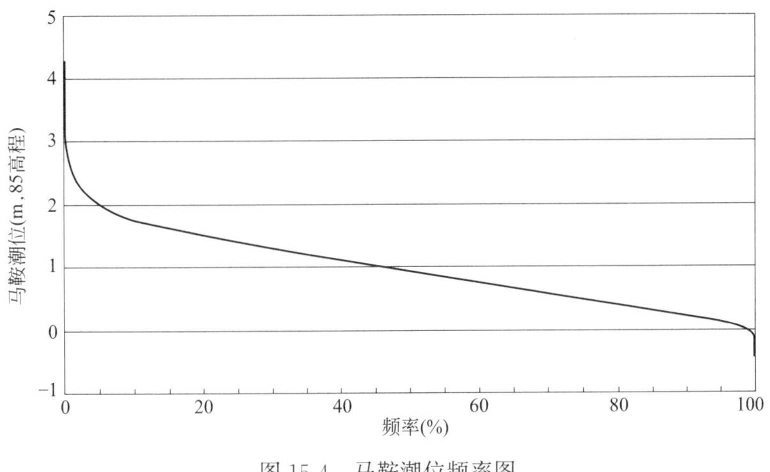

图 15-4　马鞍潮位频率图

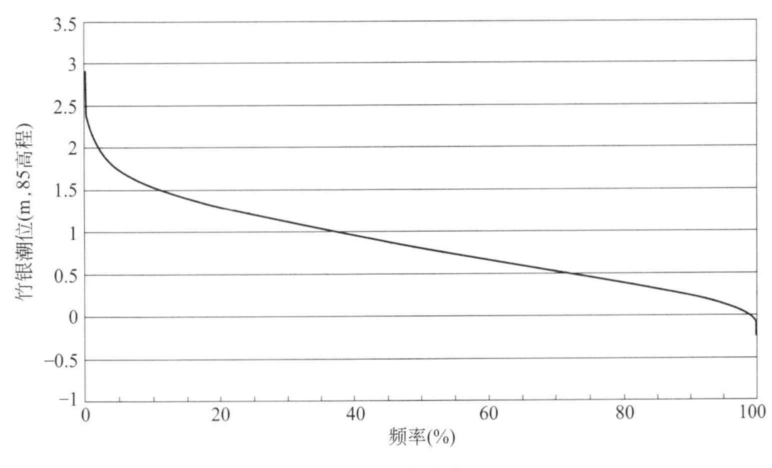

图 15-5　竹银潮位频率图

15.2.5　洪潮遭遇

根据神湾站降雨——灯笼山站潮位、小榄站降雨——小榄站潮位、横门站降雨——横门站潮位等雨洪遭遇情况，分别代表了中山市区南部、北部及东部雨洪遭遇的情况，从分析结果可知，当片区发生超过 5 年一遇降雨时，均遇 2 年一遇以下的水（潮）位遭遇，当片区发生 5 年一遇高水（潮）位时，均遇 2 年一遇以下暴雨遭遇。

依据广东省水利厅（原水利电力厅）《关于印发〈广东省防洪（潮）标准和治涝标准〉试行的通知》（粤水电总字［1995］4 号）等有关文件，外江水位问题：一般应根据之前实测资料分析涝区暴雨与外江水位的遭遇情况，合理确定各有关水位，并据以求出设计、最大、最小扬程。若无实测资料：潮区可采用五年一遇的最高水位为上水位、其余地区可采用外江多年平均洪峰水位为上水位。因此，本次设计雨洪遭遇采用以下工况：

1）以内涝为主，按内河设计、校核标准下的暴雨洪水遭遇外江 2 年一遇水（潮）位。

2）以外江洪（潮）为主，按外江设计、校核标准下的洪（潮）水位过程遭遇内河 2 年一遇暴雨洪水。

15.2.6 地形因素

中山全市陆域总面积 1800.14km^2、海域总面积 176km^2。全市海域在东部，海岸线长 27km；海岛 9 个，其中面积大于 500m^2 的海岛 8 个，现围剩 4 个海岛。中山市地形以平原为主，地势中部高，四周平坦，平原地区自西北向东南倾斜。地貌由大陆架隆起的低山、丘陵、台地和珠江口的冲积平原、海滩组成。其中低山、丘陵、台地占全境面积的 24%，一般海拔为 10～200m；平原和滩涂占全境面积的 68%，一般海拔为－0.5～1m；河流面积占全境的 8%。

15.3 中顺大围及张家边联围水动力模型

15.3.1 河流概化

中山市主城区主要包括中顺大围及张家边联围，中顺大围内河道纵横交错，相互连通，分多个出口排到西江、小榄水道、鸡鸦水道、岐江河，张家边联围河道直排横门水道，河网复杂，为系统反映河网情况，将中顺大围、张家边联围共 190 条主干河道及二维地形结合，建立一、二维河网模型进行联解，将河道水闸、泵站均概化到模型中。对于中顺大围及张家边联围地形概化为 100m×100m 方格进行计算。概化河道见表 15-2，概化模型见图 15-6。

概化河道表 表 15-2

序号	概化河道名	序号	概化河道名	序号	概化河道名	序号	概化河道名	序号	概化河道名
1	小隐涌	21	中石涌	41	后隆涌	61	沙朗涌	81	西区新涌
2	同安涌	22	洋角涌	42	安隆涌	62	狮滘河	82	沙狮涌
3	永安涌	23	石岐东部排水渠	43	福隆涌	63	十六涌	83	西区一涌
4	玻璃围涌	24	大滘涌	44	麻子涌	64	乌沙涌	84	西区二涌
5	同兴涌	25	白石涌	45	白鲤涌	65	乌沙涌 2	85	西区三涌
6	白雾围涌	26	发疯涌	46	北部排灌渠	66	谦益涌	86	西区四涌
7	八公里河	27	秤钩湾河	47	赤洲河	67	西部排洪渠	87	南涌
8	孖涌	28	马恒河	48	东部排水渠	68	沙尾涌	88	石港涌
9	狮炎涌	29	石岐南一涌	49	分流涌	69	裕安涌	89	锦铺沥
10	张家边涌	30	淡水涌	50	凫洲河	70	悦生涌	90	锦铺沥
11	关帝涌	31	石岐南二涌	51	海洲大涌	71	中部排洪渠	91	土地涌
12	公涌	32	新涌	52	鸡笼涌	72	石特涌	92	花枝岑河
13	柴棚涌	33	新南涌	53	金鱼涌	73	港口河	93	美丽河
14	水洲涌	34	北台涌	54	金鱼涌 028#	74	本河迳	94	二明窦涌
15	三涌	35	虾逻迳	55	沥心涌	75	含珠滘	95	曹步涌
16	大湾涌	36	沙沟涌	56	流板大涌	76	花朗涌	96	土美涌
17	濠头涌	37	四顷涌	57	南六涌	77	谷西河滘	97	白濠头涌
18	石排涌	38	白坦新涌	58	歧江河	78	崩涌滘	98	鸡肠滘涌
19	中心河	39	金钟涌	59	浅水湖	79	九龙涌	99	进洪河
20	石濠涌	40	安吉涌	60	一埒涌	80	十六顷涌	100	白濠沥

续表

序号	概化河道名	序号	概化河道名	序号	概化河道名	序号	概化河道名	序号	概化河道名
101	三沙正涌1	119	老陈围涌	137	新奇连涌	155	六涌	173	大朗基涌
102	三沙正涌2	120	白蕉围涌	138	港口河西涌	156	八公里孖连涌	174	平大连涌
103	跃进河	121	基尾涌	139	大田东涌	157	八公里孖连涌2	175	猛流涌
104	花篮沥1	122	金昌涌	140	黄边坑	158	小隐支流2	176	二河涌
105	花篮沥2	123	金昌一涌	141	葫芦坑	159	小隐支流3	177	乌基涌
106	花篮沥3	124	金昌二涌	142	荔南坑	160	小隐支流4	178	三角新涌
107	戙角涌	125	四联涌	143	西坑	161	小隐支流5	179	二滘三宝沥
108	沥仔涌	126	板尾涌	144	石鼓挞	162	小隐支流6	180	民众涌
109	拱北河	127	沙头涌	145	北台涌上游	163	永安涌上游	181	隆丰涌
110	低沙沥1	128	十三顷涌	146	马恒河支涌	164	中横牛阜涌	182	东榧涌
111	低沙沥2	129	竹洲沥	147	白石发疯连涌	165	中心排灌河	183	白坦涌
112	低沙沥3	130	寿围涌	148	牛角坑	166	六黄涌	184	白溪坑
113	婆隆涌	131	庙滘涌	149	羊角涌支流	167	大滘涌	185	横涌
114	鱼涌	132	禾尾涌	150	小隐涌支流	168	猛后涌	186	大田涌
115	西沥涌	133	十六顷渠连涌	151	长江小隐连涌	169	大涌	187	寿德围涌
116	利生涌	134	十六石特连涌	152	六节涌支1	170	老狗涌	188	东升涌
117	横沙涌	135	狮滘河北1涌	153	八公里上游	171	苏埒涌	189	六节涌支2
118	六乡涌	136	狮新连涌	154	狮炎涌上游	172	石军涌	190	六节涌支3

15.3.2 边界条件

中山市主城区一二维数学模型把各频率暴雨洪水的过程输入到河流，外江水位边界则采用水闸排涝为主工况或泵站排涝为主的典型设计潮位（图15-6）。

15.3.3 糙率选用及率定

（1）糙率选用

根据《水力学》中天然山区河流的类型，对于河槽无草树，河岸较陡、岸坡树丛过洪时淹没的情况，糙率选用0.03～0.05，对于清洁、顺直、无滩的河道糙率选用为0.025～0.033，通过率定后采用的糙率在0.025～0.03之间。对于二维地形的糙率，根据不同地类进行选取，对于耕地用0.03，树木用0.08，城建区用0.12。

（2）率定验证

由于1994年7月22日暴雨雨量大、外江水位高，对于中顺大围整体片区，为31年中最不利的场次暴雨，从经验频率角度，其重现期应在31年以上。故利用“947”实测暴雨洪水验证推荐方案的合理性。

由1994年7月22日实测雨量，根据中山市雨型进行分配，再采用扣损法计算的各分区设计洪水过程。外江潮位则用实测外江潮位过程。经率定验证，模型计算的成果与实测的东河水闸、西河水闸水位基本一致，误差在0.04m以内，模型满足本次规划要求。

15.3.4 计算工况

计算的工况见表15-3，分别根据现状情况进行计算，分内涝1%、2%、3.33%、5%

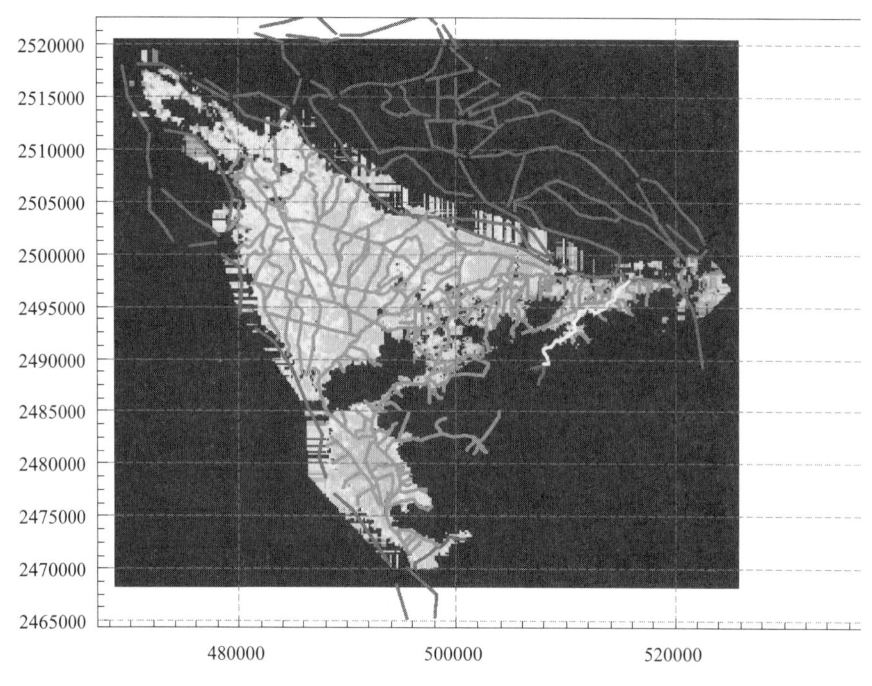

图 15-6　中山市主城区一二维模型图

四种频率洪水，外潮按照以闸排为主的多年平均潮位边界及以泵站为主的 2 年一遇高潮位边界进行工况计算，旨在分析发生超标准内涝（1%、2%）、设计标准内涝（3.33%）以及现状设计标准内涝（5%）情况下，受不同外潮位顶托下的各种情况内河道水动力变化情况。共计 8 种工况。

各计算工况表　　**表 15-3**

序号	内涝频率	遭遇外潮	说明
1	1%	闸排为主，多年平均潮位	超标准内涝分析
2	2%		超标准内涝分析
3	3.33%		设计标准
4	5%		现状设计标准
5	1%	泵排为主，2 年一遇高潮位	超标准内涝分析
6	2%		超标准内涝分析
7	3.33%		设计标准
8	5%		现状设计标准

15.4　中山市中心城区防洪治涝问题

（1）客观上，降雨强度增大，超过中山现有排涝标准，导致内涝发生频率增加；

（2）以前的雨水管渠设计标准偏低，存在部分隐患较多；

（3）水面率不足，许多河道、湖面被覆盖或填埋后盖房，造成中山市中心城区雨水调蓄能力有限，大部分雨水需要自排或者抽排走；

（4）河道宽度不够，输水能力不足，使雨水不能及时排走；

（5）作为承接中心城区大部分河道涝水的岐江河，其汛期水位高于部分内河道水位，排水受到顶托，不能自排进入岐江河段，排涝能力受限；

（6）传统的管道系统一般只解决小重现期的暴雨径流，目前中山市中心城区（主要包括东区、石岐区、西区、南区）排水规划的核心问题是大排水系统缺少顶层设计，排水能力偏低，受外部影响较大，没有应对超过管道设计标准的内涝防治体系。

而中山市作为旧城区，防洪治涝措施的实施又存在以下问题：

（1）河道现状行洪能力不足，拓宽河道征地与拆迁困难很大；

（2）河道整治，涉及与相关规划的协调及调整（总规、控规、土规和专项规划等）；

（3）河道揭盖涉及更多的问题，如黑臭水体治理、河道两侧居民意愿等。建议先实施其他工程项目，根据实施效果再考虑启动。

总之，中山市中心城区防洪排涝问题可总结为：雨大管小，调蓄库容小、主干排涝河道过水能力差，岐江河水位顶托，几乎从一级排水系统到二级排水系统都存在着问题，而彻底整治又存在实施困难，每次排涝治理缺乏系统设计，只针对市政管网进行改造，不能从根本上解决问题，所以就造成年年修管道年年受水淹的情况。

本次选取小隐涌和白石涌流域作为典型研究（图 15-7）。

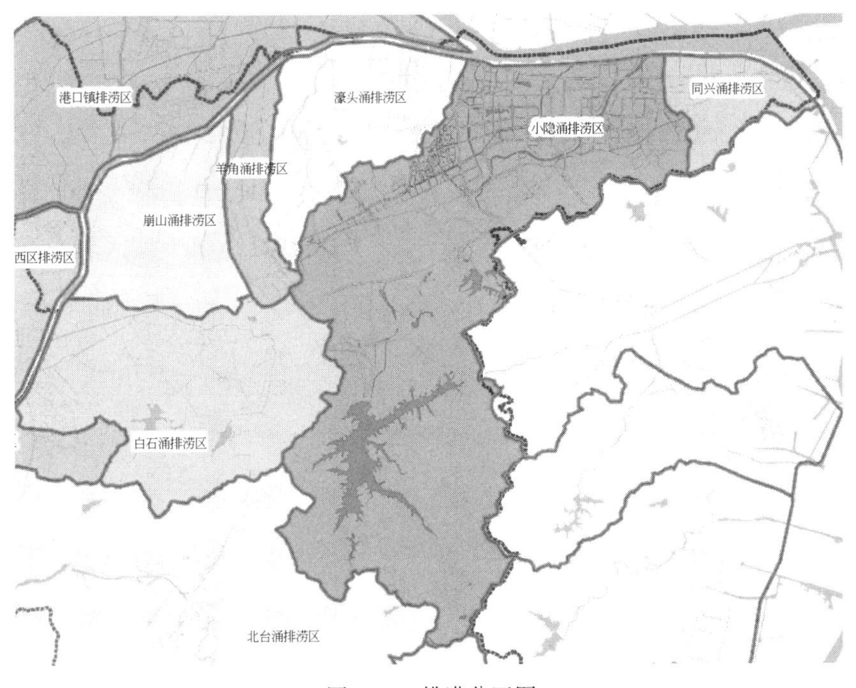

图 15-7　排涝分区图

小隐涌位于中山主城区中北部，集雨区面积为 57.53km^2（已扣除长江水库控制面积），目前已经形成了以河道、水闸、泵站为主排涝布局，主要有白雾围涌、同兴涌、玻璃围涌、永安涌、同安涌、小隐涌等排水通道直排横门水道，在河道口均设置有水闸，另外在白雾围涌现有白雾围泵站、同兴泵站、穗生泵站、洋关泵站，其中洋关泵站排涝流量为 130m³/s。

长江水库集雨面积 36.4km²，总库容 5040 万 m³，兴利库容 3463 万 m³，调洪库容 2000 万 m³。库区工程由主坝、溢洪道、泄洪洞、输水涵管、供水管道等建筑物组成。最大泄洪能力为 114m³/s，下游河道最大安全泄量为 160 m³/s，水库基本上可以全部调蓄集雨面积内 30 年一遇暴雨，因此可利用水库调蓄错峰。等下游涝水过后再泄洪。因此下游治涝计算时可以考虑扣除长江水库的集雨面积。

小隐涌目前排涝情况见表 15-4。

小隐涌现状排涝情况 **表 15-4**

现状	分类	集雨面积(km²)	30 年一遇 24h 设计雨量(mm)	洪量(万 m³)
洪涝水情况	山洪	36.4	331.9	906
	涝水	57.53	331.9	1432
	总计	93.93		2338
现状治理	防灾工程措施	具体工程	现状规模	排除洪量(万 m³)
治理情况	调蓄	长江水库调洪库容 2000 万 m³，水面 4.68km²	水面率 4.98%	906
	自排	河道，水闸	未达排峰要求	1043
	抽排	洋关泵站排涝流量为 130m³/s	低洼区排涝模数 2.25m³/(km·s)	921
	未解决洪涝水			389
	调蓄：自排：抽排	1：1.15：1.02		

白石涌流域位于中山主城区东边，片区集雨面积 29.61km²，下游地势较低，地面高程为 3～3.4m，目前该片区排涝河道主要有白石涌排水泵站排涝流量 120m³/s。

白石涌目前排涝情况见表 15-5。

白石涌现状排涝情况 **表 15-5**

现状	分类	集雨面积(km²)	30 年一遇 24h 设计雨量(mm)	洪量(万 m³)
洪涝水情况	山洪	6.62	331.9	165
	涝水	22.99	331.9	572
	总计	29.61		737
现状治理	防灾工程措施	具体工程	现状规模	排除洪量(万 m³)
治理情况	调蓄	金钟水库调洪库容 105 万 m³，石榴坑水库调洪库容 79 万 m³，水面 0.61km²	水面率 2.1%	165
	自排	河道	未达排峰要求	259
	抽排	白石涌雨水泵站排涝流量 120m³/s	低洼区排涝模数 3.77m³/(km·s)	399
	未解决洪涝水			313
	调蓄：自排：抽排	1：1.56：2.42		

15.5　中山市中心城区的防洪治涝策略

15.5.1　总体布局

中山市城市排涝系统可分为三个子系统：小排涝系统、中排涝系统和大排涝系统，分别对应低影响开发雨水系统、城市雨水管渠系统和超标雨水径流排放系统（图 15-8）。

以上三个子系统组成了一个完整的城市排涝系统，各个子系统之间密不可分、缺一不可。各子排涝系统发挥整体作用的前提和关键是，都需在上层次系统整治完善使之达标后，才能取得相应成效（图 15-9）。

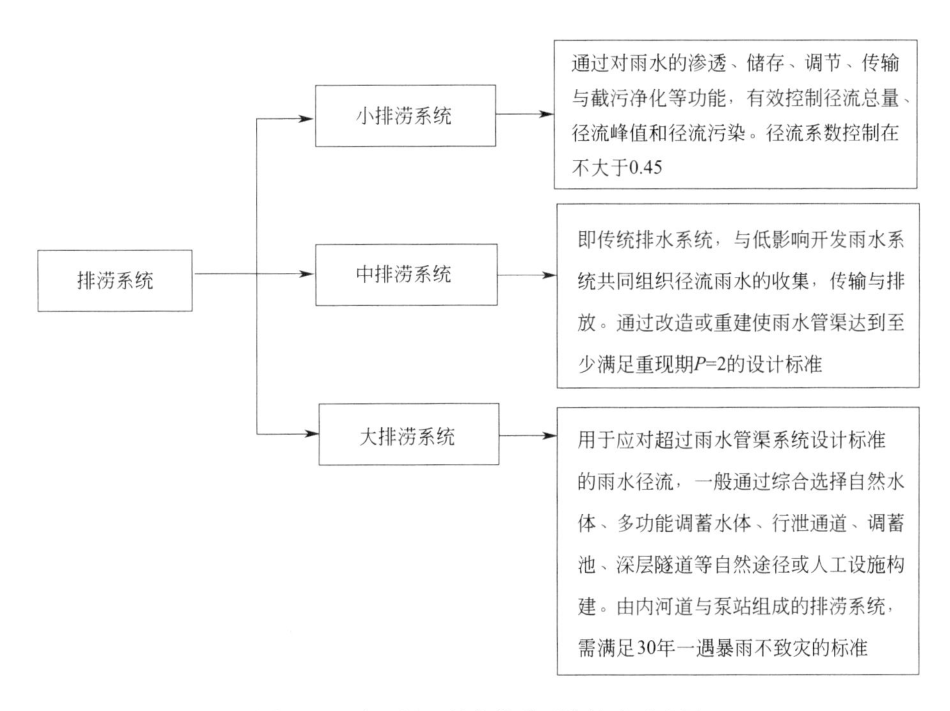

图 15-8　中心城区城市排涝系统构成示意图

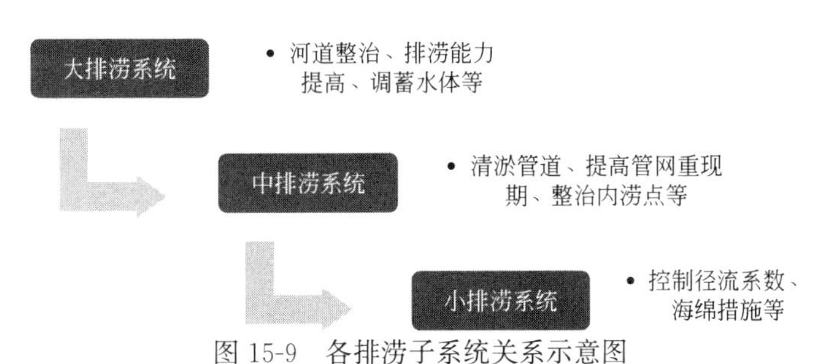

图 15-9　各排涝子系统关系示意图

15.5.2　分级治理策略

（1）大排涝系统治理方案

大排涝系统的治理是针对中心城区受雨涝影响较大的区域进行分析，提出河道、泵站与覆盖区的整治方案，主要是提高泵站排涝能力，增强河道输水能力。

1）河道整治

对城区范围内的河道过流能力进行校核，规划需拓宽白石涌、崩山涌、发疯涌上游段、石岐东部排洪渠、称沟湾河、西河涌与员峰新涌。

2）排涝泵站建设

结合地形、地势考虑，针对经常受到岐江河水位顶托影响的河道，规划设置排涝泵站。即在白沙湾涌、羊角涌、石岐东部排洪渠、莲兴涌、称沟湾河、西河涌与员峰新涌排入岐江河河口处设置排涝泵站。

3）覆盖渠整治

城区现状覆盖渠过水断面不足，需对部分覆盖渠进行揭盖拓宽，需整治的覆盖渠有九曲河、大滘涌、后岗涌、夏洋涌与下闸涌。

（2）中排涝系统优化方案（内涝点整治）

鉴于城区雨水管渠主要是标准偏低，病害较多导致排水能力受限，所以，2016～2020年中排涝系统整治重点是城区内涝点与病害治理；2021～2030年则是针对不满足重现期$P=2$的雨水管渠进行改造，以及新开发地区雨水管渠的建设。

（3）小排涝系统优化方案（源头减量、低冲击开发）

海绵城市按主要功能一般可分为渗透、储存、调节、转输、截污净化等几类。通过各类技术的组合应用，可实现径流总量控制、径流峰值控制、径流污染控制、雨水资源化利用等目标。造成中心城区内涝的主要因素是河道行洪能力不足和泵站排涝能力受限，所以小排涝系统的整治不是最为迫切的工作，小排涝系统优化可以分为两步走。

第一步，有条件实施的区域，可以海绵城市为载体优化小系统建设；

第二步，结合地块开发、旧城区改造、道路建设与湿地公园建设等同步优化。

小隐涌治理后防洪排涝情况见表15-6，白石涌治理后防洪排涝情况见表15-7。

小隐涌治理后情况 **表15-6**

现状	分类	集雨面积（km^2）	30年一遇24h设计雨量(mm)	洪量(万m^3)
洪涝水情况	山洪	36.4	331.9	906
	涝水	57.53	331.9	1432
	总计	93.93		2338
规划治理方案	防灾工程措施	规划工程	规划规模说明	排除洪量(万m^3)
治理情况	调蓄	长江水库调洪库容2000万m^3，水面4.68km^2	水面率4.98%	906
	自排	拓宽河道	达排峰要求	1432
	抽排	洋关泵站排涝流量为130m^3/s	低洼区排涝模数2.25$m^3/(km \cdot s)$	921
	调蓄：自排：抽排	1：1.58：0.26		

白石涌治理后情况　　表15-7

现状	分类	集雨面积(km^2)	30年一遇24h设计雨量(mm)	洪量(万m^3)
洪涝水情况	山洪	6.62	331.9	165
	涝水	22.99	331.9	572
	总计	29.61		737
规划治理方案	防灾工程措施	规划工程	规划规模说明	排除洪量(万m^3)
治理情况	调蓄	金钟水库调洪库容105万m^3，石榴坑水库调洪库容79万m^3，水面0.61km^2	水面率2.1%	165
	自排	拓宽河道	达排峰要求	572
	抽排	白石涌雨水泵站排涝流量120m^3/s	低洼区排涝模数3.77m^3/(km·s)	399
	调蓄：自排：抽排	1：3.46：2.42		

第16章 实例七（平原城市旧城区）——潮州市中心城区

16.1 项目背景

潮州市地处韩江三角洲平原向山地过渡地带，潮州市区除北面及东北面少部分低丘、残丘外，其余大部分是河口三角洲平原。潮州市中心城区的防洪工程的防御目标包括韩江的洪水以及西山溪等小河洪水，以及城区内部产生的涝水。

潮州市东临韩江，是典型的受洪影响的城市，随着韩江南北堤工程的建设，已能防御韩江50年一遇洪水，远期采用堤库结合联合调度，达到100年一遇的设防标准。

1976年西山溪截洪工程把古巷竹林村前向东迂回绕弯的13.5km河道（原河道改称“老西溪”），改道南流途经竹林山、寨后山、猪母山、枫洋农学院、龙船山和后陇山至凤塘镇深坑村与原河道汇合，高排渠长8.9km。通过西山截洪渠的建设，已将西部山洪截流至城区建设区外，城区由洪泛区变成易涝区。

本次研究是以潮州市中心城区作为受洪影响的平原城市旧城区典型代表，通过对现状涝区进行调查，并建立潮州市中心城区的河网及陆地一、二维水动力模型，通过模型计算来模拟潮州市中心城区遭遇各频率暴雨时受灾情况。根据潮州市中心城区自然特性及地形地势特点，结合潮州市中心城区发展提出的防涝要求，因地制宜地探索潮州市中心城区防洪治涝策略，可作为解决其他受洪潮共同影响城市问题的参考。

本项目高程系统采用85高程。

16.2 区域概况

16.2.1 地理位置

潮州市地处祖国南疆，位于韩江中下游，是广东省东部沿海的港口城市。东与福建省的诏安县、平和县交界，西与广东省揭阳市的揭东县接壤，北连梅州市的丰顺县、大埔县，南临南海并通汕头市和汕头市属的澄海区。全市总面积3679km^2，其中陆域3146km^2，海域533km^2，海（岛）岸线长136km。

16.2.2 流域气象

潮州市城区坐落于韩江河畔和榕江支流枫江的上游，以韩江为界，分为东、西两片。北溪、桂坑水、文祠水、金沙溪等水系位于韩江左岸城区东片；韩江右岸城区为连接枫江的西山溪、老西溪。另外，潮州市城区韩江两岸还建设有北关引韩、攀月头沟等引水工程。

潮州市地处低纬度，濒临南海，属海洋性季风气候，其特点是：光热充足，雨量充沛，气候温暖，夏长冬短。

潮州市属亚热带海洋性季风气候，气候温和，雨量充沛，终年常绿，四季宜耕。潮州市年平均日照 1985.8h，但年际变化较大，多的年份达 2345.3h；少的年份为 1786.4h；年平均气温 21.4℃，年际变化较稳定，气温高的年份为 21.9℃，低的年份为 20.8℃，相差只有 1.1℃，月平均气温最高的是 7 月，为 28.3℃；最低的是 1 月，为 13.3℃。

16.2.3 洪水

潮州市濒临南海，受海洋性东南亚热带风暴影响很大，洪水主要由暴雨产生。潮州市暴雨以锋面雨和台风雨为主，季节性强，强度大，范围广，年内分配不均。锋面雨主要发生在 4～6 月，台风雨主要出现在 7～9 月。据气象台记录，自 1959～2005 年，影响潮州市的台风有 106 个，平均每年 2.3 次，最多年份达 6 次（1961 年）。

每年 4～9 月汛期，雨量集中，降雨量大，造成江河水位上涨，易发洪水。韩江洪水具有峰高量大的特点，破坏性极大。据相关资料，发生在 1911 年 9 月 5 日的历史洪水，潮安站最高水位达 18.5m（珠基 17.75m），相应流量为 17000m^3/s，届时堤围溃决多处，淹没农田 92 万亩，受灾人口达 96 万人，损失惨重。自 1950 年有实测资料以来，韩江最大流量出现在 1960 年，潮安站流量 13300m^3/s，洪峰水位 17.6m（珠基 16.88m）；最高水位出现在 1964 年，潮安站水位 17.7m（珠基 16.95m），相应流量 12800m^3/s。

《韩江流域规划》对韩江干流的潮安站的实测洪水资料进行了统计分析（实测流量系列至 2005 年），潮安站的设计洪水成果见表 16-1。

潮安站设计洪水成果表　　单位：m^3/s　　表 16-1

均值	C_v	C_s	频率(%)		
			1	10	50
7460	0.43	$3C_v$	17800	11800	6790

16.2.4 水位

根据《韩江流域规划》，潮州市城区外围韩江干流水面线成果见表 16-2～表 16-4。

韩江干流设计洪水水面线成果　　表 16-2

地名	设计水位(85 高程,m)		
	$P=1\%$	$P=2\%$	$P=5\%$
潮安水文站	16.80	16.19	15.34
木材水运公司	18.64	18.01	17.14

西溪水面线成果　　表 16-3

附近地名	水位(85 高程,m)			
	$P=1\%$	$P=2\%$	$P=3.33\%$	$P=5\%$
潮州市造船厂	14.49	13.98	13.37	13.31

东溪水面线成果 表 16-4

附近地名	水位(85 高程,m)			
	P=1%	P=2%	P=3.33%	P=5%
胡昔	13.62	13.07	12.61	12.42

16.2.5 洪潮遭遇

根据《韩江中下游及三角洲河段设计洪潮水面线计算报告》，相对于韩江干流流域，本次计算区域内的支流基本上是集雨面积小、河长较短的山溪性河流。由于支流汇流时间短，韩江干支流洪峰遭遇机会小。根据韩江“97·8”洪水和“00·8”洪水期间的实测情况，当韩江干流发生洪水时，区域内的支流最大流量不足 2 年一遇。

因此，本次规划区域内韩江干支流遭遇按各设计频率相应 2 年一遇设计频率考虑。

除韩江干流外，流经潮州市城区的水系主要有西山溪、桂坑水和文祠水，由于最大的西山溪流域的集雨面积也仅 210.94km^2，面积较小，与城区内部排水渠道发生同频降雨的概率很大。

因此，本次规划区域内内河与内部排水渠道间按同频降雨考虑。

16.2.6 地形地势

中片区除西面和北面有部分山体地势较高外，其余地势较为平坦。城市规划建设用地的地面高程大致在 3～9m，地势呈东北高、西南低，河道具有一定的自排能力。现状以居民区为主，人口密集。

16.3 潮州市中心城区防洪治涝问题

（1）中心城区水面率不足，调蓄雨水能力低

在中心城区，由于人口密集，水面被严重挤占，水面率仅为 3.68%，致使城市内涝问题日益严重，迫切需要建设新的水体或扩大现有水体的水域面积，增加城区调蓄雨水的能力。

（2）中心城区主要排水主干河道排水能力不足

西山溪截洪渠两岸高程略高于 10 年一遇水面线，部分堤段低于 50 年一遇设计水面线约 0.5m，不能满足潮州市城区的防洪需要。

老西溪作为城区的主要排水河道，下游受西山溪顶托，七纵松排渠汇入口以下河段地面低于 30 年一遇现状水面平均达 4.1m。同时，老西溪自身过流能力也不足，七纵松排渠汇入口以上河段仅能勉强通过 2 年一遇的设计涝水，低于 30 年一遇设计水面线约达 2.5m，不能满足潮州市城区的排水需要。老西溪排水不畅，也直接影响了锡岗大排沟、三利溪、七纵松排渠等排水能力。

潮州城区现状防洪排涝问题见表 16-5。

现状防洪排涝问题 表 16-5

现状	分类	集雨面积(km^2)	30 年一遇 24h 设计雨量(mm)	洪量(万 m^3)
洪涝水情况	山洪	14.89	318.68	320

续表

现状	分类	集雨面积(km^2)	30年一遇24h设计雨量(mm)	洪量(万m^3)
洪涝水情况	涝水	80.94	318.68	1732
	总计	95.83	318.68	2052
现状治理	防灾工程措施	具体工程	现状规模	排除洪量(万m^3)
治理情况	调蓄	无	水面率3.68%	0
	自排	河道，水闸	未达排峰要求	540
	抽排	无		0
	未解决洪涝水			1512
	调蓄：自排：抽排	0：1：0		

16.4　潮州市中心城区的防洪治涝策略

（1）洪涝分治策略

潮州市中心城区的防洪排涝问题主要在于防止西山溪的洪水进入城区，同时，解决以老西溪为主要排水河道的排水问题。

（2）北截山洪策略

潮州市中片区涝区除西侧有西山溪截洪渠外，北部有山洪汇入，区域内30年一遇洪峰流量达533.7m^3/s，24h洪量达2052万m^3。

由于潮州市城区中片区建设用地紧张，老西溪古巷以下为潮州老城区，两岸地面平缓，房屋密集；北部为山丘区，老西溪的老城区段的上游，为减轻中心城区防洪负担，可结合城市建设情况实施截洪工程。

规划在中心城区北部山丘区修建一条截洪渠，截山丘区洪水高排入西山溪流域。从截洪工程实施效果来看，工程的实施可减轻涝区排水压力，区域内30年一遇洪峰流量减少为503.5m^3/s，为截洪前94.3%；24h洪量减少为1732万m^3，仅为截洪前的84.4%。特别是大大减轻了老西溪上游中心城区主要排水渠道锡岗大排沟和三利溪的排水压力，就中心城区北部而言，30年一遇洪峰流量和24h洪量减少了近一半，效果显著。

同时，规划建设的瓷湖位于城郊老西溪上游，规划集雨面积为6.5km^2，除具有洪水期调节洪水作用外，平时可作为一个景观湖泊，可以美化环境，增加群众旅游休闲娱乐的地方，提高人民的生活质量，提升未来潮瓷国际博览城的区域形象，拉动周边土地升值等综合社会效益；同时，枯水期老西溪水量较少，可通过该湖与娘坑水连通的截洪渠反向引娘坑水入水库，再放水入老西溪，为老西溪枯水期补水，从而改善其水环境。

娘坑水集雨面积为24.2km^2，河长14.8km，河道综合比降为17.9‰，河口处50年一遇洪峰流量为303m^3/s。北部山洪经北部截洪渠及瓷湖调蓄后下泄至娘坑水的横溪截洪渠。增加截洪后，娘坑水50年一遇洪峰流量增加117m^3/s，占原洪峰流量的38.6%左右，对娘坑水的横溪截洪渠影响较大，娘坑水横溪截洪渠需在现状（河宽30m）的基础上拓宽 10m，才能满足行洪要求。

（3）出口畅通策略

从现场调查及现状排水能力分析可知，老西溪受枫江顶托，河口水位达 5.2m，原高于两岸约 3.0m 的地面高程，从而导致排水不畅。

通过 4 个方案对比，见表 16-6，规划推荐老西溪河口深坑泵站强排方案，同时为提高泵站运行效率，并结合水环境、水景观需要，经现场调研，拟在排水泵站出口附近的玉带溪河口处（现状主要为鱼塘）建设人工湖（以下称“玉带湖”）进行调蓄，面积 0.33km^2。

中片区出口整治方案主要参数 **表 16-6**

方案	建设内容	控制点水位（m,85 高程）	工程投资（万元）	新增占地（m^2）	征地拆迁费（万元）	总投资（万元）
基本方案	（自排情况）	5.2	—	—	—	—
方案 1	恢复人工河(河宽 50m)	4.3	1800	—	—	1800
方案 2	(1)恢复人工河(河宽 50m)； (2)人工河河口建设 200m^3/s 泵站； (3)老西溪河口深坑水闸	3.9	36000	—	—	36000
方案 3	(1)扩宽人工河(河宽 80m)； (2)人工河河口建设 200m^3/s 泵站； (3)老西溪河口深坑水闸	3.0	37100	130000	1000	38100
方案 4（推荐方案）	(1)老西溪河口建设 200m^3/s 深坑泵站； (2)老西溪河口深坑水闸； (3)人工河河口建设 15m^3/s 泵站	3.0	40000	—	—	40000

注：1. 控制点水位指老西溪河口水位；

2. 为用作对比，方案 1 中增加单独解决人工河自身涝区排水泵站的工程；

3. 河道内工程不考虑占地，耕地、园地、林地征地补偿综合费用取 50000 元/亩，建设用地征地拆迁费用取 1000 元/m^2。

（4）排水干渠整治策略

潮州市城区中片区建设用地紧张，需结合城市总体规划及城市建设，在有限的条件下对区域内渠道进行整治。

老西溪、锡岗大排沟、三利溪、河浦沟、沟尾溪、七枞松排沟等排水渠道结合《潮州市中心城区排水工程专项规划（2012～2020）征求意见稿》（以下简称《排水专项规划》）的排水分区情况，在维持现状河道宽度的基础上进行整治，并结合河口泵站设置，控制渠道水位不高于地面。

（5）清障清淤策略

跨河桥梁部分标高不足，部分则净宽不足，在流域发生大洪水期间，该部分桥梁不但引起河道局部水位壅高，甚至成为危桥，危及行洪安全，敦促各行政主管部门对该部分桥梁进行改造。另外建议开展专题对沿线桥梁进行调研，科学合理安排跨河通道，及时拆除废弃桥梁，以减少桥梁间的壅水叠加效应。

治理后的防洪排涝情况见表 16-7。

治理后的防洪排涝情况　　　　**表 16-7**

现状	分类	集雨面积(km^2)	30 年一遇 24h 设计雨量(mm)	洪量(万 m^3)
洪涝水情况	山洪	14.89	318.68	320
	涝水	80.94	318.68	1732
	总计	95.83	318.68	2052
规划治理方案	防灾工程措施	规划工程	规划规模说明	排除洪量(万 m^3)
治理情况	调蓄	无	水面率 3.86%	0
	自排	整治河道，新建深坑水闸	达排峰要求	520
		新建北部截洪渠		320
	抽排	老西溪河口泵站排涝流量为 $200m^3/s$ 人工河河口泵站排涝流量为 $15m^3/s$	排涝模数 $2.66m^3/(km\cdot s)$	1212
	调蓄：自排：抽排	0：1：1.44		

第17章 实例八（平原城市新城区）——东莞谢岗镇粤海产业园

17.1 项目背景

粤海集团拟与东莞市联手建设广东粤海装备技术产业园，选址谢岗镇，拥有面积高达 17km² 的连片可开发土地。这也是贯彻省委、省政府关于加快经济发展方式、提高城市化发展水平战略部署的重大举措，对粤海集团打造自身战略发展平台、构建新的竞争优势，以及对东莞市产业转型升级、建设区域创新体系、形成新的产业集群具有重大意义。广东省政府对粤海装备技术产业园给予了很高的重视。

在这样的背景下，做好园区内的水系布局规划，保障园区的防洪排涝安全，改善园区水生态，提升水景观，为企业提供一个安全稳定、环境优美的园区环境是十分必要的。

谢岗镇所在地水系复杂，受下游水位顶托影响场地排涝的问题突出，研究粤海产业园防洪排涝问题可为受洪潮影响平原城市新区提供指导作用。

本项目高程系统采用国家 85 高程。

17.2 区域概况

17.2.1 地理位置

粤海产业园位于东莞市谢岗镇北部，谢岗镇位于东莞市东部，南与清溪镇接壤，西与常平镇相邻，西南接樟木头镇，北与桥头镇相邻，东与惠州市惠阳区沥林镇毗邻，是东莞市的东大门。谢岗镇中心位于东经 114°12′，北纬 22°57′。谢岗镇东距惠州 30km；南距深圳 60km；西北距莞城 42km，距广州 105km。京九铁路、广梅汕铁路和省道 S357 线横贯镇区，广梅汕铁路和京九铁路由东往西横穿镇区，在谢岗境内长达 15.8km，交通方便。

17.2.2 流域气象

谢岗镇水系发达，见图 17-1。现境内主要河流有 5 条截洪渠：黎村、大厚、谢岗、赵林和曹乐截洪渠，过境主要河流（内河承泄区）有潼湖水谢岗涌和石鼓水。5 条主要截洪渠作为排洪通道排山洪入外河谢岗涌。除曹乐截洪渠外，其余 4 条截洪渠均位于本次规划范围内。截洪渠之间的区域为涝区，通过支渠与谢岗涌、截洪渠相连，通过泵站强排解决区域内涝。

（1）谢岗镇产业园与潼湖水系的关系

谢岗镇产业园区的防洪排涝布局与其所属的潼湖流域，甚至石马河流域、东江流域均有较大的关联。

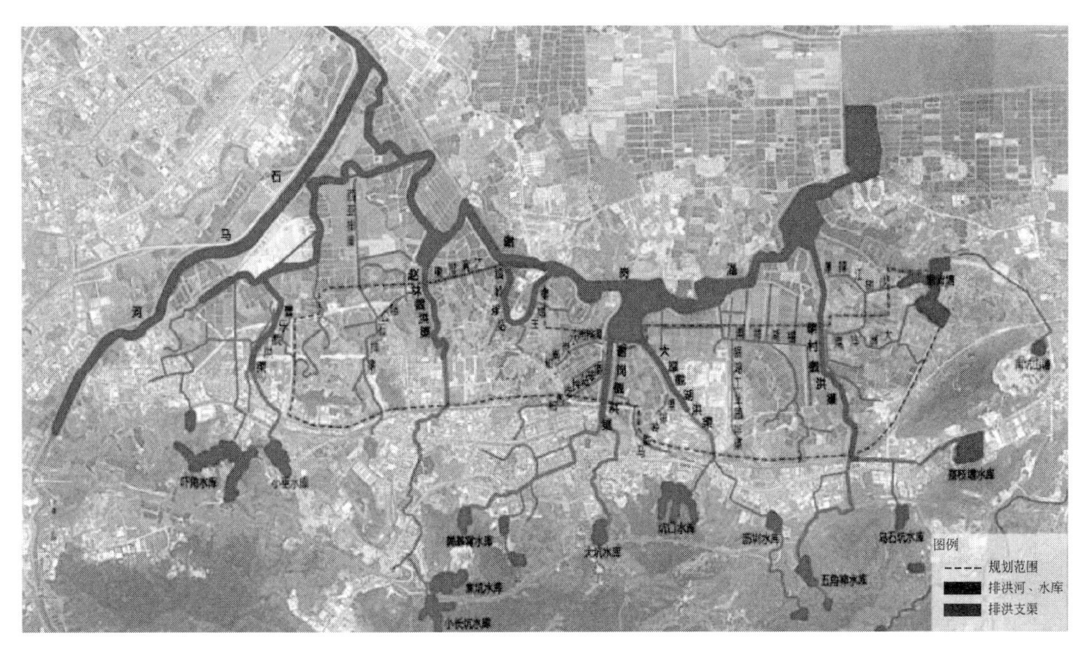

图 17-1　现状水系图

潼湖水集雨面积 494km²，东、南、北三面环山，地势由东向西北倾斜，形成一个簸箕型的淤积盆地，三和、黄沙、陈江、梧村等 11 条支流汇入潼湖平塘，再由谢岗涌、东岸涌分别排出石马河和东江。潼湖水一部分经东岸涌，通过东江段堤防上的东岸船闸、东岸泵站、石马河口的建塘反虹涵排出东江；另一部分经谢岗涌，通过石马河段堤防上的陈屋边水闸排出石马河，潼湖围、东岸船闸、东岸泵站、建塘反虹涵、陈屋边水闸、东岸涌、谢岗涌构成了潼湖水流域主要的防洪排涝体系。

1）陈屋边排水闸

该闸建于 1963 年，孔数共 5 孔，每孔设计断面为 4m×5m，底板高程 2.544m，设计流量为 150m³/s。水闸于 2013 年规划除险加固，工程分期进行：一期工程为原址原规模原功能拆除重建；二期工程为水闸扩建达标工程，项目建设待潼湖围达标加固工程确定具体建设方案后再一并建设实施。初步选定水闸总净宽 24m，3 孔×8.0m（净宽），水闸最大过闸流量为 592m³/s。

2）建塘反虹涵

该涵设在东岸涌出石马河（即新开河）处，建于 1964 年，孔数共 6 孔，每孔设计断面为 2.5m×2.5m，底板高程 2.244m，设计流量为 75m³/s。该涵任务是在不受东江洪水顶托时负责抢排围内的积水，年久失修，设备老化且损坏严重，规划拆除重建。

3）东岸船闸

东岸船闸又称东岸水闸。该闸位于基地堤围下游段东岸涌与东江交汇处，结合通航兴建，可利用东江洪峰间隙，当闸外水位低于内河道水位时，将平塘积水抢排至东江。该闸建于 1969 年，孔数 1 孔，宽 6m，高 9.3m，底板高程 2.144m，设计流量 64m³/s。2014 年船闸重建，净宽 10.0m、闸底高程 2.144m，水闸设计流量 241.4m³/s。

4）东岸排涝站

该站始建于1968年冬，1970年建成。站内安装16台机组，设计装机容量4480kW，实际装机容量4780kW（10台×280kW=2800kW，6台×330kW=1980kW），35kV变电站，设计装机流量为70.2m^3/s，该工程于2012年10月动工更新改造。

5）蓄洪区

蓄洪区包括平塘和河道等工程。1965年规划时，蓄洪面积27.2km^2，但现根据实测资料为17.7km^2，其中平塘6.2km^2，主要河道（东岸涌、谢岗涌、甲子涌）5.4km^2，其他（小河道）6.02 km^2。原设计平塘正常蓄水位为5.244m，滞洪最高水位为7.744m，平塘堤高为9.244m。现正常蓄水位为5.744m，实际蓄洪水位为8.244m左右。

东岸涌现状全长11.95km，通过东岸排水闸、排涝站及建塘反虹涵将潼湖流域来水排至东江；谢岗涌现全长9.65km，通过陈屋边排水闸将潼湖流域来水排至石马河。经过模型计算，潼湖流域10年一遇谢岗涌洪水位高达10.5m以上，而园区内地面高程大多为7～9m，因此园区内大部分区域均无法自排，需要通过泵站排出涝水，同时还需要加固谢岗涌沿线堤防抵御潼湖流域洪水。

（2）谢岗镇产业园与东江保护水源的关系

现有石马河调污工程存在拦污能力低、排污能力小、塌坝时间长、运行不便等问题，单靠此工程的运行调度，难以满足东深供水工程及下游水厂对原水水质的要求。

为加大保护东江水质的力度，有关部门拟建设石马河河口东江水源保护一期工程。规划拆除现状橡胶坝，在河口新建水闸，扩建引污箱涵，工程设计引水流量198m^3/s。新建水闸正常运行水位为4.944m，远期最高运行水位7.0m。由于远期最高运行水位大于5.744m（潼湖常水位），规划新增陈屋边排涝泵站，装机规模5000kW，设计流量77m^3/s，在石马河水位高于潼湖水位时，利用泵站抽排污水至石马河。此外，由于工程年久失修，原规模重建建塘反虹涵和扩建陈屋边水闸。通过以上工程将石马河日常污水大部分引入小海河，并通过东引运河在虎门排至出海口，见图17-2。

产业园内河道日常水位景观水位，与潼湖、石马河水位相关密切，进而影响地坪标高，以及泵站的起排水位等。为了与潼湖、石马河常水位衔接，避免污水反渗，以及泵站启用频繁，产业园常水位不宜太低，排涝最高水位应高于潼湖正常蓄水位5.744m。

谢岗项目区属于潼湖流域，潼湖流域地处沿海台风及内陆锋面雨区的过渡地带，暴雨相对较少，年雨量分布也不均匀，冬春干旱，夏秋洪涝，4～9月雨量占80%以上。平均年雨量1579mm，多年平均径流深800mm，最小年降雨量813.6mm（1963年），最大年降雨量2428mm；最大年蒸发量2080mm（1967年），平均蒸发量1340mm。多年平均气温21.5℃，月平均气温最低为1月份14.1℃，最高为7月份31.2℃。

多年平均相对湿度80%，多年平均日照时数为2060h，年日照时数最多为1963年2572h，最少为1973年858h。锯博罗气象站1957～2002年资料统计，多年平均风速1.6m/s，最大风速25.2m/s，历年最大平均风速14.1m/s，春夏多吹东南风，秋冬吹西北风。

17.2.3 洪水

年内雨量呈“双峰”分布，两个高峰分别为6月份的“龙舟水”和8月份的“白露水”；暴雨类型主要有锋面雨和台风雨，锋面雨一般发生在4～6月，降水范围和强度大、历时长；台风雨一般出现在7～9月，降水范围小、历时短、强度大，一次暴雨持续时间

图 17-2　石马河橡胶坝调水排水示意图（箭头表示水流方向）

多在 3 日以内，以 1 日为主。从降水量及过程特征分析，造成局部地区洪涝灾害的降水主要为短历时暴雨，其特点是暴雨历时短而强度大。洪水由暴雨形成，洪水出现时间与暴雨出现时间相一致，也大多发生于 4～9 月。本区属于湿润地区，一般为蓄满产流，且产流量较大，一般情况下，当雨强大于 5mm/h 即产流，而且由于河道坡降较陡，汇流较快。

17.2.4　雨洪遭遇

"08・6"洪水发生期，石马河流域发生 25 年一遇的降雨，遭遇到潼湖水 10 年一遇的降雨。东江流域据博罗实测水文站最大洪峰流量为 7070m^3/s。

因此，模型边界东江采用实测"08・6"洪水过程，产业园与潼湖流域同频遭遇；潼湖与石马河流域同频遭遇。下游东江三角洲各口门采用多年平均高潮位。

17.2.5　地形地势

谢岗镇属于平原丘陵区，丘陵山地占全镇面积 40%，平原占 60%。镇区内莞惠（莞城—惠州）公路以南为丘陵山区，莞惠公路以北为埔田区。地势南高北低，南部丘陵山区群山连绵，似波浪相涌，又如无数骏马奔驰，蔚为壮观；北部平原埔田区湖泊、鱼塘、水库、山塘星罗棋布。

17.2.6　一维数学模型

（1）模型建立

采用 MIKE11 水动力数学模型软件，利用地形、水文资料，建立一维水动力数学模型，见图 17-3。根据现状水系布局可知，项目区主要水系为谢岗涌支流，而谢岗涌作为连接潼湖流域和石马河的主要排水通道，与整个东江流域关系密切。因此，本次一维水动力数学模型研究的范围包括整个东江三角洲，其中对于本项目区所在谢岗镇水系细化至每条内河道，包含现状水闸、泵站。

经过"08・6"实测洪水的率定验证后，计算结果与实测值基本吻合。

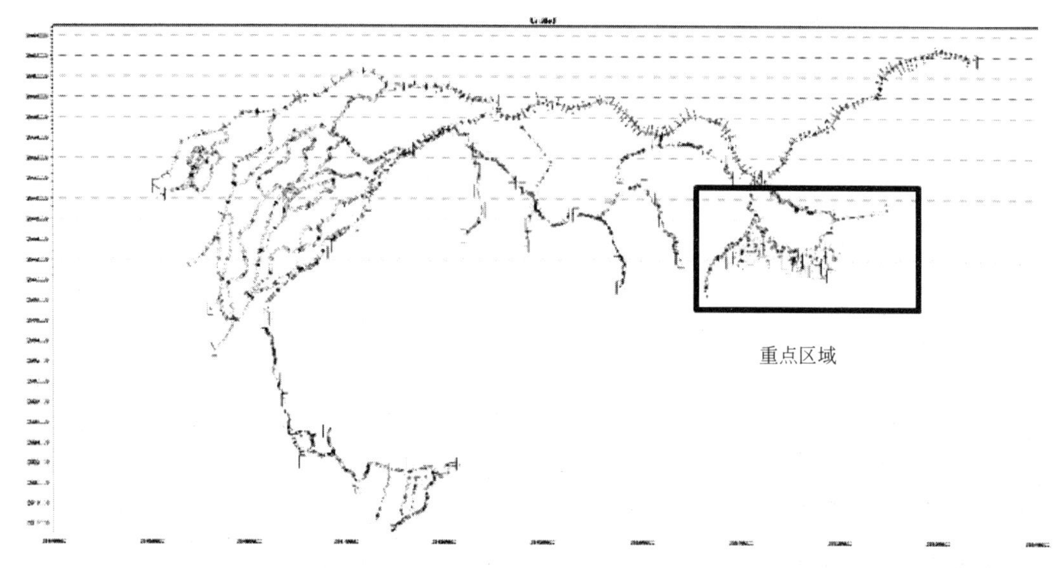

图 17-3　粤海产业园排涝计算范围在珠三角河网位置示意图

（2）边界条件及设计工况

2008 年 6 月 12～18 日谢岗镇降雨量 359.5mm，其中 6 月 13 日 24h 雨量为 247mm，为有记录以来最大日雨量。6 月 13 日，潼湖围内水位达到 9.64m，超历史最高水位 20cm，因此，本次计算以“08・6”作为外边界水文条件。

17.3　东莞谢岗镇粤海产业园防洪治涝问题

（1）四条截洪渠分割园区地块，制约了土地整体使用，影响区域景观。

受谢岗涌洪水顶托，园区内四条截洪渠水位较高，为了满足防洪需求，各渠现状均建有防洪堤岸。根据地形图，防洪岸堤与现状地面高差较大，渠道堤防将园区核心地区分为 4 个涝区。根据《广东粤海装备技术产业园总体规划（2014～2030）》，中部城市综合服务区作为园区功能发展区，承担园区主要的综合服务功能，为园区人口提供居住、游憩、出行的条件和场所，并作为第三产业集聚发展的核心地区，带动整个园区的社会经济发展，与老镇区形成互补。现状河堤分割了地块，严重制约了土地的利用，造成园区内交通困难、景观差，进而影响土地价值，同时另外 4 条截洪渠的堤岸加固也占用部分园区土地面积。因此，本次遵循“排南水，挡北水”的基本布局，充分利用南部水库的调蓄作用，减少进入北部涝区的洪水。同时考虑合并排洪通道，减少截洪渠条数，降低两岸河堤，减少河道对地块的分割，增强水景观功能。见图 17-4。

（2）现状防洪能力不能满足未来发展需求。

随着东莞市城市化的进一步发展，防洪标准和排涝标准不断提高。本次规划产业园区内谢岗涌和各截洪渠防洪标准为 50 年一遇，区内各涝区排涝标准为 50 年一遇。通过前述 MIKE11 水动力数学模型计算结果可知，在遭遇潼湖流域 10 年一遇洪水，同时园区内发生 50 年一遇洪水时，赵林截洪渠、谢岗截洪渠、大厚湖截洪渠、黎村截洪渠洪水位均达到 11.0～11.5m，已达到甚至超过现状河堤高程，均不能满足防洪需求。

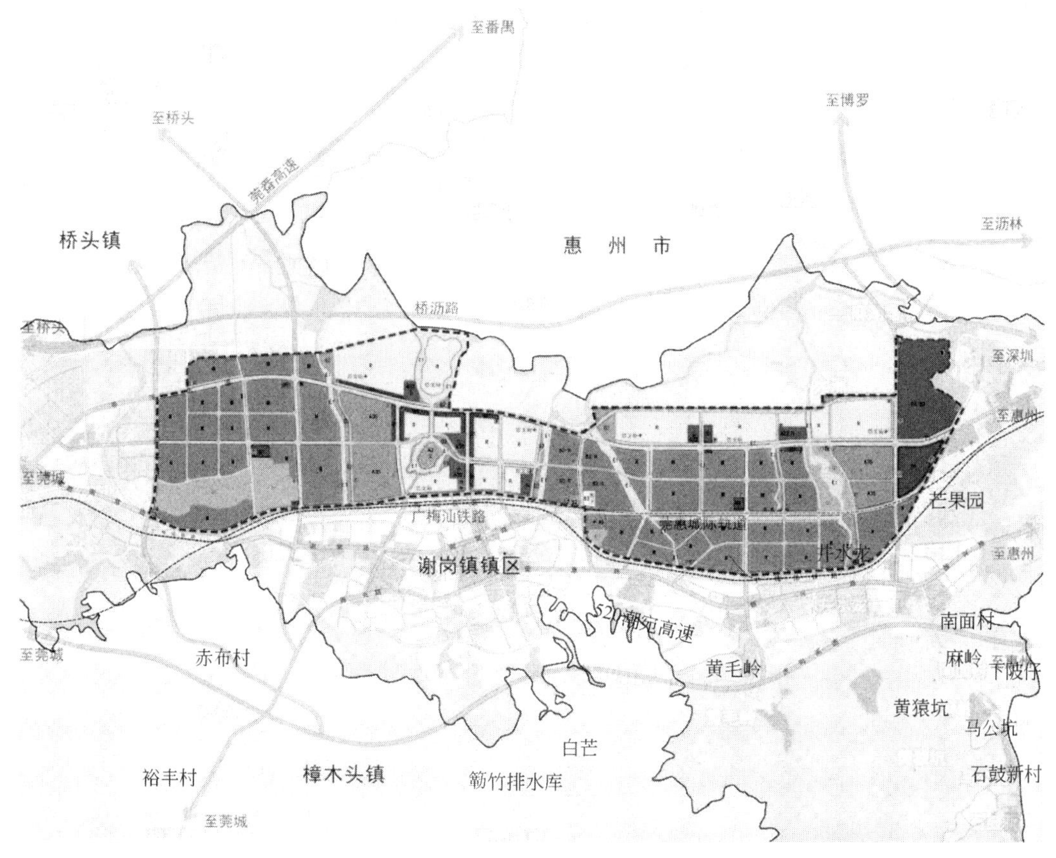

图 17-4　粤海产业园土地利用规划图

（3）外江谢岗涌洪水位高，对内河顶托严重。

潼湖流域处于东江、石马河洪水夹击之中，泄水能力弱，因此该地区一直被称为洪泛区。当潼湖流域发生暴雨洪水时，潼湖围内水位上涨速度较快，持续时间长，一般达 3～6 天，谢岗涌洪水位经常达到 9 m 以上，对围内洪水造成顶托，使得排水不畅。

2005 年 6 月，东江中上游普降大雨至大暴雨，6 月 16～23 日，东岸船闸、建塘反虹涵、陈屋边水闸全面开启，排水流量约 150 m^3/s，累计开机排涝时间 167h，堤内受灾情况严重。2008 年 6 月 12 日，潼湖基地及周边地区普降暴雨，1 天内降雨量 234mm。平湖水位从 8 时的 5.34m 到 18 时的 7.84m，10h 水位平均上涨速度为 0.25m /h。

由于园区内地势较低洼，而谢岗涌洪水位较高，持续时间也较长，因此对内河顶托严重，围内一旦发生暴雨，水闸不能自排，围内涝水仅能依靠河湖调蓄，以及泵站强排才能解决。

（4）流域下垫面变化，径流洪水增加，调蓄水体减少。

谢岗镇原以农业生产为主，北部低洼地区有大量的鱼塘、农用地。随着产业园区的开发推进，不透水地面将大幅增加，原有耕地、洼地及鱼塘大量被填，下渗减少，径流量增加。水体被填使滞蓄能力减少，产汇流时间缩短，径流通过地面、管道迅速汇集于河道，使河水位升高，洪量增大，加剧了洪涝灾害。

谢岗镇粤海装备技术产业园总面积 1761.73ha，现状建设用地 402.50ha，占规划区总面积的22.85%。因为地势低洼，河塘水系较多，水域面积650.44ha，占规划区总面积的36.92%。

根据总体规划，至2030年规划区内土地利用分为城乡建设用地和水域用地两大类型。规划至2030年，城乡建设用地为1640.07ha，将达到总用地的93.09%；水域面积为121.66ha，占总面积的6.91%。

建设用地中以工业用地为主，结合现状产业园的发展，未来粤海产业园将进一步带动企业的发展，形成西部汽车零部件产业片区和东部高端装备制造片区两大工业园区，总面积为470.48ha，占总用地的26.71%。配套工业园形成89.87ha的仓储用地，占总用地的5.10%。

规划到2030年，规划范围内的居住用地面积为270.65ha，占总用地面积的15.36%；公共管理与公共服务设施用地142.38ha，占总用地的8.08%；未来奥特莱斯等商业的入驻将带动本地区的商业发展，规划到2030年商业服务业设施用地118.29ha，占总用地的6.71% 。此外，有55.63ha的商业和居住混合用地。

规划期末将保留现状园区西部的山体，形成规划区内的主要生态景观公园，同时规划区内结合多条南北向水系形成楔形公园绿地，规划将形成91.27ha的公园用地，结合231.75ha的防护绿地，绿地与广场用地占总用地的18.34%。在现状水域的基础上进行河道的疏通和整治，连通局部地段的水系形成网状，规划水域面积为121.66ha，占总用地的6.91%。

从上述分析看，产业园区今后发展将缩减现状水面达528.78ha，占产业园区的30%，按照粗略估算，该部分面积将增加产水量达25%，洪峰流量也相应增大，排涝压力显著增加。

（5）河道淤积较严重，部分排水建筑老化严重。

近年来，随着经济的发展和人口的剧增，建设用地需求增大，对河道进行缩窄、侵占、堵塞，废弃堰坝及岸边建筑与生活垃圾淤塞河道造成过流断面缩窄，同时由于底泥的严重淤积，导致河道过流断面萎缩，严重影响河道的过流能力及可调蓄能力，尤其对于各截洪渠受谢岗涌洪水顶托后渠内水位较高，淤积后的河道断面必然增加了防洪压力，因此针对防洪现状实施相应清淤工程显得尤为必要。部分排站建设年代久远，超过排涝工程使用年限，效率较低，例如镇岭排站、和尚岗排站、鸡公石排站等，建设年代大多为20世纪70年代，距今已运行超过40年，而且年久失修，排水能力严重不足。

现状防洪治涝问题见表17-1。

现状防洪排涝问题 **表17-1**

现状	分类	集雨面积(km^2)	30年一遇24h设计雨量(mm)	洪量(万m^3)
洪涝水情况	山洪	35.8	334	897
	涝水	34.6	334	867
	总计	70.4		1764
现状治理	防灾工程措施	具体工程	现状规模	排除洪量(万m^3)
治理情况	调蓄	河道未整治，调蓄能力弱，鱼塘多	水面率37%	62
	自排	涝水不能自排		897

续表

现状	分类	集雨面积(km^2)	30 年一遇 24h 设计雨量(mm)	洪量(万 m^3)
治理情况	抽排	排站 11 座，总排水规模 107.5m^3/s	排涝模数 3.1m^3/(km·s)	709
	未解决洪涝水	不足 10 年一遇		95
	调蓄：自排：抽排	1：14.5：11.4		

17.4　东莞谢岗镇粤海产业园的防洪治涝策略

17.4.1　防洪策略

（1）外围潼湖围防洪体系布局

产业园各截洪渠水位直接受谢岗涌影响，而谢岗涌为潼湖流域主要排水通道，因此本次须对潼湖流域进行计算分析。潼湖流域地处珠江三角洲腹地，东江中下游南岸，惠州市西南部。潼湖水是东江一级支流，石马河右岸和东江左岸建有潼湖围，设计防洪标准为 50 年一遇，分为潼湖围东江段和石马河段两段堤防。潼湖水一部分经东岸涌，通过东江段堤防上的东岸船闸、东岸泵站、石马河口的建塘反虹涵排出东江，另一部分经谢岗涌，通过石马河段堤防上的陈屋边水闸排出石马河。潼湖围内有 18 条二级堤围，控制集雨面积 149.5km^2，其中平塘周边辖区内建有约 40.395km 的堤防，该堤防是潼湖围内的子堤，基地堤防堤顶高程大多数为 9.0～11m 以上，基地分为军垦一分场、军垦二分场、军垦三分场、军垦四分场。

如果潼湖流域发生 50 年一遇洪水，产业园区同频遭遇，计算谢岗涌各节点水位见表 17-2，此时谢岗涌园区段水位在 12.25～13.31m 之间，各截洪渠水位受其顶托将进一步抬高，而谢岗镇地面高程多在 9～11m 之间，其中谢岗镇政府地面高程在 12～13m，谢岗镇主干道振兴大道路面高程在 11～15m 之间，镇区多数区域地面高程远低于上述洪水水位，将造成严重灾害损失。

潼湖流域子堤按 50 年一遇标准加固后谢岗涌水位　　表 17-2

谢岗涌水位点位置	50 年一遇洪水位(m)
曹乐截洪渠汇入口	12.25
赵林截洪渠汇入口	12.48
谢岗截洪渠汇入口	12.96
大厚湖截洪渠汇入口	12.98
黎村截洪渠汇入口	13.31

针对上述可能出现的情况，本次从近远期分别考虑相应工程措施以实现产业园区及整个谢岗镇的防洪安全：①近期按潼湖现状 10 年一遇标准二级堤防遭遇 50 年一遇洪水发生溃堤情况考虑，计算得此时谢岗涌园区段水位在 11.29～11.02m 之间；②远期考虑区域未来发展趋势，潼湖二级堤防按 50 年一遇标准达标加固后进行分析，通过数学模型计算后发现此时导致流域水位抬高主要原因有两个：东岸涌水闸宽度较窄致使闸上下游水头差

较大（最高达3.68m）、东岸涌河道本身存在局部卡口制约排水能力。结合东岸涌现状，分别对扩宽东岸水闸至35m（根据该处河宽设定）及扩宽东岸水闸同时按40m最小底宽对东岸涌进行拓宽两种设计工况进行计算，结果见表17-3，可见，此时谢岗涌水位得到大幅降低，工程实施效果明显，能有效应对流域洪水，满足防洪需求。潼湖流域为惠州市和东莞市共同治理，为了未来两地的防洪安全，建议两地及早对接谋划，共同对东岸涌及东岸涌水闸进行整治。

规划整治工程实施后谢岗涌水位　　表17-3

谢岗涌水位点位置	拓宽东岸水闸后水位(m)	扩宽东岸涌水闸同时拓宽东岸涌后水位(m)
曹乐截洪渠汇入口	10.16	9.44
赵林截洪渠汇入口	10.37	9.38
谢岗截洪渠汇入口	10.76	9.23
大厚湖截洪渠汇入口	10.78	9.19
黎村截洪渠汇入口	10.96	9.08

（2）园区防洪布局方案比选

根据以上分析，暂不考虑未来东岸涌整治情况，按近期潼湖二级堤防10年一遇的现状标准对园区防洪布局方案进行比选分析。

①方案一：建立水闸泵站联合排涝工程（比较方案）

针对现状河堤过高，分割地块的情况，规划通过建设水闸泵站，对南部山洪进行抽排，降低截洪渠洪水位，从而拆除相关截洪渠堤防，实现土地整体利用。

规划在现有水系基础上连通河道，形成一条东西向排渠，将园区作为一个整体防洪排涝区域，通过在各截洪渠河口处建电排站，对南部山洪和区内涝水进行抽排；同时，利用现状黎村截洪渠下游弯道处和林屋边环湖调蓄水面进行扩挖，修建调蓄湖，兼顾调蓄洪水和改善水环境、营造水景观作用。方案一总体布局如图17-5所示。

通过设定不同流量的抽排泵站作为各计算工况对园区整体防洪布局进行计算分析，结果见表17-4。

不同规模泵站抽排下各截洪渠水位（方案一）　　表17-4

渠道名称	里程	水位(m,85高程)				
		现状	各渠河口处设泵站流量(m^3/s)			
			20	50	100	150
赵林截洪渠	380(上游)	11.27	9.74	9.30	7.77	7.18
	1645.7(中游)	11.27	9.74	9.30	7.71	6.36
	2384(下游)	11.27	9.74	9.30	7.67	5.88
谢岗截洪渠	218(上游)	11.45	9.75	9.28	7.73	6.77
	818(中游)	11.45	9.75	9.28	7.70	6.63
	1018(下游)	11.45	9.75	9.28	7.70	6.63

续表

渠道名称	里程	水位(m,85 高程)				
		现状	各渠河口处设泵站流量(m^3/s)			
			20	50	100	150
大厚湖截洪渠	353(上游)	11.47	10.10	10.06	10.03	10.01
	1141(中游)	11.46	9.75	9.28	7.79	7.74
	1835(下游)	11.46	9.75	9.28	7.72	6.74
黎村截洪渠	390(上游)	11.59	9.76	9.26	8.74	8.72
	1864.5(中游)	11.59	9.74	9.24	7.74	6.77
	3261(下游)	11.59	9.74	9.24	7.71	6.53

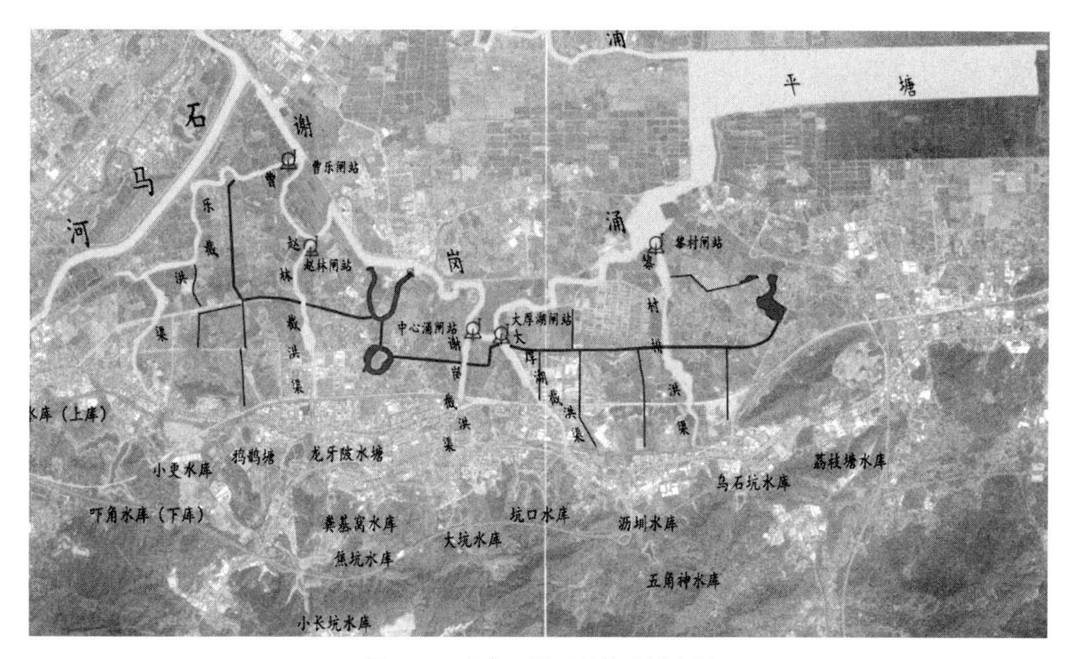

图 17-5 方案一园区总体防洪布局

根据以上计算结果，可以看出，通过工程性手段达到降低水位的目的造价是比较大的，即便在充分利用调蓄的情况下，要使园区内各截洪渠水位降低到与区内地面高程相当的高度，需要在各渠汇入谢岗涌的河口附近建造各 $150m^3/s$ 流量的泵站抽排洪水。其中赵林截洪渠、大厚湖截洪渠中上游河段由于局部狭窄卡口影响，当泵站规模加大至 $100m^3/s$ 之后水位下降效果不明显，因此针对这两条截洪渠，抽排并不能降低其上游水位。而且考虑一定的地面安全超高，需要进一步降低区内洪涝水位至 6.5m，从而产生更高的建设及运行成本。

②方案二：优化防洪布局，减少外排通道（推荐方案）

本方案考虑将区内三条排洪通道合并，减少排洪渠，尽可能少地减少防洪堤对地块的分割。

规划通过新开挖连接渠，将谢岗截洪渠和黎村截洪渠接入大厚湖截洪渠，同时在谢岗截洪渠和黎村截洪渠连接处建造节制闸，将两渠的上游山洪引入大厚湖截洪渠。至此，拆除谢岗渠、黎村渠三条截洪渠堤防，将两渠作为内排河道，园区内保留赵林截洪渠、大厚湖截洪渠作为主要排洪通道，很大程度上保证了园区土地利用的整体性、减少了对区域景观的破坏。本方案整体布局见图 17-6。

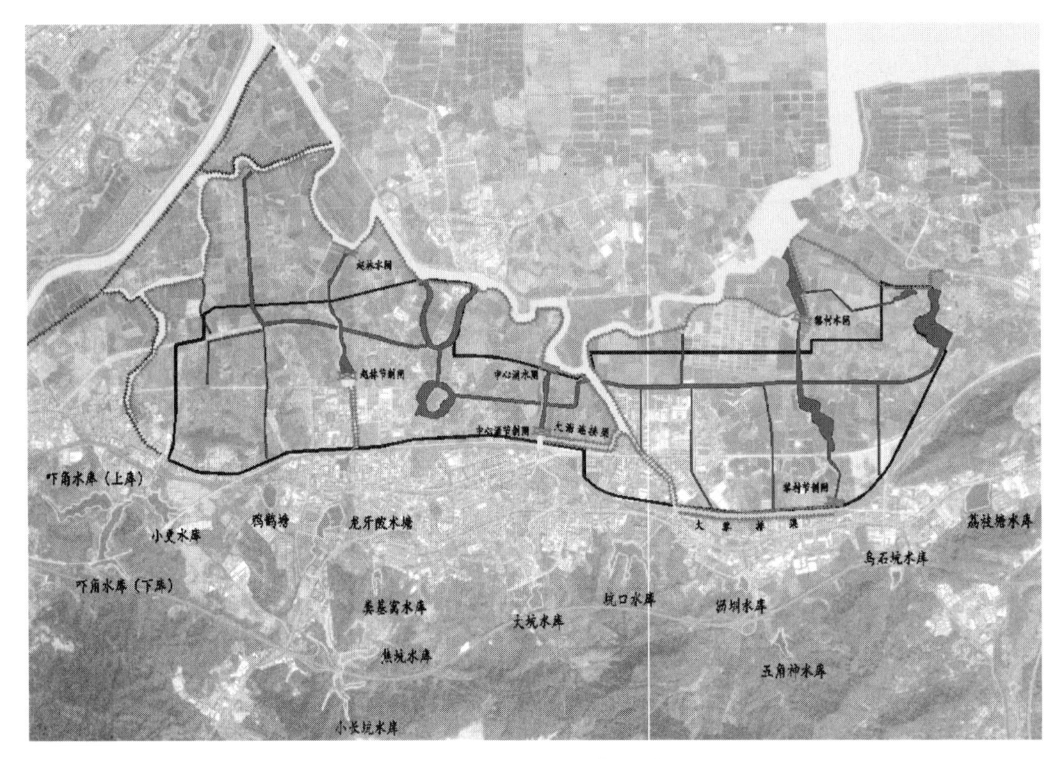

图 17-6　方案二园区总体防洪布局

③方案比选

方案一通过兴建水闸泵站工程实现对园区洪、涝水的整体抽排，能有效降低园区各截洪渠洪水位，从而达到降低防洪岸堤的目的。方案一的优点是全面降低了区内的防洪堤高度，同时避免了征地拆迁和河道改造工程。但是，通过计算分析可知，要达到园区内的防洪控制水位，所需泵站规模非常大，因此其需要的建设和运行成本也是巨大的。

方案二通过优化排洪通道，在减少排洪渠进而减少防洪堤的同时，有效地排除了区内洪水，保障了园区的防洪安全。方案二的优点是减少了泵站建设的投入，同时区内各截洪渠的连通实现了园区日常水体置换，增强了水体流动性，对改善园区的水环境，营造水景观起到促进作用。本方案缺点是部分新开连接渠道涉及征地拆迁工程。

综合考虑以上两个方案，方案一建设成本大，同时需要后续的运行投入；而方案二避免了泵站的建设投入，其连接渠开挖工程可尽量选择沿园区未来规划道路或利用现状已有渠道进行扩挖连接，从而减少征地拆迁费用。综上，选取方案二作为本次防洪规划的整体布局。

17.4.2　治涝策略

（1）园区水系重构

根据集水范围、道路设施情况以及水景观需求，园区内规划主要排涝通道以“一横多纵”为总体格局，一横是园区内的主排通道，主要沿着规划的粤海大道、中心大道，形成东西走向排渠，横向主排渠的作用一是可连接已成为内排通道的黎村截洪渠、谢岗截洪渠以及赵林截洪渠，充分利用其河道有效调蓄容积；二是避免多条纵向主排通道布设，园区内现状地势仍是南高北低，园区开发不能一蹴而就，因此通过纵向支渠收集涝水，汇集到横向主排通道；三是便于排涝设施布置，通过主排通道贯通园区，使整个园区作为一个涝区考虑，可选择在合适位置布设 1～2 个较大规模排站，即可解决内涝问题，避免分割成多个涝区，管理分散、效率低下；四是东西贯通，为水系之间水体交换打下基础。粤海产业园排水水系布局见图 17-7。

根据新的河道布局，原有的谢岗截洪渠、黎村截洪渠由原来的排洪通道变为排涝河道，目前两条截洪渠河底高程均较高，为充分利用河道有效调蓄容积，需要对两条截洪渠进行河道治理，适当清淤、加固堤脚，同时结合两岸景观需求，美化沿河两岸。

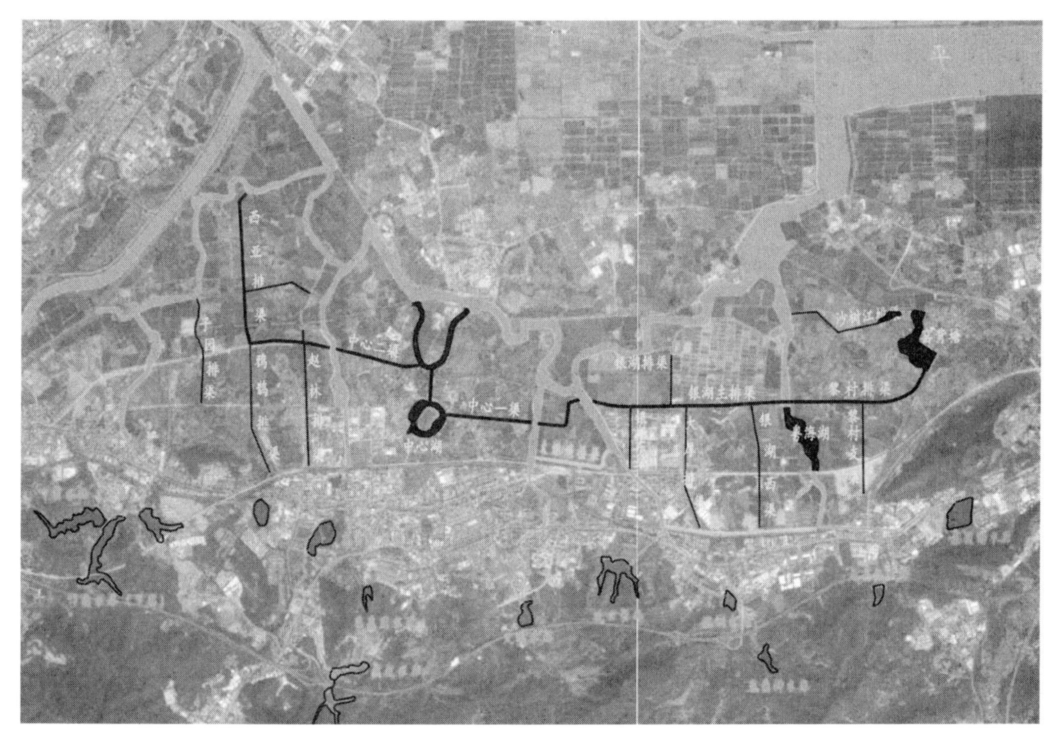

图 17-7　园区水系布局图

（2）雨水调蓄设施

根据规划区域的地形水文情况，结合粤海产业园总体规划，在产业园区内新建两个人工湖——中心湖和粤海湖。

中心湖呈环状水域，水域面积约为 11.26ha，粤海湖结合河道，呈流线状，水域面积约为 17.32ha，这两个调蓄湖均由主排通道相连，可保障园区内涝水的调蓄。

另外，位于园区范围之外，黎村涝区内的窑背塘是沙树江和大洲排渠的原有调蓄水体，其水面达到 17.5ha，也是园区排涝的重要调蓄水体，应予以保留和维护，根据模型计算，三个调蓄湖可使得园区内涝水位下降达 0.4m。

（3）泵站水闸建设

根据对园区内现状地块的高程分析，地面最低为黎村涝区，其最低高程仅为3.58m，黎村涝区园区范围内平均高程也仅为7.28m，其次为谢岗涝区，再次为大厚湖涝区。由于园区建设需要大量填土方量，为减少外购土，节省成本，选择合理控制水位是十分必要的。园区内控制水位分别取5.5m、6.5m以及7.5m三个比较方案，见表17-5。

根据规划后的排水布局，现在仍可继续使用的排站有7座，排水规模为82.97m^3/s。在20年一遇24h暴雨一天排干不成灾的标准下，起排水位按5.0m运行，控制水位分别为5.5m、6.5m以及7.5m各需新建泵站规模分别为250m^3/s、60m^3/s、0m^3/s，见表17-5。从表中可见，河道有效调蓄容积越小，泵站要求的规模越大，起排水位5.0m，至控制水位5.5m，河道有效调节水位变化幅度仅有0.5m，对泵站的要求是非常大的。结合投资及竖向标高考虑，本次推荐方案二，即按6.5m水位控制，规划建设泵站60m^3/s，起排水位为5.0m。按园区水景观要求，园区内河道景观水位为5.0～5.5m（园区常水位），可通过泵站预抽解决。

泵站选址在谢岗截洪渠汇入口、黎村截洪渠汇入口，分别建设20m^3/s、30 m^3/s排站，赵林片区在草仔埔新建10 m^3/s泵站。另外由于截洪渠合并，行洪布局发生改变，园区外有两处低洼地方，原属于谢山涝区及大厚湖涝区，按要求需要分别新建2个小型排涝站解决。

产业园区排涝泵站设计规模 **表17-5**

比较方案	控制水位(m)	泵站流量(m^3/s)	装机(kW)	投资(万元)
方案一	5.5	260	25360	63400
方案二	6.5	60	4800	12000
方案三	7.5	0	—	—

根据水系新布局，通过新建黎村大厚湖连接渠、中心涌大厚湖连接渠，把现有黎村截洪渠、中心涌（谢岗截洪渠）由排外洪变为内排通道，因此需要在两条截洪渠的河口建设水闸抵御谢岗涌洪水。

（4）超标准涝水影响分析

若考虑园区内发生50年一遇暴雨情况，按照设计成果，模型计算园区内河道水位高程达7.2m。根据本次规划的竖向标高专题，园区建成后地面高程最低为7.5m，主要集中在原谢岗村附近，因此，若发生超标准内涝洪水则园区不会产生较大内涝灾害。

治理后防洪排涝情况见表17-6。

治理后防洪排涝情况表 **表17-6**

现状	分类	集雨面积(km^2)	30年一遇24h设计雨量(mm)	洪量(万m^3)
洪涝水情况	山洪	35.8	334	897
	涝水	34.6	334	867
	总计	70.4		1764
规划治理方案	防灾工程措施	规划工程	规划规模说明	排除洪量(万m^3)

续表

现状	分类	集雨面积(km^2)	30 年一遇 24h 设计雨量(mm)	洪量(万 m^3)
治理情况	调蓄	拓宽河道、增加调蓄湖，增加河道有效调蓄容积 127 万 m^3	水面率 10.4%	189
	自排	涝水不能自排		897
	抽排	总排水规模为 143m^3/s	排涝模数 4.1m^3/(km · s)	631
	调蓄：自排：抽排	1：4.7：3.3		

第18章　广东省城市防洪治涝策略与建议

18.1　研究成果

18.1.1　基于ArcGIS的广东内涝风险区划

基于ArcGIS，对暴雨洪涝灾害的致灾因子、孕灾因子、承灾因子和防灾减灾能力进行分析，考虑四个评价因子的综合作用，得到广东省暴雨洪涝灾害的风险区划。从风险区划的初步结果可以看出，广东省暴雨洪灾主要发生在粤东、粤西沿海区域和北江中下游清远附近区域，详见图4-7广东省暴雨洪涝灾害区划图。

18.1.2　基于现状灾害分析的广东省内涝风险评估

通过项目开展，广泛收集到全省涝区资料，从中选取城市涝区部分进行洪涝灾害风险评价特征分析，包括佛山、惠州、江门、中山、珠海、潮州、揭阳、汕头、汕尾、河源、梅州、茂名、阳江、湛江、肇庆、韶关16个城市的48个城区涝区作为研究对象。在现状的人口、经济及受灾情况等一系列资料基础上，将指标分为承灾风险因素、灾害损失因素两类，对涝区的各项指标进行评估，洪涝灾害风险因子由承灾风险因子和灾害损失因子构成。其中承灾风险因子包括防洪标准、涝区面积、人口、人均GDP4个因素，灾害损失因子包括灾害频次、成灾面积比例、淹没水深、淹没历时、经济损失值5个因素。

18.1.3　基于排水管网及河网模型耦合分析内涝典型区域

城市涉水系统的运行和调度极为复杂。按照城市雨洪过程，城市排涝体系一般由排水管网系统、内河和湖泊，水闸、泵站以及外江构成。以往城市管网的设计仅从管网排水的角度考虑，忽略了管网系统与其他排涝系统的衔接，往往没有考虑雨水在排水管网中的运动过程，难以定量考虑河道的顶托作用，对积水成因分析具有一定的局限性和不准确性。

随着暴雨内涝造成的威胁进一步增大，城市内涝风险管理需要更高精度的定量分析和准确模拟以为指挥决策提供科学依据。在广州及中山城市内涝分析内，采用基于MIKE11（一维河道）、MIKE21（二维）和MIKE URBAN（一维管网）构建动态耦合水动力学模型，进行河道、陆地和管网的洪水分析，其中MIKE11主要应用于模拟外围珠江三角洲河网及区域内河道的洪、潮水传播，MIKE21主要用于模拟溃堤洪水和暴雨内涝洪水在陆地的传播，采用MIKE11的DAMBREAK模块模拟堤防溃决过程及溃堤水位流量过程。采用MIKE URBAN模拟降雨的产汇流以及管网的水流运动。为城市的内涝分析提供更准确的模拟分析，以达到更为科学准确地进行城市内涝风险预警。

18.1.4　对广东省内城市进行分类及提出不同类型的城市防洪治涝策略

通过对广东省21个地级市进行分析，总结出主要受山洪影响的山区城市、受潮汐影响为主的滨海城市，以及受洪潮共同影响的平原城市三大类，并按照旧城区、新城区不同特点，选取了增城派潭镇区、阳山县城东新区、云浮新城区、广州市南沙新区、中山市区、潮州市区、东莞谢岗镇粤海产业园作为典型研究。其中增城派潭镇区（旧城区）、阳山县城东新区（新城区）、云浮新城区（新城区）为山区城市代表，南沙新区蕉东联围及黄阁镇（旧城区）、广州市南沙新区起步区（新城区）为滨海城市，中山市（旧城区）、潮州市（旧城区）、东莞谢岗镇粤海产业园（新城区）为平原城市。以上选取的典型城市，包括了山区城市，滨海城市及平原城市，同时每一种典型又包括了新城区、旧城区，因此通过对以上典型城市的研究，可以对不同类型的城市提出防洪治涝策略，为其他城市制订防洪治涝策略提供有力参考。

18.2　结论

18.2.1　山区城市防洪治涝策略总结

山区城市一般处于大片山脉下游的低洼处，主要受山洪影响，山洪暴涨急陡，冲击破坏力强，对山区城市会造成很大的毁坏作用，而且山洪夹杂着泥沙，一旦进入城市排水管网中，会堵塞管网。针对山区城市制订防洪排涝策略，一般应遵循“洪涝分治，高水高排、低水低排”的原则，沿山脚修建截洪渠导走山洪，低洼城区则修建湖、水闸、泵站等设施治理场地涝水。对于新城区，在竖向标高设计上应尽量考虑安全原则填高地块，让地块不受外江水位顶托影响；对于旧城区，由于现有的城市设施已成定局，只能让出一定的低洼土地空间作为临时蓄洪区，制订应急措施，在山洪或外江洪水急涨的时候，给洪水以出路临时蓄洪和避洪，以减少生命财产损失。另外，利用山区特点在上游建设水库调蓄洪水进行削峰，也能有效减少对下游的冲击破坏。

18.2.2　滨海城市防洪治涝策略总结

滨海城市一般是大片与海平面持平的低洼地区，主要是受外围潮汐的影响，南海潮汐的特点是一天内有两次高潮两次低潮，全年潮差最多不超过 3m。利用潮汐的特点，滨海城市的治涝体系应该充分利用两次低潮进行自排，因此关键是疏通排涝河道，对于排涝河道、水闸应尽量按自排排峰设计，确保能自排的时候及时排走涝水，这样能降低泵站抽排规模；在高潮时由于潮水位顶托可能不能自排，这时就需要设置一定的调蓄水系，可开设人工湖或者划分低洼地作为临时调蓄体。防洪体系设计应该考虑风暴潮增水、海平面上升的影响，有些堤防还需考虑越浪的影响问题。滨海城市竖向标高体系设计首先应根据潮汐特点合理定好内河道水位，进而环环相扣合理确定出河岸、道路、管网、地块、桥梁等城市设施的竖向标高。

18.2.3　平原城市防洪治涝策略总结

平原城市位于山区城市与滨海城市之间，受上游洪水、下游潮潮汐共同影响，情况比较复杂。平原城市河道治涝体系一般有两级河道，二级河道是支流河道，一级河道是负责承纳支流河道涝水并排往外江的骨干河道，一般一级骨干河道会设计水闸、泵站与外江相连，因此平原城市防洪治涝的关键是合理确定骨干河道的内水位，不能对支流河道形成顶托，另外骨干河道的泵站、水闸也要有足够的能力排出涝水。另外保证所有河道的排涝能力及时排走涝水也是关键，内河道的排涝能力应尽量按排峰设计，不要形成卡口造成水浸。

18.3 建议

（1）本次研究选取的典型城市只对于山区城市、滨海城市、平原城市的防洪治涝策略制订的一般规律作了研究，由于各个城市有其不同的特点，在制订其他城市防洪治涝策略时应根据具体问题具体分析，因地制宜地制订合理的办法。

（2）从本次研究中发现，以往一些城市理解的防洪治涝只是针对城市排水管网进行整治，但往往出现年年整治，年年受水浸的现象，究其原因，是没有从系统的角度分析防洪治涝体系。

建议将城市洪涝建立五级管理体系进行规划，从宏观、中观、微观各层面对城市洪涝体系进行全面整体管控与建设。

第一级为城市中现状的主要江河湖泊，它们是作为城市排水的终极排放通道，作为现状的排水末端收纳体。河流承担着排洪、流域内汇水、承接上下游水系等作用，湖泊是现状城市级别的较大的湖体，在现状中起着调蓄、优化环境等作用。以广州来看，海珠湖、白云湖、东山湖、荔湾湖等大的城市湖泊，这些湖泊作为宏观级别的调蓄池。

第二级为城市中的防洪治涝骨干河网，它们是在城市排水中起着承上启下的作用，它们位于城市中的第二层级，在 15～60km^2（这个需要以后进一步论证）范围内建立环状骨干河网，一头联系一级江河湖泊，一头联系下一层级的中观级别的调蓄水体、市政排水干管、次级支流等。这一级骨干河网是本次研究的重点，是必须在城市中重点实施的河网，传统河道及市政排水管都是靠重力流排水，这一层级的河网起着连通区域排水调蓄，设置强排泵站，优化区域洪涝的滞蓄条件等，是重新搭建城市防洪治涝的骨干网络，为城市传统水利欠账进行修补。城市开发过程中，对水域、洼地、坑塘等进行大面积侵占，现在到了必须重修栈道，为水让条出路的时候了。

第三级为中观级别的调蓄水体、市政排水干管、次级支流等。建设大面积的湖泊在高密度的城市中毕竟难以实现，中观级别的调蓄水体作为宏观湖泊等大型调蓄水体的补充，建立中小型的调蓄设施，形式可以多样，如小区及一定面积内必须建立一定规模的雨水调蓄池，下沉式广场、球场、停车场，公共建筑下建设中型雨水调蓄池，这些调蓄设施将作为二级河网的补充配套，在必要时进行联合调度。从理念上说，从中型到微型的泄水地，应该形成一个多元的调蓄系统：一个小区或者一片小区，就应该有一个比较成规模的调蓄水体。一个公司，一片楼群，可以构成一个更小的“地块”单位，拥有自己的调蓄水体。甚至一栋楼，一家大院，也可以拥有自己的微型调蓄池。这些大大小小的“水罐”如果布满城市，平时或湿或干、虚位以待，大雨时就可以吸纳储蓄积水，使之慢慢通过蒸发和渗透而被消化掉，并给城市带来大量的绿洲和水潭，增加了美感，也提高了周边地区的房产价值。市政排水干管及次级支流则作为中观级别网络主要的监测、计量及管理内容。

第四级为传统的市政排水管网，它起着快速排水及转输的作用。

第五级为微型或小型“海绵”，包括各种人工湿地、透水性路面、透水性路砖、绿色屋顶、雨水花园等。以上这些微观技术，核心目标是将积水在局部区域就地储存、过滤，然后慢慢蒸发渗透。在特大暴雨中积水即使无法完全就地消化，在被微观设施吸收了一部分后也势头大减，未吸收的部分也经过了初步过滤。此时如果宏观水脉通畅，剩余积水就可以缓缓泄入江河湖海。由此，微观和宏观排水技术就形成一个完整的体系，使城市鲜有洪涝之忧，生态环境中的水质也得到提高。

参考文献

[1] 雨辰，龚常．暴雨洪水：城市不可抗自然力的困扰——现代城市洪灾事件与灾害管理 [J]. 城市记忆，2011，20（04）：78-83.

[2] 张德二，薛朝辉．公元1500年以来EI Nino事件与中国降水分布型的关系 [J]. 应用气象学报，1994（02）：168-175.

[3] 杨桂山，施雅风，张琛，梁海棠．未来海岸环境变化的易损范围及评估——江苏滨海平原个例研究 [J]. 地理学报，2000（07）：385-394.

[4] 杨桂山，施雅风．海平面上升对中国沿海重要工程设施与城市发展的可能影响 [J]. 地理学报，1995（07）：302-309.

[5] 杨桂山．中国热带气旋灾害及全球变暖背景下的可能趋势分析 [J]. 自然灾害学报，1996（05）：47-55.

[6] 白杨，王晓云，姜海梅，刘寿东．城市热岛效应研究进展 [J]. 气象与环境学报，2013（04）：101-106.

[7] 白间包力皋，丁志雄，日本城市防洪减灾综合措施及发展动态 [J]. 水利水电科技进展，2006（06）：82-86.

[8] 王虹，丁留谦，程晓陶，李娜．美国城市雨洪管理水文控制指标体系及其借鉴意义 [J]. 水利学报，2015（11）：1261-1271，1279.

[9] 史培军，李宁，叶谦等．全球环境变化与综合灾害风险防范研究 [J]. 地球科学进展，2009（04）：428-435.

[10] 高峰．国外如何防御城市水灾害 [J]. 中国检验检疫，2013（11）：63.

[11] 李满刚．城市小汇水区域设计洪水计算方法应用研究 [J]. 水利规划与设计，2012（02）.

[12] 解以扬，李大鸣，李培彦等．城市暴雨内涝数学模型的研究与应用 [J]. 水科学进展，2005，16（3）.

[13] HERVOUET J M，SAMIE R，MOREAU B. Modelling urban areas in dam-break flood-wave numerical simulations [C] //Proceedings of the International Seminar and Workshop on Rescue Actions Based on Dambreak Flow Analysis. Hoboken：John Wiley & Sons，2000.

[14] DEFINA A，DALPAOSL，MATTICHIO B. A new set of equations for very shallow water and partially dry areas suitable to 2D numerical domains [C] //Proceedings Specialty Conference：Modelling of Flood Propagation over Initially Dry Areas. Reston：American Society of Civil Engineers，1994.

[15] GUINOT V，SOARES-FRAZAO S. Flux and source term discretization in two-dimensional shallow water models with porosity on unstructured grids [J]. International Journal for Numerical Methods in Fluids，2006，50（3）.

[16] LHOMME J，SOARES-FRAZAO S，GUINOT V，et al. Large-scale urban floods modeling and two-dimensional shallow water models with porosity [C] //7th in-

ternational conference on hydroinformatics. Singapore：Reaserch Publishing Services，2006.
[17] 李观义．基于GIS的洪灾损失评估技术及其应用［J］．地理与地理信息科学，2003，19（4）.
[18] 汪妮，解建仓，张永进等．黄河水文信息智能化服务模式的初步研究［J］．水利学报，2005，36（1）.
[19] 相恒茂，王峰，陈宝行．浅析东平湖三维防汛决策支持系统［J］．山东国土资源，2007，23（8）.
[20] 黄红明，邓良斌．新编广东省暴雨统计参数等值线图介绍［J］．广东水利水电，2002（06）：26-28.
[21] 李湘姣，刘利平．近50年来广东省降雨量时间和空间演变特性分析［J］．广东水利水电，2011（S1）：29-32.
[22] 汤国安，杨昕．ArcGIS地理信息系统空间分析实验教程［M］．北京：科学出版社，2006.
[23] 秦年秀，姜彤．基于GIS的长江中下游地区洪灾风险分区及评价［J］．自然灾害学报，2005（05）.
[24] 李楠，任颖，顾伟宗，陈艳春．基于GIS的山东省暴雨洪涝灾害风险区划［J］．中国农学通报，2010（20）.
[25] 蒋新宇，范久波，张继权等．基于GIS的松花江干流暴雨洪涝灾害风险评估［J］．灾害学，2009（03）.
[26] 宫清华，黄光庆，郭敏，张俊香．基于GIS技术的广东省洪涝灾害风险区划［J］．自然灾害学报，2009（01）.
[27] 张骞．基于GIS的北京地区山洪灾害风险区划研究［D］．北京：首都师范大学，2014.
[28] 田国珍，刘新立，王平等．中国洪水灾害风险区划及其成因分析［J］．灾害学，2006（02）：1-6.
[29] 城市防洪问题与对策调研组．我国城市防洪问题与对策［J］．中国防汛抗旱，2014（06）：46-48.
[30] 国家减灾中心．广东省洪涝灾害快速评估［EB/OL］．http：//www.ndrcc.org.cn/pgbg/1153.jhtml.
[31] 隋意，石洪源，钟超等．我国台风风暴潮灾害研究［J］．海洋湖沼通报，2020（03）：39-44.
[32] 张玉环，李周．大江大河水灾防治对策的研究［M］．北京：中国水利水电出版社，2004.
[33] 于洪蕾，曾坚．比较视野下的我国城市防洪策略提升研究［J］．规划广角，2015（7）：92-95.
[34] 白间包力皋，丁志雄．日本城市防洪减灾综合措施及发展动态［J］．水利水电科技进展，2006（6）：82-86.
[35] 戴慎志，曹凯．我国城市防洪排涝对策研究［J］．现代城市研究，2012（1）：

21-28.
[36] 李原园，石海峰，张继昌，黄火键．城市防洪减灾对策的研究［J］．水利规划与设计，2003（4）：1-4，14.
[37] 王翔，赵璞．我国城市防洪应急管理进展与对策［J］．防汛与抗旱，2014（1）：28-30.
[38] 车伍，张伟．海绵城市建设若干问题的理性思考［J］．给水排水，2016，52（11）：1-5.
[39] 刘宏伟，杨梦晗．“城市看海”没有“速效救心丸”［R］．中国建设报，2016年7月15日第1版：1-2.
[40] 刘建芬，王慧敏，张行南．城市化背景下城区洪涝灾害频发的原因及对策［J］．河海大学学报（哲学社会科学版），2012（3）：73-75，92.
[41] 周建康，黄红虎，唐运忆等．城市化对南京区域降水量变化的影响［J］．长江科学院院报，2003，20（4）：44-46.
[42] YU S Q. Interannual variation of annual precipitation and urban effect on precipitation in the Beijing region［J］. Progress in Natural Science，2007，17（9）：1042-1050.
[43] 刘朝辉，刘高峰，仇蕾．城市洪水灾害损失评估及应用［J］．水利经济，2009，27（1）：36-38.
[44] 鲁航线，张开军，陈微静．城市防洪排涝及排水三种设计标准的关系初探［J］．城市道桥与防洪，2007，11.
[45] 贾卫红，李琼芳．上海市排水标准与除涝标准衔接研究［J］．中国给水排水，2015，31（15）.
[46] 陆青．关于城市防洪治涝标准的思考［J］．水利科技，2008（4）：52-54.
[47] 叶林宜．珠江三角洲农业治涝标准的探讨［J］．水利规划，1998（4）：48-53.
[48] 朱鑫斌．城市防洪排涝标准及设计［J］．筑建材装饰，2009（12）.
[49] 缪世强．《治涝标准》与《室外排水工程设计规范》内涝治理标准比较研究［J］．中国水运，2016（11）.
[50] 刘曾美，陈子燊．基于两个致灾因子的治涝标准研究［J］．水力发电学报，2011（06）.
[51] 陈平，李沧栗．珠三角河网地区城市竖向规划方法初探——以广州市为例［J］．中山大学学报论丛，2004（03）：304-308.
[52] 陈梅香．河网密布地区城市道路竖向规划要点分析——以温州市区为例［J］．2012城市发展与规划大会论文集，2012（06）：645-651.
[53] 陈玲玲．城市竖向规划探讨及对策建议［J］．江苏建筑，2013（s1）：36-37.
[54] 钱光．广东中山临海工业园防潮防洪及竖向设计探讨［J］．城市道桥与防洪，2005（05）：86-87.
[55] 陈华镜．沿海感潮区域排涝措施选择对确定竖向标高的影响［J］．福建建筑，2009（07）：1-2.
[56] 潘红卫．城市竖向规划与城市治涝——福州市中心城竖向规划的探索与实践［J］．

城市规划，2004（05）：83-85.

[57] 河海大学．南沙区风暴潮专题研究及防洪标高论证技术报告[R]. 南京：河海大学，2014.

[58] 谢映霞．从城市内涝灾害频发看排水规划的发展趋势[J]. 城市规划，2013（2）：45-50.

[59] 珠江水利委员会．关于发送珠江三角洲主要测站设计潮位复核成果协调会会议纪要的函（珠水规计函〔2011〕312号）[Z]，2011.

[60] 广东省水利厅．西、北江下游及其三角洲网河河道设计洪潮水面线（试行）[R]. 广州：广东省水利厅，2002.

[61] 珠江水利委员会．珠江流域综合规划（2012～2030年）[R]. 广州：水利部珠江水利委员会，2013.

[62] 广东省水利厅．广东省流域综合规划总报告（2012～2030年）[R]. 广州：广东省水利厅，2014.

[63] 广州市水务局．广州市流域综合规划（2010～2030）[R]. 广州：广州市水务局，2014.

[64] 中国城市规划设计研究院．南沙新区城市总体规划[R]. 北京：中国城市规划设计研究院，2013.

[65] 广东省城乡规划设计研究院．南沙新区城市水系规划导则[R]. 广州：广东省城乡规划设计研究院，2013.